版权局著作权合同登记　图字：01-2023-5684。

版编目（CIP）数据

帝国：市场、殖民地与英帝国兴衰三百年 /
妮弗・里根・列斐伏尔
Regan-Lefebvre）著；陈婕译 . — 北京：
技术出版社，2024.2
文：Imperial Wine: How the British
ade Wine's New World
78-7-5236-0357-4

红… Ⅱ .①詹… ②陈… Ⅲ .①葡萄酒—历史
. ① TS262.6-091

版本馆 CIP 数据核字（2023）第 220843 号

U0062617

刘颖洁	责任编辑	史　娜
今亮新声	文字编辑	何　涛
蚂蚁设计	责任印制	李晓霖
邓雪梅		

中国科学技术出版社
中国科学技术出版社有限公司发行部
北京市海淀区中关村南大街 16 号
100081
010-62173865
010-62173081
http：//www.cspbooks.com.cn

710mm × 1000mm　1/16
318 千字
20.5
2024 年 2 月第 1 版
2024 年 2 月第 1 次印刷
河北鹏润印刷有限公司
ISBN 978-7-5236-0357-4/TS・110
89.00 元

（目书，如有缺页、倒页、脱页者，本社发行部负责调换）

IMPERIA
WINE

HOW THE BRITISH EM
MADE WINE'S NEW WO

红酒

市场、殖民地
英帝国兴衰三百

[美]
詹妮弗·里根·夭
（Jennifer Regan-L

—— 著 ——

陈婕
—— 译 ——

中国科学技
·北

Imperia
Lefebvr
Copyrig
Publishe
Inc., Lab
Simplifi
Co., Ltd
All right
北京市版

图书在版

红酒帝
（美）詹
（Jennifer
中国科学
书名原
Empire M
ISBN 9

Ⅰ.①红
—英国 Ⅳ

中国国家

策划编辑
封面设计
版式设计
责任校对

版　　　
出　　　
行　　　
发　　　
地　　址
邮　　编
发行电话
传　　真
网　　址

本　　　
数　　张
次　　次
版　　刷
开　　号
字　　价
印
版印
书
定

（凡购买本社图

谨以此书，献给朱迪思·默里·里根（Judith Murray Regan）和小理查德·M. 里根（Richard M. Regan，Jr.）。

致谢

"Qui Transtulit Sustinet"是康涅狄格州州徽绶带上的句子，意思是：离乡者安居于此。这一盾形的州徽设计于20世纪30年代，中心图样是三株果实累累的葡萄藤。这枚徽章体现了本书的主要论点，即英国殖民主义者希望以葡萄种植业来展示文明进步。这也符合本书撰写的初衷：当2011年我在剑桥大学开始研究这个课题时，我并没有想到之后我会和这本书一起走过那么多地方。我离开了家乡，经过几番挣扎，最终才完成了此书。

作为一个性格外向的人，我能坐下来写出这样一部跨学科的长篇著作，要感谢很多人。首先要感谢彼得·曼德勒（Peter Mandler）和休·约翰逊（Hugh Johnson）。彼得鼓励我放弃了当时正在研究的一本乏味老套的书，将注意力转向本书的写作。谢谢你，彼得。2012年，在休·约翰逊的邀请下，我为他做了一些历史研究。这是一笔不算公平的交易，因为休的丰富学识让我受益良多，而他从我身上能学到的东西却少得可怜。我不仅要因此感谢他的学识，还要感谢他热情地鼓励我去写一部关于伦敦作为全球葡萄酒贸易中心的史书。

在剑桥大学，我要感谢彼得·德波拉（Peter de Bolla），经由他的举荐，我得以加入国王学院葡萄酒委员会（King's College Wine Committee），从而学到了很多知识；感谢国王学院的同事和工作人员给予我的支持和鼓励，尤其是罗文·罗斯·博伊森（Rowan Rose Boyson）、丹尼尔·威尔逊（Daniel Wilson）、维多利亚·哈里斯（Victoria Harris）、布莱恩·斯隆（Brian Sloan）、蒂姆·弗莱克（Tim Flack）、大卫·古德（David Good）、尼古拉斯·马斯顿（Nicholas Marston）、罗宾·奥斯本（Robin Osborne）、梅根·沃恩（Megan Vaughan）、马克·史密斯（Mark Smith）、彼得·杨（Peter Young）、理查德·劳埃德·摩根（Richard Lloyd Morgan）和汤姆·卡明（Tom Cumming）；感谢历史系的欧亨尼奥·比亚吉尼（Eugenio Biagini）、露西·德拉普（Lucy Delap）、本·格里芬（Ben Griffin）、蒂姆·哈珀（Tim Harper）、雷诺·莫里厄（Renaud Morieux）、理查德·谢尔扬特森（Richard Serjeantson）、苏吉特·西瓦松达拉姆（Sujit Sivasundaram）和艾玛·斯帕里（Emma Spary），我从与他们的讨论中收获很大；特别感谢亚历克斯·沃尔沙姆（Alex Walsham），感谢她的善良和友情帮助；感谢乔恩·劳伦斯（Jon Lawrence），他对葡萄酒有很高的品位；非常感谢亨廷顿图书馆三一堂的工作人员，2017年让我在那儿学习了一个月；特别感谢杰里米·莫里斯（Jeremy Morris）、克莱尔·杰克逊（Clare Jackson）、亚历山大·马尔（Alexander Marr）、迈克尔·霍布森（Michael Hobson）、威廉·奥莱利（William O'Reilly）和克鲁姆·麦格拉思（Colm McGrath），是他们让我如此受欢迎。

在巴黎，我要感谢克斯汀·卡尔森（Kerstin Carlson）和卡里·霍林斯黑德-斯特里克（Cary Hollinshead-Strick），感谢他们给我带来的欢笑和在学术上的帮助；感谢同为作家的奥利维尔·马格尼（Olivier Magny）带我进入葡萄酒行业；感谢弗雷德里克·维格鲁（Frédéric Vigroux），是他教会我如何使用军刀；感谢玛丽莎·奥卡西奥（Marissa Ocasio）和我在英国葡萄酒及烈酒教育基金会（Wine and Spirit Education Trust，WSET）的品酒团队；感谢克里斯汀·库克·塔贝尔（Kristin Cook Tarbell）和艾琳·奥莱利（Erin O'Reilly），与他们的交流让我了解了更多的葡萄酒知识。

在哈特福德，感谢三一学院历史系的同事们：克拉克·亚历杭德里诺（Clark Alejandrino）、扎伊德·安特里姆（Zayde Antrim）、杰夫·贝利斯（Jeff Bayliss）、肖恩·科科（Sean Cocco）、乔纳森·埃卢金（Jonathan Elukin）、达里奥·欧拉克（Dario Euraque）、路易斯·菲格罗亚（Luis Figueroa）、斯科特·加克（Scott Gac）、谢丽尔·格林伯格（Cheryl Greenberg）、琼·赫德里克（Joan Hedrick）、山姆·卡索夫（Sam Kassow）、凯瑟琳·基特（Kathleen Kete）、迈克尔·莱茨（Michael Lestz）、塞思·马克尔（Seth Markle）、加里·雷格（Gary Reger）、艾莉森·罗德里格斯（Allison Rodriguez）和汤姆·维克曼（Tom Wickman）。特别感谢现代超级英雄吉吉·圣彼得（Gigi St.Peter）。感谢院长办公室的索尼娅·卡德纳斯（Sonia Cardenas）、安妮·兰布莱特（Anne Lambright）、梅兰妮·斯坦（Melanie Stein）、米奇·波林（Mitch Polin）、佐藤·宫崎骏、蒂姆·克雷斯韦尔（Tim Cresswell）的坚定支持。在写作过程中，乔安妮·伯杰-斯威尼（Joanne Berger-Sweeney）经常鼓励我一定要完成这本书。我做到了！我还要为受到的鼓励敬科尼·索恩伯勒（Cornie Thornburgh）一杯修纳尔香槟酒。本·卡波内蒂（Ben Carbonetti）和克里斯·米勒（Kristin Miller）主持了我最富有成效的作家静修活动，本书第十章能够完成也要感谢他们。三一学院的学院研究委员会和跨学科研究机构给了我大量资助用于出差和申请手稿，没有这些资助我不可能完成这本书。

我在一所规模不大的文理学院教书，非常感激我的英国史和葡萄酒史课上的学生，他们很乐意参与我正在进行的研究。我特别感谢马修·本尼迪克特（Matthew Benedict）、安塞尔·伯恩（Ansel Burn）、布兰登·克拉克（Brendan Clark）、克劳迪娅·迪利（Claudia Deeley）、基特·爱泼斯坦（Kit Epstein）、泰特·吉文（Tate Given）、梅西·汉迪（Macy Handy）、基普·林奇（Kip Lynch）、玛雅·麦迪逊（Maia Madison）、苔丝·米格尔（Tess Meagher）、丹尼尔·米特尔曼（Daniel Mittelman）、吉莉安·莱因哈德（Gillian Reinhard）和安东尼·萨瑟（Anthony Sasser）给出的深刻意见。我也很感谢公共人文合作组织和学院研究委员会资助我的本科生助理。感谢杰米·比安卡（Jaymie Bianca）、马索·斯特罗戈夫（Masho Strogoff）、多丽丝·王（Doris Wang）和科若·威廉-史密斯（Kyrè William-Smith）阅读本书草稿，并向我提供了他们真诚的反馈；感谢里奇·莫利（Rich Malley）和辛西娅·里奇奥

（Cynthia Riccio）在这个夏季项目上与我合作。塔努嘉·班杰（Tanuja Budraj）、费德里科·科多里尼（Federico Cedolini）帮助我整理了数千张档案照片。才华横溢的海莉·多尔蒂（Haley Dougherty）花了好几个小时和我一起研究南非的贸易数据，然后把数据输入Excel。她不辞劳苦，放弃了海滩度假，花了一天时间帮我整理南澳大利亚州的档案。

我所接触的所有图书管理员和档案管理员都很棒，我感激所有帮助我搜集资料的人，无论是在现场还是在网上。有几位值得特别提及：感谢加拿大档案馆微缩卡片处的雅尼克（Yannick）和史蒂夫（Steve），以及默里·爱德华兹学院（Murray Edwards College）的阿格涅斯卡·欧卡尔（Agneiszka Ochal）和萨姆·珀西瓦尔（Sam Percival）的帮助（他们还给了我一束花）；感谢三一学院的瑞克·瑞恩（Rick Ring）、艾琳·瓦伦提诺（Erin Valentino）、彼得·罗森（Peter Rawson）、萨利·迪金森（Sally Dickinson）、苏·丹宁（Sue Denning）、杰森·琼斯（Jason Jones）、克里斯蒂娜·布莱耶（Christina Bleyer）、安吉·沃尔夫（Angie Wolf）、凯特·肯尼迪（Cait Kennedy）和玛丽·马奥尼（Mary Mahoney）。我还要专门感谢谢丽尔·凯普（Cheryl Cape），感谢她多年来的帮助，并利用ArcGIS制作了本书中的地图。

这本书中使用的素材在许多会议和研讨会上进行了分享，我感谢召集人和参与者们有益反馈：感谢耶鲁大学的蒂姆·巴林杰（Tim Barringer）、贝基·科内金（Becky Conekin）和保罗·弗里德曼（Paul Freedman）；感谢英国研究会东北会议（Northeast Conference of British Studies meetings），尤其要感谢露西·柯松（Lucy Curzon）、保罗·德斯兰德（Paul Deslandes）、卡罗琳·肖（Caroline Shaw）、莱西·斯帕克斯（Lacey Sparks）和布莱恩·刘易斯（Brian Lewis）；感谢谢菲尔德大学（University of Sheffield）的菲尔·威辛顿（Phil Withington）；感谢贝尔法斯特女王大学（Queen's University Belfast）的丹尼尔·罗伯茨（Daniel Roberts）、彼得·格雷（Peter Gray）、梅芙·麦卡斯克（Maeve McCusker），当然还有肖恩·康诺利（Sean Connolly）；感谢阿德莱德大学（University of Adelaide）的金姆·安德逊（Kym Anderson）、玛利亚·艾米克（Mariah Ehmke）、弗洛伦·李维特（Florine Livat）、文森特·皮尼拉（Vincent Pinilla）；感谢伍伦贡大学（University of Wollongong）克莱尔·安德森（Clare Anderson）、罗莎琳德·卡尔（Rosalind Carr）、杰西卡·辛奇（Jessica Hinchy）、露丝·摩根（Ruth Morgan）和弗朗西斯·斯蒂尔（Frances Steel）；感谢波尔多的朱莉·麦金太尔（Julie McIntyre）、科林·马拉克（Corinne Marache）、史蒂芬妮·拉绍德（Stéphanie Lachaud）、米凯尔·皮埃尔（Mikaël Pierre）、詹妮弗·史密斯马奎尔（Jennifer Smith Maguire）、凯萨琳·布鲁斯南（Kathleen Brosnan）和史蒂夫·查特斯（Steve Charters）。

感谢那些对章节划分和早期草稿给出反馈的人们：瑞秋·布莱克（Rachel Black）、蕾妮·杜莫克（Renée Dumouchel）、艾萨克·卡莫拉（Isaac Kamola）、卡罗琳·凯勒（Caroline Keller）、吉武·松琦、加思·米尔斯（Garth Myers）、达里奥·德尔·普波（Dario del Puppo）、伊森·卢瑟福（Ethan Rutherford）、埃米利亚诺·比利亚努埃瓦（Emiliano Villanueva）和尼古拉斯·伍利（Nicholas Woolley）。特别感谢全文阅读了本书草稿的人们：莎拉·比尔斯顿（Sarah Bilston）、伊丽莎白·埃尔伯恩（Elizabeth Elbourne）、塞斯·马克尔（Scth Markle）、贝丝·诺塔尔（Beth Notar）、朱迪思·默里·里根（Judith Murray Regan）、斯蒂芬·比特纳（Stephen Bittner）和戴恩·肯尼迪（Dane Kennedy）。他们精辟的建议提升了文本质量。当然，书中出现任何错误责任都在我。

我的编辑凯特·马歇尔（Kate Marshall）一直是我最坚定的支持者。她的洞察力和理解力是无与伦比的。我还要感谢恩里克·奥乔亚-卡普（Enrique Ochoa-Kaup），感谢他沉着冷静的专业精神。

还有一些朋友和同事也给了我很多帮助。理查德·托伊（Richard Toye）、蒂姆·麦克马洪（Tim McMahon）、詹姆斯·高登（James Golden）、格雷厄姆·哈丁（Graham Harding）、杰奎琳·达顿（Jacqueline Dutton）、切尔西·戴维斯（Chelsea Davis）、查德·鲁丁顿

（Chad Ludington）、迈克尔·莱杰·洛马斯（Michael Ledger Lomas）、克里斯托弗·哈格（Christopher Hager）、希拉里·怀斯（Hillary Wyss）、贝丝·凯瑟莉（Beth Casserly）、迈克尔·科瓦里克（Michelle Kovarik）、塞丽娜·劳斯（Serena Laws）、迈克尔·格拉布（Michael Grubb）、杰克·吉泽金（Jack Gieseking）和安·马（Ann Mah）都曾多次帮助过我。感谢TC4优秀的工作人员能让我安心地工作：特别感谢唐妮·科莱特（Tonee Corlette），她非常关心我的书的进展。感谢我亲爱的朋友（以及经常组织调研之旅的人）卡伊姆赫·尼克·达哈巴德（Caoimhe Nic Dhúibhéid）、科林·里德（Colin Reid）、贾斯汀·琼斯（Justin Jones）、阿列克斯·琼斯（Alex Jones）、乔安娜·布伦南（Joanna Brennan）、西蒙·罗林斯（Simon Rawlings）、汤姆·戴维斯（Tom Davis）、蕾切尔·戴维斯（Rachael Davis）、菲奥努阿拉·洛德（Fionnuala Lodder）和詹姆斯·洛德（James Lodder）。

　　许多人认为我为这本书做研究时需要大量饮酒。如果只是这样就好了！我从2011年着手做这个项目，2013年迎来了菲奥纳（Fiona），2016年迎来了菲力克斯（Felix），2020年迎来了罗伊克（Loïck）。事后看来，在抚养三个小孩的同时，写一部需要国际旅行的葡萄酒历史书，确实是一个大胆的想法。我也没有料到新型冠状病毒疫情全球大流行，并由于家庭情况和旅行禁令，我未能前往南非，这让我感到非常遗憾。能够完成这些工作，都是因为我亲爱的家人。我要感谢我的姐妹迪尔德丽·洛卡德（Deirdre Lockard）和科琳·里根（Colleen Regan）以及我的孩子们，最重要的是感谢我的丈夫托马斯（Thomas），他英勇地承担起了抚养孩子的责任，让我能够出去旅行并安心写作。最后，感谢我的父母朱迪和迪克·里根。他们一直非常支持我的研究事业，并且充分发挥了自己作为祖父母的作用。

前言

1886 年夏末的一天，在澳大利亚猎人谷的达尔伍德葡萄园，采葡萄的工人正在烈日下工作。男人们戴着宽边软帽，穿着马甲，挽着棉衬衫的袖子；女人们则穿着厚重的裙子，为了遮挡烈日，还戴着能遮住脸和脖子的棉质软帽。他们一起把葡萄摘下来，装进一加仑①大小的桶里，等桶装满了，再把葡萄集中倒入搁在一辆马车上的大木桶里。这些葡萄树，不管是黑色的味儿多、金色的穗乐仙和黑色的埃米塔日，都长得一人来高，整齐地排列着。工人们暂时停下手头的工作，拍下了一张照片（图 1）。在这张流传至今的褐色照片中，葡萄园的土壤苍白干燥，除了葡萄藤，只点缀着几棵高耸的椰枣树。葡萄园周围，都是没有任何观赏价值的灌木丛和荒地。这是一个商业经营场所，不是一个旅游景点。葡萄园的主人约翰·温德姆（John Wyndham）吹嘘说，通过"明智的投资"，葡萄园现在有 78 英亩②，并且还在不断扩大，足以给他的大家庭带来舒适的生活，还能给几十个家庭提供季节性工作。[1] 温德姆夫妇和他们的工人都是英国移民。他们为了更好的生活，坐了三个月的船来到了此地。约翰·温德姆当时拥有澳大利亚殖民地最大的酿酒厂之一，成了富有而受人尊敬的商人。他估计他的庄园价值 2 万英镑，葡萄酒库存价值 1 万英镑。[2] 他为家族取得的成就感到自豪。

19 世纪 20 年代，约翰的父亲乔治·温德姆（George Wyndham）建起了达尔伍德庄园。庄园坐落在山丘上，俯瞰着葡萄园。这是一座单层石砌

---

① 1 加仑 ≈ 4.546 升。——编者注

② 1 英亩 =4046.86 平方米。——编者注

房屋，虽然门廊采用了希腊复兴风格的柱子，但房子并不宏伟。在这片朴素的风景中，这些柱子显得十分另类，与这个商业葡萄园格格不入。乔治·温德姆在英格兰南部的威尔特郡出生并长大，年轻时移居澳大利亚。这座特别的建筑充分反映了屋主的成长背景——一个将古希腊和古罗马风格建筑视为帝国荣耀和文明典范的世界。这些理念随着温德姆移居国外，不仅帮他决定了做什么生意，还对他所在的社区产生了影响。约翰·温德姆为自己的成功感到骄傲，希望自己的成功在英国也能得到肯定。当然，他也希望英国人购买他的猎人谷葡萄酒。受温德姆委托，拍摄的照片被整理成一个精美的相册，温德姆亲笔题写献词，直接寄给了伦敦皇家殖民学会。这些照片现存于剑桥大学的手稿图书馆，我就是在那儿看到了它们。

图 1　达尔伍德葡萄园的葡萄采摘者，1886 年

　　H. 巴拉德，达尔伍德葡萄园照片集第 5 页，摄于 1886 年，该葡萄园位于澳大利亚新南威尔士州布兰克斯顿附近。经剑桥大学图书馆许可使用，英国皇家英联邦学会论文 GBR/0115/RCS/Y3086B。

　　当我离开剑桥前往附近的斯坦斯特德机场时，看到这一历史源头对现在的巨大影响力，感到惊讶万分。那是 2017 年夏末的一天，廉价的机票和南欧明媚的阳光吸引了大批旅客。每年都有数以百万计的英国人前往温暖南方去享受一年一度的假期，他们认为逃离英国变幻莫测的天气，在阳光下来一杯葡萄酒几乎是与生俱来的权利。在机场抵达大厅的咖世家咖啡店，有三款葡萄酒可供那些想要提前开始度假的人选择。它们都产自澳大利亚，分别是杰卡斯赛美蓉霞多丽、杰卡斯设拉子解百纳和杰卡斯玫瑰香起泡酒，售价 4.25 英镑一杯，约为 187.5 毫升。[3] 杰卡斯品牌创立于 20 世纪 70 年代，但品牌依托的是 19 世纪中期建立的葡萄园。在英国，这是一个家喻户晓的名字，因为这个品牌的葡萄酒价格便宜，并且做了大量的电视广告。在这些广告中，主角就是一个戴着宽边软帽的热情的酿酒师。[4] 澳大利亚葡萄酒价格实惠，并且在英国的公共场所随处可见，很容易买到。曾经有很长一段时间，人们只会把英国与其国产啤酒和烈酒联系在一起，但英国如今已成为公认的葡萄酒饮用国。现在，英国每名成年人平均每年要喝掉 30 多瓶葡萄酒，其中大部分是由前英国殖民地澳大利亚、南非和新西兰生产的。[5] 几百年来，英国一直是世界上最大的葡萄酒进口市场之一。英国人大量进口葡萄酒的历史比大多数当代消费者所认为的要久远得多。事实上，正是英国对进口葡萄酒的需求和英国的殖民扩张，造就了大部分葡萄酒"新世界"。

为什么澳大利亚、南非和新西兰的英国移民会决定生产葡萄酒呢？英国殖民地上白手起家的葡萄酒产业，是如何发展成为 20 世纪广为流行的新世界葡萄酒的呢？为什么英国一直是其前殖民地葡萄酒的重要市场？而且，在这样一个阶级意识强烈的国家，啤酒饮用者传统上认为，只有自命不凡的人和精英才喝葡萄酒，那么葡萄酒是如何在现代英国流行起来的呢？葡萄酒有什么特别的优势吗？本书探索并回答了这些问题。

本书将过去三个世纪以来葡萄酒生产和消费在经济、社会和文化方面的历史融合在一起，讲述了葡萄酒种植业和葡萄酒市场借助英国帝国主义实现扩张的过程。它记录和分析了从 18 世纪到今天前英国殖民地的葡萄酒生产史，主角是澳大利亚和南非，但也涉及了加拿大、塞浦路斯、马耳他、新西兰和印度。它讲述了一个"把不可能变为可能"的故事——没有酿酒经验的英国移民跨越全球，建立葡萄园，并自认为推进了大英帝国文明的传播。接着，我将阐述殖民地葡萄酒生产商将英国进口市场视为至高无上的市场的史实，并调查了殖民地葡萄酒生产商通过代理商、托运人、进口商和零售商网络向英国公众销售葡萄酒的努力。我主要关注的是这些葡萄酒的英国市场，其次是生产国的国内市场。我将证明各国政府和英国公共部门在殖民地葡萄酒的定价和营销方面如何发挥了关键作用，以及殖民地的生产商对伦敦议员的冷漠感到多么沮丧。具有讽刺意味的是，来自英联邦的葡萄酒直到20世纪80年代在英国才真正受到欢迎，而此时大英帝国鼎盛时期已经过去了多年，各殖民地也早已实现非殖民化。

葡萄酒的历史在大英帝国名不见经传，其中一个原因是无论从农业生产总额还是从消费总量占比来看，葡萄酒的生产、交易和消费规模都很小。但因为这个行业规模小就认为它无足轻重，这是错误的。本书将向您展示，那些帝国殖民地葡萄酒产业的从业者赋予葡萄酒的意识形态和情感价值远远超过其真正的经济价值。事实上，这个产业在商业成就十分有限的情况下建立起来并坚持了很长一段时间，充分证明了这是观念战胜了利益。

因此，葡萄酒让我们得以一探英国殖民帝国的内部矛盾。这并不是一个关于帝国主义的光荣史：尽管大英帝国的经济实力令人印象深刻，但葡萄酒产业实际上显示了帝国傲慢的一面。殖民地商品的历史充满了奋勇开拓的故事，但也浸透了驱逐与痛苦。例如，南非葡萄酒最初是由被奴役者制造出来的，澳大利亚原住民也始终否认殖民者土地所有权的合法性。将南非和澳大利亚等后殖民国家所面临的问题与欧洲悠久的贸易与消费历史进行整体研究，本书在这方面做了初步探索。[6]

最后，通过与其他饮品对比和与欧洲葡萄酒对比，我研究了英国消费者是否、为何以及何时开始饮用殖民地葡萄酒的问题。英国有着悠久的饮酒文化，但消费者的品位随着时间的推移在改变。20世纪，英国从一个葡萄酒消费量非常低、饮用葡萄酒仅限于社会精英的国家，转变为一个葡萄酒消费明显非常流行的国家。对殖民地葡萄酒消费量的研究表明，英国公众表现出了一种不同寻常的自我意识。在英国，葡萄酒消费不断扩大的故事是一个消费者需要被教导、被安抚、被赋予信心的故事，而关于葡萄酒饮用的讨论往往揭示出深刻的文化不安全感。总的来说，葡萄酒在 20 世纪的"大众化"——变得更便宜，更易买到，更为社交场合所接受——很大程度上是由于殖民地葡萄酒供应的增加。从维多利亚时代只有在绅士俱乐部才能喝到的琼浆玉液，到 21 世纪初可以在蒙蒙细雨中烧烤时随意畅饮的廉价饮品，葡萄酒让我们得以追踪英国社会发生的深刻变迁。这一过程，也是英国葡萄酒来源发生重大转变的过程，从前英国消费的绝大部分葡萄酒来自欧洲国家，现在则有近一半来自非欧洲国家。这些转变发生的方式、原因和时间是本书的重点。

本书主要内容

这是一部跨越国界的历史书，研究对象是三个世纪以来葡萄酒生产、贸易和消费。虽然本书遵循了时间顺序，但我并不打算全面展示文中出现的三个主要国家葡萄酒生产史。虽然本书涵盖范围很广，但有两个基本概念贯穿本书：第一是葡萄酒新世界的概念及其与欧洲帝国主义的关系；第二是推动了英国帝国主义的"教化使命"（civilizing mission）的概念。我将用两个介绍性章节对其进行解释。

我们将以一个正在建成和不断变化的帝国作为历史叙事的开始：开普殖民地以及荷兰人种下的葡萄，在拿破仑战争后落入了英国人之手，澳大利亚和新西兰成为英国流民的迁居地。本书第一部分阐释了帝国葡萄酒产业的起源，列出了主要的行业奠基者，并记录了他们最初几十年的艰辛历程。这些人物包括詹姆斯·巴斯比（James Busby），在被任命为第一任英国驻新西兰代表之前，他在澳大利亚传授酿酒技术，并在新西兰促成了《怀唐伊条约》（Treaty of Waitangi）的签订。这些章节也直接涉及葡萄酒行业的劳动力问题，以及欧洲人的农业生产对原住民的毁灭性影响。

本书第二部分讲述了早期殖民地葡萄酒在英国受到的冷遇，勾勒了殖民地葡萄酒从殖民地到英国餐桌的历程。虽然 19 世纪下半叶是澳大利亚和新西兰葡萄酒酿造业的发展期，但在南非危机已经初见端倪，人们都认为酿酒业正在衰落。英国对殖民地葡萄种植业的支持政策被关税制度所抵消，这让殖民地的葡萄酒生产者深受打击。

我通过一系列史实和图片，展示了葡萄种植者将葡萄酒作为新社会"教化"力量的文化之梦。酿酒师休伯特·德·卡斯特拉（Hubert de Castella）在游说英国人消费澳大利亚葡萄酒时说："自豪感和利益具有强大的凝聚力，把母国和澳大利亚联系在一起。"[7] 从 1860 年到第一次世界大战期间，殖民地的葡萄酒生产者和殖民地葡萄酒进口商，一直试图把他们的葡萄酒作为帝国殖民地生产的优质产品来营销。我对他们在推广和销售过程中所面临的挑战进行了探索。

第一次世界大战对英国和殖民地社会都是灾难性的，它也极大地改变了国际葡萄酒市场的秩序。本书第三部分探讨了殖民地葡萄酒生产商对此做出的反应。两次世界大战期间，英国的葡萄酒消费格局发生了巨大变化。欧洲葡萄酒生产遭到战争的破坏，殖民地葡萄酒成为替代选项。同时，随着消费者社会的不断发展，葡萄酒被推广到了更多的社会经济群体之中，殖民地葡萄酒成了比欧洲葡萄酒更平价而亲民的替代品。此外，英国的白人殖民地现在已经获得了自治权，并且在两次世界大战期间开始以英国的贸易伙伴自居。

第二次世界大战期间，空袭摧毁了法国的酒窖。和第一次世界大战一样，"二战"对英国社会和英国殖民地及自治领的社会产生了灾难性影响。但是，这对殖民地的葡萄酒生产商来说却是一个福音，他们填补了法国人留下的市场空白。与第一次世界大战一样，"二战"也带来了一个意想不到的结果，许多英国人走出国门，在世界范围内活动。本书第四部分的内容，使我们的历史叙事形成了完整闭环：如果 18 世纪至 19 世纪是关于欧洲人"征服世界"的故事，那么在 20 世纪下半叶，前殖民地上葡萄酒生产商将反过来征服英国的葡萄酒市场。1977 年，英国喜剧团体巨蟒剧团（Monty Python）曾创造了一些对葡萄酒龄级和口味的描述词语来嘲笑澳大利亚的佐餐酒，比如："墨尔本老黄"，"一种'不错的战斗酒……味香非常浓郁，应该只适用于肉搏'"，等等。[8]10 年后，澳大利亚生产的葡萄酒才摆脱了这种糟糕的名声。从 20 世纪 70 年代起，殖民地葡萄酒开始受到国际葡萄酒作家的关注。80 年代末，殖民地葡萄酒涌入英国市场，我们可以认为这是 70 年代后葡萄酒消费最终"大众化"的象征。新世界葡萄酒价格更便宜亲民，是促使英国消费者改变偏好的因素之一——新世界葡萄酒与现代户外生活方式相联系并通过广告积极推广（南非和澳大利亚的橄榄球运动员在户外烧烤并饮用葡萄酒），饮用新世界葡萄酒逐渐成为英国人普遍认可的休闲活动。之后我们将回到对葡萄酒生产和消费的道德意义上的讨论，包括南非种族隔离时期的葡萄酒（1991 年全年受到抵制），以及葡萄酒生产和运输中的环境问题。

大英帝国对白人殖民地（主要是澳大利亚和南非）的葡萄酒生产起到了重要的推动作用。这并不是因为英国有巨大的市场需求（直到 20 世纪 70 年代市场需求才产生），甚至也不是因为殖民地生产者一直享有有利的贸易条件（在殖民统治时期的大部分时间里，殖民地并没有享受到特殊保护，它们的境况有时显然比欧洲竞争对手更差）。实际上，大英帝国提供了一个条理清晰的信仰体系，即葡萄酒可以成为为新社会带来稳定和文明的工具。帝国提供了一个潜力巨大的市场，建立了长途贸易路线，这些给葡萄酒生产者带来希望。他们认为英国消费者只要品尝过殖民地葡萄酒，就会爱上它们，或者至少会把它们视为帝国一统的标志性饮品。由于殖民地的存在，英国慢慢变成了一个喝葡萄酒的社会，因为随着时间的推移，这些殖民地为英国提供了价格实惠、容易获取的葡萄酒。这些葡萄酒的价格不会让人望而却步，并且饮用它们还能在某种程度上表现爱国主义情怀。新世界葡萄酒的历史，让葡萄酒可以被视为 19 世纪至 20 世纪英国深刻社会变革的晴雨表。

关于资料来源的说明

人均消费量是一个非常粗略的衡量标准，我们不应该假设过去的人们与我们今天消费葡萄酒的方式是一样的。我们也不应该让我们对阶级、种族或性别的假设蒙蔽了我们的双眼，忽略了潜在的丰富信息。葡萄酒的历史研究资料，往往集中于欧洲男性政治家、进口商和消费者留下的一手资料。这是合乎逻辑的，而且这类资源也数量众多。然而，没有历史资料并不意味着历史上没有发生。一些历史学家喜爱的资料只是无法获取而已，比如18世纪南非种植园里受虐待的文盲工人几乎不可能留下第一手资料。然而，我们可以创造性地利用能够获得的资料来构建更宽广的图景。例如，如果我们看看英国女性作者的作品或为英国女性撰写的出版物，我们就会对葡萄酒消费产生不同的印象。19世纪的家庭手册是一种针对女性的读物，这些读物证明葡萄酒不仅可以直接饮用，并且可以用于制作很受欢迎的宾治酒（在"一战"后逐渐不再流行，但在20世纪50年代再次流行）。宾治酒由葡萄酒、果汁、香料和利口酒调和而成，可以热饮也可以加冰。根据一份1887年的菜谱，即使是来自德国或法国东部最便宜的葡萄酒也可以在进一步加工后在派对上饮用。"可以这样喝——在一个大玻璃杯或瓷碗中放入大约两打黑醋栗叶，一小把木屑，[9] 可以根据个人口味再加一些碎方糖和柠檬汁。倒入2瓶德国霍克葡萄酒或法国摩泽尔白葡萄酒，最普通的都行。放半个小时，偶尔搅拌一下，然后就可以上桌了。"[10] 如果葡萄酒会被加工后以这种混合物的形式饮用，那么喝葡萄酒的人可能比人均数据所显示的要多得多。历史学家自然可以这样推断，如果家庭手册中包含了"可以这样喝"的配方，那么肯定会有很多读者按照配方制作，而且很可能存在着一种用葡萄酒制作宾治酒的文化风尚。不过，严格地说，我们只掌握了该食谱作为出版物的证据。这是消费品研究中一个经常出现的方法论问题。很少有记录或资料显示大多数消费者买了什么，葡萄酒零售商在他们的商业记录中记录了销售数量，但很少留下对客户类型的描述或统计数据。葡萄酒总体消费水平的变化常常让我们感到迷惑：如果葡萄酒消费增加了，是喝葡萄酒的人群扩大了，还是同一群人喝得更多了？我们会用我们能够获取的全部资料来进行最佳猜测。我在这本书中引用了大量的资料，用以描绘一个完整的葡萄酒帝国，包括它的生产、贸易和消费。这些资料包括官方政府文件，葡萄酒生产商的记录，代理商、进口商和记者的信函，广告，酒单和菜单，访谈记录，还有文学作品和通俗文化产品。其中一些资料提供了准确的数据，使我能够进行定量分析；另外一些文本和图片，让我能够通过耐心的阅读和仔细的探究，提取深藏其中的文化假设。

目录

第一部分

起源：1650—1830 年

第一章

我为什么写葡萄酒

本书以一种全新的方式回顾了葡萄酒的全球发展史。首先，本书重新定义了葡萄酒文献中的一个重要概念，即把葡萄酒世界分为"新""旧"两个世界的概念。在新闻报道、餐饮介绍和历史类文章中，这两个名词随处可见。"旧世界"一般指欧洲的一些产酒国，它们往往有长达数千年的葡萄酒生产史。法国、意大利、西班牙、葡萄牙和德国作为欧洲主要的葡萄酒生产国和出口国，无疑是"旧世界"的代表。与之对应的是澳大利亚、南非、新西兰、智利、阿根廷和美国，它们被称为"新世界"葡萄酒生产国。这一从20世纪下半叶流行起来的概念确实有一定的意义，但当前的定义忽略了两个世界之间重要的历史分野。

"新世界"这个词不仅被广泛使用，并且内涵丰富。它的常见用法和历史变迁，很值得我们去一探究竟。在20世纪下半叶，全球（特别是南半球）葡萄酒产量分布和出口水准发生了重大变化。由此，"新世界"一词通常指的是上文提到的那些在这一阶段对欧洲葡萄酒市场主导地位构成挑战的新兴产酒国。[1] 2001年，澳大利亚、南非、美国和阿根廷均跻身全球葡萄酒十大生产国和出口国。[2] 但在1961年，只有美国和阿根廷进入了葡萄酒十大生产国之列（分别位列第四和第八，落后于法国、意大利和西班牙），并且几乎没有出口。同样是在20世纪下半叶，两个20世纪60年代初的主要葡萄酒生产国从排行榜上消失了：阿尔及利亚（法国前殖民地）和苏联。可以说，那是一个全球葡萄酒生产此消彼长的时代。

这些市场变化与其他社会和经济变化息息相关，并且六个新世界挑战者在葡萄酒生产方式和产品种类方面也有一些共同特点。因此，葡萄酒专家也会根据生产方式、企业模式、分级体系以及最终的葡萄酒风格来区分新旧世界。20 世纪 60 年代至 80 年代的技术进步，使许多新世界生产商能够生产出大量质量稳定、品质一般但价格低廉的葡萄酒。古老的欧洲葡萄园往往是小型家族企业，相对来说，新世界则是由国际品牌主导。因为规模经济会带来更低的边际生产成本，新世界国家也倾向于市场集中化和大型生产商。这意味着新世界与大规模生产廉价葡萄酒联系了起来。此外，欧洲生产商（尤其是法国）开创了基于产地的质量控制体系，通过产区或精确到某一块土地来定义葡萄酒的质量。20 世纪早期，法国逐渐形成了产区保护体系。对可用于酿酒的葡萄品种和酿造方式，葡萄酒生产者也制定了严格的规定。在这些方面，新世界则宽松得多。

宽松的行业法规，对廉价葡萄酒生产的大力推动，加上炎热的气候，让新世界和以果香、高酒精含量为特征的葡萄酒联系了起来，这与欧洲最好的酿酒商以精致、特别而闻名的葡萄酒形成了鲜明对比。对一些评论家来说，新世界是没品位、不正宗、无特色的代名词；[3] 但在另一些人看来，新世界又是令人兴奋和耳目一新的。英国的葡萄酒评论家们也展开了类似的讨论。奥兹·克拉克（Oz Clarke）是英国 BBC 老牌电视节目《饮食文化》（Food and Drink）的常驻酒评家，对新世界葡萄酒在英国的推广起到了积极作用。他在 1994 年曾充满激情地说："哪里是新世界不仅是由你所在的地理位置决定的，还包括你的思维方式、你的抱负、你的梦想"，并认为匈牙利和摩尔多瓦符合这种定义。[4] 在 2003 年的一次采访中，澳大利亚葡萄酒协会的黑泽尔·墨菲（Hazel Murphy）对克拉克的观点表示赞同，他说："新世界是一种精神状态，就像在澳大利亚一样，你在勃艮第也能遇到很多新世界的人。"

近来，葡萄酒鉴赏家们就希腊或格鲁吉亚这样的国家是否属于"旧世界"展开了争论。[5] 虽然一千年来它们一直在生产葡萄酒，但在过去 5 个世纪，它们在对外出口方面几乎没有任何成绩。随着印度和中国等葡萄酒生产国的出现，"新世界"已经不再是"非欧洲"的同义词，这些无法归类的国家自然而然被称为葡萄酒的"第三世界"。[6]2010 年，格伦·班克斯（Glenn Banks）和约翰·奥弗顿（John Overton）发表了一篇颇有影响力的文章，对新旧世界两分法进行了分析，指出其过于简单化、存在缺陷，并据此否定了"第三世界"的提法，认为其毫无益处。按照两位学者的理解，这种二分法的基础是"在葡萄酒生产过程中存在公认的本质性差异"，[7] 比如人工酿制与机械化、对创新和监管的态度等。他们认为，两个世界同时存在各种生产模式和生产方法，所以这种二分法是错误的。法国也大量生产廉价果酒，澳大利亚也出品优质葡萄酒，所谓新旧世界之间的区别的确有以偏概全之嫌。然而，这并不意味着我们应该完全废弃"旧世界"和"新世界"的标签，因为其中蕴含着一个将所有"新世界"生产国团结在一起的重要特征：它们的出现不是为了与欧洲竞争，它们本身就是欧洲创造的。

澳大利亚、南非、新西兰、智利、阿根廷和美国都曾是欧洲国家的殖民地。它们在被殖民之后，几乎立即开始了葡萄酒生产：1600 年，西班牙人在现在的阿根廷、智利和美国西部定居，17 世纪 60 年代荷兰人在南非定居，18 世纪 90 年代英国人在澳大利亚定居，19 世纪 40 年代英国人在新西兰定居。正如我们将在英国殖民地看到的那样，酿酒既不是偶然也不是巧合，而是一种经过深思熟虑的经济和文化战略。因此，葡萄酒新世界应该被理解是被历史选定的：它不是特定生产模式的简称，而是指那些在 1500 年至 1850 年作为欧洲帝国主义计划而建立起来的葡萄酒生产国。这些国家在 20 世纪成功渗透并开拓全球市场，这是故事的一部分，但这并不是它们的初始时刻。这就造成了一个有点尴尬的时代划分，曾经的"新"现在已经成为过去，但既然"新"烹饪和"现代"艺术都从这种模糊性中幸存了下来，葡萄酒也可以。

我理解的新世界并不是 20 世纪下半叶兴起的葡萄酒产区，而应该被重新定义为 16 世纪至 19 世纪欧洲殖民主义的产物。因此，作为欧洲商业和文化扩张之初的一部分，新世界葡萄酒的生产从一开始就是全球化的。这六个新世界生产国是四个欧洲帝国的产物，而这本书主要讲述的英国的三个主要殖民地：澳大利亚、南非和新西兰。虽然主要的欧洲帝国都曾致力于推广葡萄种植业，但英国有其独特之处。在四个相互竞争的大国中，英国的殖民统治延续时间最长，一直到了现代（与荷兰相比），并且它本身并不是一个主要的葡萄酒生产国（与西班牙和法国相比）。至少在过去的四个世纪里，西班牙和法国一直是世界上最大的葡萄酒生产国和出口国。它们国内葡萄酒消费量也很高，葡萄酒是一种重要商品。殖民地的葡萄树是作为葡萄酒消费者的殖民者种植的，为了保护其国内葡萄酒产业，宗主国有时甚至会限制殖民地葡萄种植业的发展。[8] 英国的情况正好相反，该国几乎所有葡萄酒都是进口的。[9] 事实上，正是英国在 17 世纪至 18 世纪对葡萄酒的需求推动了波尔多和杜罗河谷等理想产区的葡萄酒生产，英国也努力在进口葡萄酒方面争取优惠条款。因此，从一开始，英国殖民地的葡萄种植业就受到了贸易、民族主义和民族情感的共同驱动。虽然这些英国殖民地上的葡萄酒生产商最初并未得到宗主国市场的认可，但他们还是坚持了下来。[10] 这种建立在帝国错综复杂的贸易商网络之上的商业传统，正是英国在 21 世纪仍是世界上最重要的葡萄酒市场之一的原因。

要理解 20 世纪后期"新世界"与英国市场的联系，我们必须充分理解和承认这段殖民历史。具有讽刺意味的是，虽然很多历史学家和经济学家没能做到这一点，但贸易团体却做到了。作为澳大利亚负责葡萄酒产业发展和推广的权威机构，澳大利亚葡萄酒协会认为英国统治澳大利亚的历史，至今仍决定着该国葡萄酒出口的发展方向。"20 世纪 80 年代和 90 年代，澳大利亚葡萄酒生产商开创并培育了一个不断增长的全球葡萄酒消费市场，特别是在英国……迄今为止，澳大利亚的大部分葡萄酒出口面向的都是讲英语的市场，还有以前或现在的英联邦市场。"[11] 这既不是偶然，也不是巧合。虽然英国葡萄酒市场规模巨大，但更主要的原因是它与半数"新世界"葡萄酒生产国之间有着千丝万缕的历史联系。

具体来说，这些"新世界"生产国就是历史学家所说的"白人殖民地"。这些殖民地是由来自欧洲的移民建立的。他们的意图很明确，就是要建立与母国保持密切联系的永久社区。英国占领了澳大利亚和新西兰；荷兰人最先占领了南非，然后又被英国人抢走了；智利和阿根廷则为西班牙所占据，即历史学家詹姆斯·贝利奇（James Belich）所谓的"欧洲另一个大规模向海外移民的国家"。[12] 现在的美国领土曾分别属于英国、法国和西班牙的殖民者。在印度或尼日利亚等欧洲殖民地，欧洲宗主国采取了不同的统治模式。在这些地方，由相对较少的英国人管理或统治着当地居民，并未努力安置大量的欧洲人。关于欧洲国家为什么建立殖民地，学术界有相当多的争论，贸易、国家声望、战略考虑和文化帝国主义都在不同程度上发挥了作用，估计永远不会有一个令所有人满意的解释。同样，帝国之间对殖民地的管理方式也存在很大差异。很多历史学家现在已经不再将大英帝国看作是一个完整的、自上而下的、统一管理的行政单位，而是更倾向于把它看作是由世界各地的领土拼凑起来的联合体。因为在殖民地上，英国的管理者不得不与当地精英阶层合作并适应当地情况，所以各个殖民地采用的管理制度并不相同。但不可否认，大英帝国在 19 世纪变得极其庞大，在其鼎盛时期（第一次世界大战刚刚结束时），帝国统治下的世界人口和版图覆盖范围，都达到了全世界的四分之一。

移民们往往试图复制他们在母国无法参与其中的体制结构：例如，移民会建立民主管理体制，而他们自己在同样的母国体制下并没有投票权。为白人聚居的殖民地编制的法典规定，不管法律如何变化，只有移民才享有完全的法律权利。殖民地化不可避免地意味着开垦土地，但这些土地通常是由当地居民居住（有人可能会说"拥有"）的。正如詹姆斯·贝利奇所言："对原住民来说，移民殖民地通常比从属殖民地更危险。"[13] 因此，殖民地的葡萄园建设是原住民遭到屠杀的痛苦历史中不可分割的一部分。大多数关于葡萄酒的历史，都隐去了这段往事，但这是理解"新世界"葡萄种植业发展历程的基础。阐明葡萄酒产业（或从一般意义上来说，殖民主义）对原住民的影响是具有挑战性的，因为历史学家能够获得的资料严重偏向殖民者。尽管如此，我们必须努力对过去建立更全面、更开放的理解。如果我们不承认这些能生产出美妙葡萄酒的土地曾为许多人招致了痛苦和剥削，那我们就太不负责任了。葡萄酒是一种用于庆祝的饮品，我们在后文中讨论的许多以葡萄酒为主题的文字也与庆祝有关，但作为一种全球化的商品，葡萄酒所承载的历史叙事远不止于此。

　　本书讨论的四个白人聚居的殖民地，都从大英帝国的殖民地演变成了独立的英联邦成员国。1788 年，英国开始殖民澳大利亚，并逐渐发展成六个不同的殖民地。1901 年，这六个殖民地组成了澳大利亚联邦。开普殖民地于 1652 年成为荷兰的殖民地，1814 年成为英国的属地，并于 1910年与邻国组成了南非联盟。17 世纪，欧洲人就曾"探索"过新西兰，英国人于 1840 年宣称对其拥有主权，1907 年新西兰成为一个自治领。英法两国从 16 世纪开始殖民加拿大并建立了多处殖民区，整个加拿大在 1763年成为英国的属地，1867 年成为独立的联邦（和忠诚的自治领）。白人聚居的殖民地是大英帝国内部的种族和民族分裂的鲜明体现，因为它们比其他殖民地早几十年获得自治（大多数非殖民化发生在第二次世界大战之后）。他们组成的联盟确保了白人公民在其国内的多种权利，而这些前殖民地国家在世界舞台上行使自治权的同时，仍自豪地宣誓效忠英国。正如本书将在第四部分讨论的，南非的种族隔离制度实际上将非白人公民视为二等公民，招致一些英国消费者对南非葡萄酒的反感。为了方便现代读者，我会用独立后的名称来指代这四个国家，并且在书中即使当生产国当时已经不再是殖民地时，我也沿用了"殖民地葡萄酒"这个提法。

　　尽管美国是一个重要的"新世界"葡萄酒生产国，也曾是英国的殖民地，但在这本书中我没有太多谈及。毫无疑问，北美最早的英国和法国殖民者曾尝试过种植葡萄。在弗吉尼亚州的詹姆斯敦和加拿大蒙特利尔市附近的圣劳伦斯河沿岸的早期定居点，都曾栽种过葡萄。18 世纪晚期，当装载着葡萄藤的英国船只刚刚到达澳大利亚时，弗吉尼亚州的殖民者托马斯·杰斐逊（Thomas Jefferson）在蒙蒂塞洛的庄园里葡萄树已经长得郁郁葱葱。但从长远来看，早期殖民者在美国大地上的努力并不成功，也没能开启美国生产葡萄酒的历史。在北美的英国殖民地（后来成为美国的一部分）上，最早的酿酒者与澳大利亚或新西兰的早期酿酒者有着相同的道德观和世界观：他们认为，葡萄酒是一种有巨大赢利潜力的商品，是高雅和成功征服的象征，葡萄酒生产会为帝国带来更大的福祉。然而，美国在取得独立，脱离了英国文化圈之后，才逐渐发展成为一个真正的葡萄酒生产国。[14] 这段历史基本不在本书讨论的范围之内，本书涉及的葡萄酒生产国，并非所有都曾是白人移民的定居地。在英国的殖民地中，马耳他、塞浦路斯和巴勒斯坦也生产葡萄酒。马耳他于 1800 年成为英国殖民地，1964 年成为独立国家；塞浦路斯在 1878 年从奥斯曼帝国的领地变为英国领地，后来成为英国的直辖殖民地，1960 年获得独立；巴勒斯坦也曾是奥斯曼帝国的领地，在第一次世界大战之后被英国短暂托管，后来出于对以色列建国的担忧，英国于 1947 年撤出了该地区。这三个地方都有悠久的酿酒传统，但它们生产的葡萄酒几乎都是在本地消费的。作为小型生产者，他们不涉及大规模的跨国贸易。事实上，他们的人口很少，白人定居者的数量更少，这意味着他们基本上没有受到臭名昭著的殖民地办事处的监视。

具有讽刺意味的是，这三个地中海国家在地理上比四个白人殖民地更接近英国，但这四个殖民地（主要是澳大利亚和南非）成为英国最重要的葡萄酒生产者和供应者。之所以英国没有从交通便利的塞浦路斯或马耳他进口葡萄酒来满足国内需求，是因为实际上英国本就没有需求。虽然其欧洲邻国能轻松满足其国内需求，但英国在 18 世纪至 19 世纪从其殖民地进口了数百万加仑的葡萄酒。澳大利亚和南非成了葡萄酒新世界，是因为一个梦想，而不是出于一种需求：它们被创造出来，是因为早期的精英移民憧憬着建立一个文明的新世界（葡萄种植业的发展充分体现了殖民地逐渐开化的过程），并通过贸易为殖民地繁荣做贡献。因为它们在为帝国市场生产葡萄酒，所以理所当然地应被视为帝国经济的一部分，而不仅仅是一个独立的葡萄酒生产国。葡萄酒新世界本身就是欧洲移民殖民主义的产物，19、20 世纪英国殖民地葡萄酒生产的起源问题，是我们探讨的第一个研究课题。

葡萄酒文献用词

这不是一本关于葡萄酒的传记。葡萄酒并没有"重塑"世界，也没有像茶、可可、糖或咖啡等商品那样创造或改变了大英帝国，但大英帝国对后来成为葡萄酒新世界的国家和地区建立葡萄酒产业和市场起到了至关重要的作用。[15] 我们对比殖民地生产的其他商品——如糖，西德尼·明茨（Sidney Mintz）的经典研究著作《甜味和权力》（*Sweetness and Power*）有详细描述——快速打开市场的情况会发现，英国殖民地葡萄酒产业的发展史有明显不同。[16] 在帝国全盛时期，其他热门商品的贸易十分活跃，但葡萄酒在 20 世纪之前始终是英国市场上的小众产品。在长达几十年的时间里，人们对来自英国殖民地的葡萄酒并没有什么兴趣。与殖民地的许多其他商品不同，葡萄酒既非原产于异国，也不是"发现"于异国，而是由欧洲移民有意识地引入的。

葡萄酒并不是靠运气就能生产出来的。澳大利亚和南非的气候条件已被证明非常适合种植葡萄，但它们能成为全球重要的葡萄酒生产国并非完全是因为地理条件。酿酒是一个漫长而精细的过程，需要投入大量的时间和劳动力。就本书而言，葡萄酒是指葡萄属植物果实的发酵产品，当然也可能会混入一些其他成分。有一些"果酒"是由其他水果、大麦和其他农产品制成的，但消费者和零售商通常不会将它们称为葡萄酒，所以它们不在本书讨论范围之内（在讨论加拿大葡萄酒生产时会有一个例外情况，加拿大直到最近还在使用本土的美洲葡萄，如康科德葡萄，以及本土与法国葡萄的杂交品种酿酒）。在英国，长久以来一直传承着酿造一种"英国葡萄酒"的传统。这是一种家庭自制的发酵饮品，通常由浸泡过的葡萄干或西洋参、接骨木花、牛蒡等野生植物制成。[17] 尽管在讨论英国酒类消费时会偶尔被提及，但这种酒也不在本书讨论范围之内。

葡萄园是葡萄酒的源头。在选址时，土壤类型、土壤质量和日照情况都需要仔细考察。葡萄藤必须精心挑选、种植、培育和修剪。葡萄品种成千上万，每一种对特定气候的反应都不尽相同。葡萄必须在最佳时间采摘，采摘时要轻拿轻放，采收后还需要将葡萄碾压成汁。葡萄汁的混合、发酵和陈化都必须借助专业知识。最后，酿好的葡萄酒还需要保存起来或运到市场上出售。但葡萄酒在进入市场后，仍然不是它们的最终状态，因为葡萄酒会继续在酒桶或酒瓶中陈化。试错是不可避免的，酿酒师的技能也是不可或缺的。他们的技能主要在于应对酿酒过程中诸多变数并生产出质量稳定的成品。对殖民地上的酿酒师来说，这是一个巨大挑战，也是最大障碍，并且殖民地的葡萄园在早期也犯了很多错误。在第二次世界大战之前，大多数葡萄酒的酿造过程都是手工完成的。

在有关移民社会的历史文献中，葡萄酒发挥了很大作用，尤其是富有进取精神的酿酒师是常被描摹的对象。酿造好酒很难，在异国他乡酿造好酒则更难。故事里的主人公富有远见和激情，没有被天气、害虫和政府管制等难题所吓倒。这种历经艰险取得成功的人物也许刚好符合历史学家的构想。新世界葡萄酒的真实历史也确实如此。在一个用积极和勇气换取无限社会流动性的"新"社会，白手起家的酿酒师们成功生产出了一种给许多人（不仅仅是历史学家）带来快乐的饮品，当然值得被赞颂。[18] 因此，虽然葡萄酒是一种社会消费品，但葡萄酒的历史却非常关注酿酒师和他们所谓的成功秘诀，使酿酒活动显现出一种奇异的独立性和个人化色彩。葡萄酒历史中所体现出的强烈修正主义方法，让人不禁质疑因建立葡萄酒产业而受到歌颂的人物是否名副其实，[19] 而不是质疑我们是否应该越过个人或群体去直接思考整个体系。

在描写葡萄酒历史时，葡萄酒本身有时被视为历史的参与者。许多关于葡萄酒的历史著作都是如此，比如休·约翰逊的《葡萄酒的故事》（*Vintage: The Story of Wine*），保罗·卢卡奇（Paul Lukacs）最近出版的《发明葡萄酒》（*Inventing Wine*），约翰·瓦里亚诺（John Varriano）的《葡萄酒文化史》（*Wine: A Cultural History*），或者马克·米伦（Marc Millon）的《葡萄酒的全球历史》（*Wine: A Global History*）。[20] 这些由精通葡萄酒的伟大作者撰写的史书，思路清晰，趣味十足，并遵循着相似的叙事主线。葡萄酒是绝对主角，是饮品中的变色龙，在不同历史时刻出现在世界不同地区。故事开始于"新月沃土"，这是葡萄酒诞生的地方；也开始于古地中海，在古希腊的座谈会和狂欢活动中，葡萄酒进入一个喧闹的青春期。此时，书中往往会附上以葡萄酒为主题的马赛克和双耳罐碎片。

然后故事就跳过几个世纪，几百英里①，来到中世纪的欧洲（我们很想知道这几百年间葡萄酒的情况）。此时葡萄酒与强大的和制度化的基督教和谨慎的僧侣们联系在了一起，他们在金丘产区建起了一排整齐的葡萄园。上帝保佑他们！之后法国一直出产葡萄酒，德国葡萄酒也曾有高光时刻，而波尔多葡萄酒是在 17 世纪出现的，最后才传入英国。塞缪尔·约翰逊（Samuel Johnson）或佩皮斯（Pepys）为此留下了名言。航海冒险催生了波特酒和雪利酒。香槟在 19 世纪初的骚乱中幸存了下来，像骚乱留下了寡妇一样，香槟征服了俄国市场；法国的巴斯德（Pasteur）生产出了更好的酒，代表了科学和启蒙运动的胜利；葡萄酒迎来了它的黄金岁月。然后，在这部大戏演到四分之三的时候，悲剧以葡萄根瘤蚜危机的形式出现了。葡萄酒产业受到了惊人的打击，面临生死存亡的威胁。幸运的是，一个由科学家、不同寻常的人和新自由主义企业家组成的新世界出现了，通过投入资金、殖民地政府的介入和嫁接新的葡萄藤，葡萄酒产业得救了！这个过程绝不是以欧洲为中心的叙事，因为故事的未来在美国加利福尼亚、乌拉圭或中国。不可否认，在这个故事的结尾，葡萄酒产业呈现出令人难以置信的发展势头和乐观前景。全球葡萄酒产量达到了有史以来的最高水平，葡萄酒的消费量很高，而且葡萄酒变得更加便宜。如果弗朗西斯·福山（Francis Fukuyama）是葡萄酒历史学家，他会宣布葡萄酒历史已经终结了。

这类关于葡萄酒的"圣徒言行录"值得一读，包含了一个令人垂涎欲滴的故事，其中充满了戏剧性的情节、盲目的僧侣和柔顺的单宁。但书中的内容并不一定是不准确的。此外，这是英国历史学家所称的"辉格式叙事"（Whiggish Narrative），即一种假定世界在持续进步，并在当前时代达到了有史以来最高峰的叙事方式。这种叙事方式可能会忽略当前市场上的一些困难，或者对葡萄酒行业过去的问题不屑一顾，因为一切都已经过去了。从地理上和时间上来说，这种叙事方式是不连续的，以至于在本书研究的生产国在成为全球贸易的主要参与者之前，通常会被忽略。这种叙述

① 1 英里 ≈ 1.609 千米。——编者注

结构会给人一种错误的印象，认为南非在 18 世纪生产了一种叫作康斯坦提亚的好酒，然后就一无所成，直到 1994 年才再次生产出了葡萄酒。在 20 世纪后期，葡萄酒产业作为故事的主角早已四面楚歌，但它克服了许多困难（葡萄疾病、消费者的冷漠、高关税），最终东山再起，为消费者提供了实惠的产品。这种情形也被马克思主义称为"商品拜物教"。正如布鲁斯·罗宾斯（Bruce Robbins）所言，在关于新商品的历史中，"每一种商品都轮流成为资本主义的明星"。[21] 商品本身，而不是商品背后的社会和经济关系，成为叙事的驱动力。

也许正是葡萄酒激发了鉴赏家的热情，使葡萄酒的历史书写基调如此振奋人心。虽然近来人们对葡萄酒对现代环境的影响感到绝望，尤其是在使用杀虫剂方面，但这些伦理问题尚未被纳入以葡萄酒为主题的历史著作。这与关于其他全球性商品的著作形成了鲜明对比。对于其他商品，人们更多地承认了商品链的阴暗面，以及欧洲帝国主义在这些商品链形成过程中的巨大影响。[22] 2003 年，在回顾茶的历史时，珍妮·迪斯科（Jenny Diski）曾明确地写道："只需考虑茶主要生长在中国、印度和斯里兰卡但英国人大量饮用的现实，你就可以确信，经济和政治上的歧视一直是其生产和消费的核心。"英国茶农的创业历程揭示了"英国殖民历史与所有人相关的大胆、残暴和悲剧性的特点"。[23] 对许多葡萄酒历史学家来说，饮用葡萄酒带来的纯粹的喜悦，可能会导致他们忽视历史和伦理视角。保罗·卢卡奇在他的权威著作《发明葡萄酒》中，将第一次世界大战描述为"一场发生在世界最大的葡萄园内或附近的灾难性战争"，[24] 即使是在一本关于葡萄酒的书中，这样的说法也显得有些刺耳了。

我们对葡萄酒的喜爱将会受到葡萄酒历史的挑战。我建议将前英国殖民地的葡萄酒历史与殖民地历史结合起来，在本地个人主义和非个人的全球体系这两个端点之间寻找平衡点。书中确实包含了一些个人的故事，展现了他们的远见卓识、积极开拓和商业创新，但书中也包含了对一直在发挥作用的更大的体系的解释。下一章我们要探讨的主要全球体系是大英帝国的文化和经济组织。

第二章

为什么是英国

这本书集中讲述了大英帝国和联合王国过去三百年的变化历程。自17世纪以来，英国一直是一个雄心勃勃的海洋国家，积极从事各种商品的海外贸易。由于英国长期以来对葡萄酒需求旺盛，并且几乎所有需求都是通过进口来满足的，英国自18世纪以来一直是世界最大的葡萄酒市场之一。葡萄酒贸易一直存在，帝国主义拓宽并加强了贸易路线。

"教化使命"的概念，是英国帝国主义学术思想的中心概念之一，这一概念在葡萄栽培史上影响力巨大。许多历史学家认为，"教化使命"的概念是19世纪至20世纪早期欧洲帝国扩张的一个重要原因。一些欧洲人以此为信仰，认为自己的文化具有优越性，他们有责任把这种文化传播到世界上其他不那么文明的地方。基督教的输出最为显眼，因为基督教本身就是一个强调传教、要求信徒传播"福音"的宗教。毫无疑问，基督教传教士真诚地相信，他们去往殖民地、翻译圣经、举办临时的主日学校，是在拯救当地人的灵魂。

英国文明的传播不仅要从宗教角度来衡量，也要从经济角度来衡量。英国的帝国主义无疑是资本主义性质的。其殖民地的财富和社会进步、强大的贸易路线和殖民者的生活水平体现了帝国的成功。葡萄酒生产者和出口商寻求商业成功的同时并没有为了利润而对帝国主义政策避而不谈，他们认为自己是在通过贸易来展示他们在践行对"教化使命"的承诺。经济繁荣本身就是文明教化发生在新土地上的明证。

但是，所谓"教化使命"既可能只是一个为了掩饰野蛮的殖民手段而编造出来的名词，也可能是一个为了激励英国支持者创造出来的空洞修辞。一些学者认为，这个词体现出的文化傲慢贬低了原住民的生活，暗指他们完全没有文化或没有认知能力。对这一概念的主要批评来自一种名为后殖民主义的广泛研究。这一研究认为"教化使命"在全球不平等和侵略战争合理化方面始终发挥着作用。[1] 当研究葡萄酒的历史及其与殖民项目的联系时，这些都是需要谨记的重要批评。

如果众多英国殖民者认同基督教"教化使命"的概念，那么葡萄酒酿造业的成功及其与《圣经》的共鸣，则证实了他们取得的进步，令他们感到陶醉。酿造葡萄酒的过程复杂而精密，给了酿酒师极大的想象空间，认为自己正在积极培育和传播文明。一排排整齐的葡萄藤，结出果实，酿成葡萄酒，这些发生在此前的无主之地上的一切，对殖民者来说是一种巨大的成就。这种心态在后殖民时代仍然很常见。正如一位南非葡萄酒作家在 1961 年写到的，"葡萄酒，以及饮用葡萄酒，是人类文明生活的基本组成部分"。正如著名的早期荷兰殖民者范·里贝克（Van Riebeeck）和范·德·斯特尔斯（Van der stels）那样，在种植葡萄酒的过程中，人类在他们所居住的土地上扎下了根。"几个世纪以来，在这片陌生而原始的土地上，在非洲大陆南端的岬角上种植葡萄的人为欧洲文明的稳固做出了巨大贡献。"[2] 当"变革之风"仍在整个大陆上吹动，当地非洲人还在为挑战欧洲人及其后代的政治霸权和控制国家主权而斗争时，处在种族隔离时期的南非出现这样的说法并不奇怪。但在英国对殖民地的结束很久之后，即使身在 20 世纪，我们仍能听到类似的声音。1999 年，英国最大的酒商之一奥德宾斯酒业在其商品目录上写道："新西兰是一个崭新的奇迹。"接着，故事情节继续展开："从毛利人的原始村落到 90 年代最先进的、最和平的现代社会，变化的速度令人震惊。"[3] 书中没有解释新西兰葡萄酒的历史，而是将其作为一种营销工具，旨在让人们意识到新西兰过去和现在的鲜明对比。其市场营销部门显然没有意识到，他们编造毛利人"原始"的过去并浪漫化，这可能会是一种冒犯，但他们确信，这种描述会引起英国公众的共鸣，进而转化为苏维翁白葡萄酒的销量。

这是在文化构建和文化想象及国家认同方面，葡萄酒发挥重要作用的一个例子。就英国而言，并不迫切需要葡萄酒作为国家认同的方式，因为英国实际上一直是与啤酒、杜松子酒和威士忌等蒸馏酒联系在一起的。由于葡萄酒通常是从国外进口的，消费葡萄酒有时甚至被认为在政治上可疑，比如在英国与法国频繁交战的 18 世纪。[4]正如接下来的章节将探讨的，这给帝国殖民地上的葡萄酒生产者带来了市场挑战，他们希望自己的产品能与英国消费者产生共鸣。但这个问题并非为英国独有。我们很容易会将某些国家与葡萄酒联系起来，这也是市场营销的结果。在法国，酿酒业已经存在了几千年，葡萄园占据了大量的农业土地，优质的葡萄酒行销全球市场。葡萄酒能让人联想到法式风情，甚至可以作为法国的象征。但正如科琳·盖（Kolleen Guy）所展示的那样，香槟能够在法国的国家认同中获得如今的地位，也是通过刻意推动才建立起来的。香槟生产商利用营销技巧，让消费者把喝香槟与法国人的身份联系了起来。[5]

对殖民地葡萄酒在英国国内市场的研究，与过去二十年中的一个重要学术领域特别吻合。这一领域通常被称为"帝国本土研究"，即对帝国主义扩张史对英国都市和英国文化影响的研究。这种理论认为，不是英国人对其他人"做过"的事情成就了大英帝国，而是帝国的殖民扩张显示和创造了英国人的思想、习惯和文化。大量文献调查显示了英国和爱尔兰（程度较轻）对殖民地个人消费品的贪婪需求，包括茶、糖、咖啡、可可、印花布、装饰物和硬木，以及更多地用于生产个人消费品的工业原料。[6]其中很多文献认为，英国人喜欢来自殖民地和海外领地的物品是理所当然的——外国商品意味着异国情调，异国情调对英国人有着不可抗拒的诱惑，这些商品的销售反映了帝国化的规范，寻求外国商品也确实是一些帝国主义项目的推动力。事实上，甚至有令人信服的证据表明，为了取代进口商品，对外国商品的需求刺激了英国的工业创新。[7]支撑这些讨论的假设本身也是一个反复出现的关于帝国的比喻：殖民地是帝国的丰饶角，是物产丰富的食物供应者。[8]历史学家们逐渐意识到，英国对帝国商品的进口、营销和消费，不仅是资源引进的过程，更是一个充满文化意义的过程，尽管具体的意义和其强度以及在特定社会群体中的不同影响存在很大争议。[9]正如我们将看到的，葡萄酒身上包裹着丰富多彩的文化意味。

19世纪初，当悉尼周围新开垦的殖民地上的葡萄园刚刚建起时，大不列颠及爱尔兰联合王国还是一个由两个岛屿和四个部分组成的联邦。当时，它的总人口约为1600万，但正在快速增长（到1900年超过4000万）。尽管对工业革命爆发的原因和年代存在争议，但从长期来看，社会和经济变化是显而易见的。1700年，英国大部分地区都是农田和乡村；到1800年，四个部分中人口最多的英格兰正在大规模城市化，经济也转向了重工业，尤其是在其中部和北部地区。城市化意味着经济转型，因为城市居民通常无法自给自足，大部分普通消费品，特别是食品需要依赖市场来获得。帝国殖民地不断扩大，也越来越多地参与到为这些城市工人提供衣服、食物和饮品的活动中，因此工业革命与消费革命密不可分。

总的来说，19世纪的英国充满了活力：工业化、繁荣的城市、蓬勃的贸易、流动的人口以及交流和表达的自由。然而，英国也有很多地区几乎没有受到这些变化的影响，比如爱尔兰一直以农业为主，没有像组成大不列颠的英格兰、威尔士或苏格兰那样吸收大量的工业投资。由于这个原因，以及爱尔兰社会和经济发展中其他一些我无法用三言两语说清的特点，我将主要讨论英国的事务和市场，而不是爱尔兰或1923年之后的北爱尔兰（尽管"英国人"中有数百万人不认为自己是英国人，我还是会使用"英国人"这个词，因为英语中没有一个与"联合王国"对应的形容词）。总部位于伦敦的企业最为突出，因为英国长期以来在有关国家治理、贸易和文化方面的事务都集中于此。[10]并且因为葡萄酒一般来自南方，伦敦也是葡萄酒最重要的进口口岸。

19世纪的英国经济不断增长，政治领袖也十分重视经济增长。与此同时，帝国在扩张，帝国的政治领导力也在不断增强，甚至广大公众也认为"教化使命"和扩大英国的声望和实力十分重要。关于自由贸易政策在多大程度上刺激了贸易，特别是葡萄酒等外国食品的贸易，存在很大的争议。[11]英国人历史上也有一种洋洋自得的心态。19世纪，大多数欧洲国家都经历了革命、政权更迭和社会动荡，而英国国内则相对稳定。这并不是因为英国人特殊的性格特点，当然更不是因为英国社会非常和谐。相反，英国的贸易密集型资本主义经济是建立在社会关系的分层体系之上的。

英国的阶级结构是被正式写入民主制度的。英国两院制议会制度已经发展了几个世纪，但直到 1928 年，它还只是实施部分民主。1800 年，当英国囚犯被送往澳大利亚，英国水手为南非而战时，人们认识到英国的议会制度是彻底腐朽的。此时，只有拥有土地的富有的圣公会教徒才有投票权。1832 年，政治制度进行了重大改革，将选举权扩大到 5% 的成年男性。后来的进一步的改革逐步扩大了选民范围，对选民的土地所有权要求最终被取消。1918 年所有男性获得了选举权，1928 年所有女性获得了选举权。本书讨论的大部分时期，社会阶层和性别决定了一个人的政治权利。

政治权利与关于贸易和葡萄酒消费的讨论密切相关。社会和民主方面的限制是促使英国人移民到澳大利亚等新殖民地的一个重要"推动"因素，他们希望在新的土地上能体验到社会流动性。如果说英国本土在 19 世纪和 20 世纪特别稳定，那是因为帝国殖民地充当了非常有效的社会安全阀的作用。殖民地不仅为英国提供了促进人口增长和工业革命的重要资源，还使英国可以将国内不受欢迎的人安置在安全距离之外。罪犯、穷人、失意者和受挫的野心家可以带着他们的不满，去到遥远的地方。

社会阶级结构也是一种文化结构，而葡萄酒则是社会在发生变化的指示器。从历史上看，英国富裕阶层一直是葡萄酒的主要消费群体。在 17 世纪，葡萄酒对于中上层阶级也是奢侈品，是上流社会的"必需品"，不管价格多高，他们都会购买。[12] 在 19 世纪的英国，大多数人很少饮用葡萄酒，很多人甚至根本不喝葡萄酒，绝大多数葡萄酒的饮用者是富有的少数社会精英。约翰·伯内特（John Burnett）已经证明，在 20 世纪的头几十年，人均葡萄酒消费量是随着收入的增加而增加的，基本上人均工资翻一番，人均葡萄酒消费量也会翻一番。[13]

许多关于消费的研究认为，人天生就有阶级欲望，他们可以通过消费品来表达自己的欲望。同为来自殖民地的饮料，茶是另一个例子。它最开始出现在英国人的生活中，是一种精英阶层的昂贵饮品，在 18 世纪逐渐成为工人阶级生活的重要消费品。但重要的是要记住，工人阶级文化本身就是一种文化，而不是对精英规范的背离。此外，查尔斯·鲁丁顿（Charles Ludington）已经证明，在18世纪的英国，精英们有时会模仿中产阶级的饮酒习惯，而不是被中产阶级模仿。[14] 在英国的饮酒文化史上，阶级摩擦和相互影响显得尤为突出。英国有深厚的饮酒文化，在社交场合饮用酒精饮料一直是一种为社会所接受的休闲活动。也没有人认为酒精饮料必须和食物一起消费。酒吧是公认的社交中心。随着时间推移，酒吧的社交作用越来越强，特别是在第一次世界大战后酒吧开始对女性开放之后。[15]

因此，英国的葡萄酒消费是一个巨大的悖论。至少从17世纪到20世纪，英国一直是世界上最大的葡萄酒进口国，但英国的人均葡萄酒消费量始终很低。从葡萄酒生产者的角度来看，英国扮演了一个极其重要的角色；但在英国国内的文化观察者看来，葡萄酒对大多数人来说无足轻重。

在大英帝国，葡萄酒的历史与贸易、价格和关税有关，但更主要的是一个观念及其变成现实的过程。这本书探讨了在概念的影响下，人们用毕生精力去种植一种最没有希望的作物的故事，以及这种行为对全球经济和人们生活的影响。在殖民主义和葡萄酒的历史中，有无数的故事可以讲述。事实上，历史学家所能获得的材料数量惊人，以至于本书中包含的研究材料远远少于我放弃的研究材料。我讲的故事并不权威，但它是准确而真实的。它始于17世纪的好望角，在雄伟的桌山的山影中，荷兰定居者怀揣着建设葡萄园梦想，种下了第一株葡萄。

第三章

荷兰人的勇气：好望角第一支葡萄酒

他们到来时，带着满腔热望。

1679 年，刚刚被荷兰东印度公司（也被称为 VOC）任命为殖民地总督的西蒙·范德尔·斯特尔（Simon van der Stel）在非洲大陆南端的好望角登陆。长久以来，开普都一直是科伊人的家园，15 世纪晚期欧洲人的船才首次抵达这里。此时它已被荷兰人征服，成为欧洲海上贸易网络上的一个枢纽。当时荷兰是一个拥有无数精明商人的强大国家，范德尔·斯特尔则是荷兰东印度公司的一名官员。从 19 世纪的一些绘画作品中，我们可以看到这样的画面：荷兰行政官员专横地站在桌山脚下，对土地和他们想要控制的原住民进行调查。[1] 大航海时代同样是大剥削时代。

范德尔·斯特尔留存于世的几幅肖像画中，有一幅是在他被任命为总督之前几年画的，画中的他手里拿着一串成熟的葡萄。在他位于阿姆斯特丹东部的穆伊德伯格村的家中，他经营着一个小型葡萄园。此外，尽管荷兰东印度公司在印度洋地区的主要交易货物是香料，但因为范德尔·斯特尔的岳父是一名葡萄酒商人，所以他可能对葡萄酒贸易有所了解。[2]1685年，荷兰东印度公司将港口城市开普敦的郊区的一块土地奖给了这位总督。在那里，他建立了一个葡萄园并开始酿制葡萄酒。这个葡萄园后来成为非洲最著名的葡萄园。他给自己酿的酒取名为康斯坦提亚，意为忠诚、恒久、坚定。

范德尔·斯特尔在好望角种植葡萄的故事，已经成为南非葡萄酒的"创世"神话。故事的基本内容由于被复述得太频繁，以至于已经拥有了自己的生命，准确与否已经不重要（我们也没有办法去核实故事中的细节）。这些故事的讲述方式，通常是为了表现一个人的远见卓识。然而，范德尔·斯特尔实际上并没有预见到葡萄酒行业后来的发展，他种植葡萄更大程度上是对当时的文化和政治状况做出的回应。在近代早期，葡萄酒是许多欧洲富人的生活必需品，在欧洲帝国扩张的过程中，他们也带上了葡萄藤。西班牙殖民者从 1600 年左右开始在现在的阿根廷、智利和美国的加利福尼亚州酿造葡萄酒。几年后，弗吉尼亚州的英国殖民者也尝试过种植酿酒葡萄，但不太成功。殖民地的葡萄酒产业为移民提供了生活物资，促进了殖民地经济自给自足。并且，葡萄酒也是一种有出口潜力的农产品。范德尔·斯特尔并不是一个古怪的梦想家，而是一个典型的近代帝国主义者。

帝国的战争和贸易网络塑造了当代欧洲的葡萄酒和烈酒贸易的格局。即使不能说是世界最著名的葡萄酒产区，波尔多也是法国最著名的产区。17 世纪至 18 世纪，它从单纯的葡萄酒产区变成葡萄酒出口重镇，荷兰、英国和爱尔兰有很大功劳。罗德·菲利普斯（Rod Phillips）的研究表明，在 17 世纪的大部分时间里，荷兰商人主导着波尔多的葡萄酒贸易，他们在英格兰和荷兰销售葡萄酒的同时，在该地区投资开垦沼泽地和扩大葡萄园。[3] 法国人安德烈·朱利安（André Jullien）于 1816 年出版了一本葡萄酒的综合性指南，这是世界上最早的葡萄酒指南之一。他指出，虽然荷兰几乎不种葡萄，但阿姆斯特丹一直是世界上最大的加度葡萄酒交易中心之一。[4] 在整个 18 世纪，复杂的地缘政治导致法国失去了荷兰和英国的青睐，因此得益的是葡萄牙的港口建造商和贸易商。但爱尔兰商人和后来的政治避难者纷纷涌向法国，并以自己的名字命名了波尔多的一些顶级葡萄酒和白兰地，如基尔万（Kirwan）、巴顿（Barton）、林奇（Lynch）和轩尼诗（Hennessey）等。由此，即使是法国最具标志性的葡萄酒产区，在近代早期也受到了外国商人的深刻影响。

在南非，荷兰采取了同样的经济模式，在希望通过葡萄酒产业从土地中获利的同时，又能由其商船运往欧洲进行贸易。他们还经历了与帝国主义对手英国和法国的地缘政治斗争。18 世纪末，拿破仑战争爆发，英国海军最终取得了战争的胜利，好望角成了其战利品。当范德尔·斯特尔抵达好望角时，它还只是荷兰海上贸易枢纽上的一个战略港口；而当英国人在 1814 年正式获得好望角时，它已经成为一个永久定居点，且以葡萄酒产业闻名于世。

海滨酒馆

1652 年，为建立补给站，荷兰人在好望角的桌湾登陆。它位于从荷兰到印度和印度尼西亚（前荷兰殖民地）的航线上，船只可以在这里补充淡水、农产品和肉类。荷兰东印度公司对这个站点的野心不大。荷兰东印度公司任命扬·范·里贝克（Jan van Riebeeck）为这里的总督，他的任务是为船只提供食物，同时尽量节约开支，并减少与当地科伊人的摩擦。科伊人是牧民，愿意把肉卖给荷兰人。几年后，作为权宜之计，范·里贝克把土地"授予"几个荷兰东印度公司荷兰雇员，并进口西非和安哥拉人，充作农场的奴隶。[5] 这些荷兰雇员后来被称为"自由市民"，他们为船只生产食物，专门卖给荷兰东印度公司。尽管荷兰东印度公司设定了较低的固定收购价，他们不太可能因此致富，但他们的货物有稳定的市场。由此，被奴役的人会一直工作到死去，毫无疑问还要忍受痛苦和屈辱，而科伊人也失去他们的肉类市场。

27 年后，当范德尔·斯特尔被任命为总督时，开普敦还只是一个小村庄。尽管海上交通繁忙，但这里的常住人口只有几百人。范德尔·斯特尔对这块殖民地有着自己的野心，他的愿景与酿酒有关。虽然人们经常将他奉为好望角葡萄种植第一人，但实际上他并不是第一个在这里种植葡萄的人。据先锋历史学家、开普敦国家档案馆员乔治·麦考尔·西尔（George McCall Theal）称，范·里贝克在 1658 年已经在开普敦郊外的温伯格种下了葡萄。著名的法英葡萄酒专家安德烈·西蒙（André Simon）认为南非的葡萄种植史还要往前推，可以追溯到 1653 年；[6] 而南非记者戈登·巴格诺尔（Gordon Bagnall）认为南非第一棵葡萄树是在 1655 年种下的。[7] 范·里贝克在 1659 年 2 月亲手酿制了南非第一支葡萄酒，因为他是"整个殖民地中唯一知道如何酿制葡萄酒的人"。作为欧洲帝国主义的狂热支持者，巴格诺尔称范·里贝克酿造的这第一支南非葡萄酒是献给上帝的赞美诗。20 世纪 60 年代，巴格诺尔写道："就像遥远的古罗马文明将葡萄酒带到了处在蛮荒之中的欧洲大陆和英伦诸岛，并教会了人们饮酒一样，荷兰人把葡萄酒这种文明生活的必需品带到了南非的荒凉土地上，并建起了欧洲人的家园。"[8]

现实并没有这么美好。西尔说范·里贝克的葡萄酒是由"麝香葡萄和其他圆形白葡萄"酿制而成的，它们的根茎可能来自西班牙。[9] 范·里贝克显然曾试图鼓励市民也种植葡萄，"但大多数人只满足于在房子周围种植一些插枝。"普通市民并没有和这些受过良好教育的欧洲人形成共鸣。受过良好教育的欧洲人系统性地在帝国的各个地方移栽各种植物，并希望这种试验能产生新的经济作物；而普通市民"更喜欢其本国的水果和谷物，而不是葡萄和玉米等外来植物，他们自称不知道怎样种植它们"。[10] 与范德尔·斯特尔不同，大多数荷兰人不种植葡萄。市民的数量也很少，因为荷兰并没有想在南非建立新家园，他们只是想经营一个经济实惠的供给站。

早期的葡萄酒质量很差、令人失望，但酿酒师一直没有放弃。此时，荷兰东印度公司已经开始购买好望角的葡萄酒，但只作为船上的储备品，因为这些葡萄酒"质量很差，在印度销路不好"。[11]1670 年，范·里贝克的继任者之一雅各布·博格霍斯特（Jacob Borghorst）试图激励酿酒师生产更多的葡萄酒——他给他们提供了可以在巴达维亚（即现在的印度尼西亚）无限量销售葡萄酒的廉价许可证。但这些措施没有成功，因为市民"太穷了，无法忍受等待一年才知道产品是否能卖出去……他们认为在一个好的市场上，所有东西的价格都是固定的。在这样的市场里，在葡萄酒运出农场之前，一个人就可以精确地估算出他的收入。因此，在印度市场上自由销售的政策，并不能促使他们去扩大葡萄园。"[12] 在波尔多的蒸馏酒业务让荷兰人获利颇丰，但这一产业在南非同样开局不利。1672 年，通过蒸馏劣质葡萄酒生产出了南非第一批白兰地，但这些"白兰地的质量甚至还不如用来制造它的葡萄酒"。[13] 南非葡萄酒产业的开局并不顺利。

当范德尔·斯特尔抵达南非时，当地的葡萄酒生产已经很成熟，但质量始终平平。作为一名殖民地总督，范德尔·斯特尔决心将这个供给站变成一个真正的殖民地。这需要增加人口并促进当地葡萄酒和其他潜在的收入来源变成真正的收入。他引入了新的移民，其中包括一些欧洲女孤儿，打算让她们与单身的男性市民结婚（因此，奴隶制度和殖民地可能是通过性剥削发展起来的）。1687 年对好望角的人口普查显示，当地大约有 600 名欧洲人和 300 名奴隶。对葡萄酒产业来说更重要的是，开普殖民地在 1688 年迎来了法国胡格诺派教徒。这些难民是新教徒，为逃离法国的宗教战争，他们来到与法国敌对的荷兰的殖民地寻求庇护。他们居住在后来被称为法语角的地区。荷兰酿酒师的专业知识已经跟不上他们的野心，但这些新来的法国人在酿酒和葡萄修剪（修剪葡萄藤的艺术）方面拥有专长，一些学者认为这使他们在酿酒业中的比较优势延续了好几代人。[14] 此时，有大量的葡萄树需要照料。1687 年的普查记录显示，南非拥有 40.29 万株葡萄树。[15] 这些葡萄藤覆盖的土地面积取决于它们的种植方式，但按照欧洲传统的每公顷 1 万棵葡萄树的计算方法，这相当于 40 公顷或约 100 英亩。依据现代农业的标准，这个面积太小了，但以当时的技术条件，一个人和一头牛一天只能犁完一英亩。[16]100 英亩对一个只有几百名男性工人的殖民地来说，面积还是非常大的。西尔解释道，胡格诺派教徒也被告诫说，酿酒不应该以牺牲粮食生产为代价。虽然这可能代表了人们对葡萄酒产业潜力的怀疑，但更可能是反映了以面包为主食的自给型经济的现实一面。毕竟，当时的勃艮第也对在粮食产区种植葡萄有所限制。[17] 酿酒葡萄对自给自足的农民的吸引力之一是，它们有时可以在不适合种植其他作物的贫瘠土壤中茁壮成长。[18] 互补型的混合农业是农民们的目标。

范德尔·斯特尔被誉为是南非葡萄酒之父，这要归功于他在康斯坦提亚建造的葡萄园。康斯坦提亚现在位于开普敦东南郊区。1685 年，他被授予了 861 摩根的土地（大约 737 公顷或 1821 英亩）。[19] 他酿造的葡萄酒很有名，进而成为酿酒厂以及周边土地的名字。他和他的儿子阿德里安（Adriaan）鼓励市民提高农业生产水平，阿德里安后来接替他担任了总督。在葡萄酒方面，范德尔·斯特尔在自己的农场和桌山峡谷属于荷兰东印度公司的果园中试种了来自法国、德国、西班牙和波斯的葡萄品种。由于对当地人酿造的劣质葡萄酒感到失望，他下发了禁令，规定在由他自己检验成熟之前，当地人不得采摘和压榨葡萄，否则将受到严厉的惩罚。[20] 这种微观管理使得他并不受当地生产葡萄酒的市民的喜爱，他在葡萄酒贸易中也没有个人股份。但到 18 世纪早期，范德尔·斯特尔家族已经拥有了殖民地最大的庄园，除了生产肉类和葡萄酒，还生产谷物。他们的垄断行为遭到了投诉，阿德里安在 1707 年因此被免职。[21] 虽然很难确定产品质量是否有显著改善，但范德尔·斯特尔家族的葡萄酒业务显然变得越来越有利可图。

在范德尔·斯特尔去世后，康斯坦提亚葡萄园被分成了三个葡萄园：格鲁特、克莱因和伯格夫里特，并为几个不同的市民家庭拥有。到了 18 世纪的头几十年，其他家庭也变得富裕起来，这使当地的欧洲人之间形成了分化。一小部分富裕家庭在开普敦附近种植葡萄和小麦，而贫穷的市民则开始向内陆地区扩张，形成了一个边疆社区。在斯泰伦博什和康斯坦蒂亚，最富有的葡萄酒农场主建起了有三角墙的荷兰式房屋，其中许多房屋至今仍然挺立着，在郁郁葱葱的葡萄园衬托下，显得雪白高大。好望角的人口数量虽然仍不算多，但正在变得更加多样化。18 世纪上半叶，酒类零售商成就了好望角最富有的人群之一，他主要为过路的水手提供当地的葡萄酒和白兰地。[22] 有时，数千名水手会连续几周上岸，频繁光顾开普敦的酒馆，[23] 此时人口数量会迅速而短暂地增加。

康斯坦提亚的葡萄园后来在欧洲很有名气。康斯坦提亚庄园何时开始生产出品质突出的葡萄酒，具体时间很难确认，但很可能是在范德尔·斯特尔在世时就已经做到了。我们不知道，早期所谓来自好望角的好酒在多大程度上专指康斯坦提亚葡萄酒，也不清楚从什么时候开始，来自好望角的葡萄酒和康斯坦提亚葡萄酒就不能再混为一谈了。事实上，它们所代表的葡萄酒在质量方面是相反的（康斯坦提亚葡萄酒是好酒，但好望角葡萄酒是劣酒）。但由于开普敦是一个如此重要的贸易枢纽，并且管理者急于推出一种高品质的产品，因此优质葡萄酒的声誉如何能够实现迅速传播，甚至传回欧洲的葡萄酒生产大国就不难理解了。虽然荷兰人和英国人在帝国主义扩张方面是竞争对手，但他们之间也会进行贸易，好望角在欧洲到印度的贸易路线上的战略重要性使英国商人接触到了好望角葡萄酒。1689年，英国国王的牧师约翰·奥文顿（John Ovington）途经好望角前往印度，在他的游记中，描述了当时葡萄酒产业的发展状况。他说，他们"现在能够大量供应印度市场，一瓶的价格为一卢比"。这是一种德国风格的白葡萄酒，可能是甜的："它的颜色很像莱茵葡萄酒，因此他们在印度给它起了一个似是而非的名字，但它的味道更冲，不太适口；它的风格还没有完全成熟，酒劲儿更大，让人更容易喝醉，也更容易上头。"[24] 以欧洲著名的葡萄酒风格来设计和命名自己的葡萄酒，这是第一个记录在案的例子。在这种情况下，好望角葡萄酒被称为莱茵葡萄酒，甚至有故意误导消费者的嫌疑。17 世纪至 18 世纪的英国人一般会用原产地来命名大多数葡萄酒，但这只是一种非正式的方式，不受法律约束。

作为一个早期的例子，可以佐证因为气候比德国莱茵更加干热，好望角生产的葡萄酒酒精含量比北欧用同一种葡萄生产的葡萄酒更高。1766年，两位英国百科全书学家写到，好望角葡萄酒在保存两年后"有萨克酒的味道；保存到六年时的好望角葡萄酒会拥有与陈年霍克酒一样的色调，像最好的加纳利一样活泼"。[25] 萨克酒是西班牙雪利酒的统称，霍克酒则是德国风格的白葡萄酒，加纳利指的是加那利群岛所产的甜型白葡萄酒，这些酒在英国都很常见。不过，萨克酒和加纳利酒都是加度葡萄酒，即通过添加蒸馏酒（这也降低了葡萄酒变质的风险，对出口市场来说是一件好事）提升了其口感和酒精含量。而好望角葡萄酒较高的酒精度不是来自添加额外的酒精，而是来自葡萄的自然成熟度。炎热的气候使葡萄更加成熟，含有更多可以转化为酒精的糖分。正如我们将看到的，在 19 世纪后期，与酒精含量相关的关税制度给殖民地葡萄酒进口商带来了很大麻烦。但18世纪英语世界的一些葡萄酒爱好者对好望角葡萄酒推崇有加。《伦敦绅士杂志》（*Gentleman's Magazine*）在1738年夸赞道："好望角葡萄酒非常的馥郁醇厚。"[26]1734年，爱尔兰诗人玛丽·巴伯（Mary Barber）在一首名为《敬米德博士，用他的好望角葡萄酒》（*To Dr Mead, on His Cape Wine*）的短诗中，是这样赞美这种成熟度很高的葡萄酒的：

> 你的酒，由南方的太阳精制而成，
> 是你心灵的象征：
> 它有千百种滋味
> 就像你影响世人的千百种方式；
> 它和你一样，唤起了沉沦的心，
> 它和你一样，激起艺术的灵感；
> 它能抚平愤怒，它能战胜痛苦，
> 它能唤回那已经远去的生命力。[27]

巴伯在诗中把她的朋友（慷慨热情的米德博士）比作一种好望角葡萄酒。这表明，在18世纪中期的英语国家，好望角葡萄酒并没有被视为是对欧洲葡萄酒的拙劣模仿，而是被视为一种令人感到温暖愉悦的饮品，它的产地赋予了它独特的味道。在诗中，巴伯用艺术的手法指出这种"滋味丰富的葡萄酒"可以用来挽救那些濒临死亡的人。在19世纪，葡萄酒被广泛用于医疗目的，[28]开普敦葡萄酒也不例外。一篇来自伦敦的1753年的文献显示，一位医生在为一位贵族治疗时曾指定使用好望角葡萄酒，不过没有注明葡萄园或葡萄品种。[29]在19世纪，拥有这种影响力的葡萄酒显然是康斯坦提亚葡萄酒，而不是一般的好望角葡萄酒。出现"康斯坦提亚"这个词次数最多的英语作品，是简·奥斯汀1811年的小说《理智与情感》（*Sense and Sensibility*），书中认为这种葡萄酒可以治疗"痛风"和心碎。[30]

由此可见，好望角葡萄酒在 18 世纪的英国非常有名，也可以买到。它们显然受到了英国中产阶级的喜爱或追捧，因为这些很少有帮工的家庭是一本早期英国烹饪书汉娜·格拉斯（Hannah Glasses）的《糖果大师全集》（*The Compleat Confectioner:or, the Whole Art of Confectionary Made Plain and Easy*）的目标读者。这本书出版于 1760 年，讲述的是各种糖果的简易做法。其中介绍了在家里用浸泡过的"贝尔韦德拉葡萄干"来仿制好望角葡萄酒的方法。[31] 好望角葡萄酒一定有一种为格拉斯的读者所熟知的独特味道，因为书中也讲了如何使用其他类型的葡萄干来仿制其他类型的葡萄酒，比如马拉加风格的葡萄酒（一种加度的西班牙甜酒）和干葡萄酒。[32]

在 18 世纪早期，康斯坦提亚慢慢发展出了一种有别于其他好望角葡萄酒的标志性产品，即一种由芳蒂娜麝香葡萄酿制的餐后甜酒。作为麝香葡萄家族的一员，芳蒂娜麝香葡萄被认为是"最经典的"麝香葡萄。这种葡萄别名众多，很多品种都流传甚广，如粒白葡萄等。它还有一种名叫亚历山大麝香葡萄的近亲，在南非被称为哈尼普特葡萄，"通常被认为是等而下之"的品种。[33] 它们都可以用于生产甜型白葡萄酒。安德烈·西蒙在 20 世纪 50 年代写道，南非最早的葡萄品种是哈尼普特，一种麝香葡萄；斯蒂恩或斯坦，一种苏维翁白葡萄；绿葡萄，一种赛美蓉葡萄。"[34] 南非一直把白诗南葡萄称为斯蒂恩。杰茜丝·罗宾逊（Jancis Robinson）自信地写到，赛美蓉成了好望角最重要的葡萄品种，1822 年，南非 93% 的葡萄园种植的都是这种从波尔多引进的品种。事实上，它在当时是如此普遍，以至于被简单地称为"酿酒葡萄"。[35] 赛美蓉是一种白葡萄，法国著名的苏特恩甜型白葡萄酒就是用这种葡萄酿造的。

好望角当然也生产红葡萄酒，康斯坦提亚甚至同时生产红白两种葡萄酒。我们从 18 世纪英国报纸上，就可以了解到这一点，比如 1743 年的一则广告写道："一批真正的康斯坦提亚好望角葡萄酒，红白都有，非常清亮，味道很好，每加仑 1 磅 1 先令，包括瓶子在内。"[36] 同一年，一个破产的伦敦酒商拍卖了他的库存，卖出了各种大桶的法国勃艮第和波尔多葡萄酒、香槟、芳蒂娜和莱茵葡萄酒，以及"二十二打零六品脱[①]上等瓶装好望角红葡萄酒"，还有一大桶和几品脱"好望角白葡萄酒"。[37]

在托马斯·萨蒙（Thomas Salmon）1735 出版的《近代史》（*Modern History*），又名《各国当前情况分析》（*The Present State of All Nations*）中提到"近来好望角葡萄酒在欧洲广受推崇"，并写下"由于缺乏葡萄栽培技术，他们似乎用了很长一段时间才建起了像样的葡萄园"。然而，现在"在好望角殖民地上没有什么村社，但有大片的葡萄园，不仅能够生产足够的葡萄酒供家庭饮用，还有多余的可供出售。"[38]约翰·福里（Johan Fourie）也已经证明，好望角殖民社会在 18 世纪并没有陷入经济停滞，而是变得更加富裕，而葡萄酒就是一种为其带来财富的重要商品。[39]

如果没有奴隶，这些葡萄酒根本就不可能生产出来。事实上，好望角的财富中，包含了殖民者拥有的奴隶的价值。[40]葡萄藤很容易受到自然环境的影响，酿酒也需要大量的劳动力。萨蒙指出，农民必须应对风暴、霉菌、蝗虫和一种"小黑虫"。他还描述了一个细节，奴隶每天早上都要去清除藤蔓上的小黑虫。[41]范·里贝克最初运来的奴隶来自西非和安哥拉，但越来越多的奴隶来自荷兰的其他殖民地，包括印度尼西亚、锡兰（斯里兰卡）和印度。1717 年，开普敦的一个管理机构——政策委员会——（Council of Policy）以压倒性的多数投票通过了殖民地应该继续依赖奴隶作为劳动力的法案。虽然好望角殖民地从未像加勒比海地区或美国南部那样发展大型奴隶种植园，奴隶制也是普遍存在且必不可少的，特别是在葡萄酒行业。玛丽·雷纳（Mary Rayner）发现，在 18 世纪末，当大多数奴隶主平均拥有不到 8 个奴隶时，从事酿酒业的农民平均每人拥有 16 个奴隶。[42]18 世纪下半叶，英国发生了一场废除奴隶制的运动，主要针对的是英国在加勒比地区的甘蔗种植园使用奴隶的制度。在这场运动的宣言中，我没有发现专门针对好望角葡萄酒产业的谴责。不过，与英国人摄入的大量的糖相比，他们饮用的好望角葡萄酒的数量要少得多。就像是在长达数

---

① 1 品脱 =5.6826 分升。——编者注

千英里的航程中，货舱里的葡萄酒有时会变质蒸发，消费者对葡萄酒中暗含的生产道德的感知也随着距离而消散了。

相反，当葡萄酒的英国白人饮用者意识到酿造他们饮用的美酒所用的葡萄与黑色或棕色的奴隶有过亲密的身体接触时，种族主义表露无遗。在英国刚刚占领好望角之后，大约在 1796 年至 1803 年，好望角殖民地秘书长的妻子写下了她参观克鲁伊特的康斯坦提亚庄园的情形："克洛伊特先生带我们去了葡萄榨汁厂，一想到自己喝的葡萄酒是被三双黑脚踩过的葡萄酿成的，大家脸色都变了。但是，想到发酵过程肯定会去除掉所有被污染的东西，我忍住了自己反对的声音。"[43] 奴隶劳工对英国消费者来说是不可见的，但好望角的游客或定居者都心知肚明。欧洲的帝国生产项目是建立在种族等级制度之上的，经常依靠的是对原住民的奴役，葡萄酒也不例外。

葡萄酒在 18 世纪塑造了好望角殖民地。在殖民地种族和阶级差异形成过程中，葡萄酒扮演了至关重要的角色。之后的几个世纪，这些种族和阶级差异一直存在于南非社会中。从事葡萄种植和葡萄酒销售的富裕白人集中在开普敦及其附近，较穷的白人则向好望角殖民地的"边境"扩散，而黑人和亚洲奴隶则在葡萄园里劳作。由于经济上的边缘化和天花的流行，当地科伊人的社区被削弱，人口分散各处。1795 年，英国军队首次占领了这个规模虽小但日益多样化甚至国际化的社会。此时，好望角大约有 2.5 万名奴隶，2 万名欧洲白人殖民者，1.5 万名科伊人和 1000 名自由黑人。[44]

与一个世纪前荷兰占领好望角时一样，英国占领好望角同样具有战略意义。1793 年，处在大革命时期的法国向包括英国和荷兰共和国在内的欧洲敌对国家宣战，并演变为长达 20 年的战争。这些都是"世界大战"，因为它们将印度、加勒比、南非等世界各地的殖民地及其人口都牵涉其中。1795 年，法国人推翻了荷兰共和国，在其基础上建立了亲法的巴达维安共和国。由于法国对好望角的控制可能会威胁到英国与印度洋和太平洋地区所有殖民地的交通和贸易路线，英国在 1795 年抢先占领了好望角。

1803 年欧洲停战协议恢复了巴达维安共和国对好望角的所有权，但 1806 年停战失败后，英国重新控制了好望角。1814 年，随着拿破仑战争的结束，好望角正式成为英国的殖民地。在 1910 年成为英国的自治领，并成为南非联盟的一部分之前，好望角一直是英国殖民地。葡萄酒历史学家一再告诉我们，拿破仑最喜欢的酒是康斯坦提亚，在他最终被囚禁在圣赫勒拿岛时，曾多次要求给他提供这种酒。通过酿酒师、运输商、销售商和饮酒者这些节点，形成了一个由忠于欧洲的人组成的复杂网络。

第四章

第一支船队，第一次飞跃：澳大利亚葡萄园的诞生

潮湿船舱里的一个角落，是从好望角买来的"各种各样"的葡萄藤。[1]酿酒用的葡萄靠种子无法稳定繁殖，所以剪下来的葡萄藤被小心地放在盒子里，与种子、农具、小型家畜和储备的食物一起装进了船舱。这些就是1788年第一支抵达澳大利亚的船队上的1500名乘客携带的认为有用的东西。

这11艘船上的乘客是第一批准备在澳大利亚长期定居的欧洲人。他们中的大多数都是罪犯。他们免于有期徒刑，而代价是被流放到天涯海角，成为签订契约的奴隶。这段旅程长达8个多月，在途中水和食物越来越少，但害虫、疾病越来越多，船舱也越来越臭。然而，这同样是一趟充满了雄心壮志的旅程：期望船舱里的那些植物能够让囚犯和土地都变得更美好、更有效益、更加文明。

从葡萄酒生产的角度来看，对澳大利亚和新西兰的殖民与对南非的殖民有两个重要的共同特征。首先，这三个地区都是欧洲人在欧洲帝国政治的零和博弈中作为战略领地强制移民的。其次，这三个殖民地都立即种植了酿酒葡萄。并且，每个地方都是经过几十年的反复试验才生产出了质量达到出口标准的葡萄酒，但充满热情的移民把种植葡萄作为"教化使命"的一部分，坚持了下来。

荷兰船队在16世纪后期开始横渡印度洋，并在1606年首次到达了西澳大利亚。到17世纪中期，在荷兰人宣称了对澳大利亚的所有权后，欧洲人认可了"新荷兰"这个名字，不过荷兰人并没有像他们在好望角那样派人定居并建立食品补给站（事实上，所有前往澳大利亚的欧洲船只都会充分利用开普敦这个补给站）。到18世纪70年代，那些游荡到澳大

利亚水域的英国或法国探险家也没有定居的打算，更不用说去征服任何东西了。变化是由英国海军上尉兼制图师詹姆斯·库克（James Cook）领导的一次航行带来的，当时随行的还有植物学家约瑟夫·班克斯（Joseph Banks）和丹尼尔·索兰德（Daniel Solander）。在帝国之间激烈竞争的时代，库克急于赶在法国人之前宣布英国对澳大利亚的主权，因此声称博特尼湾（当今悉尼周围巨大的天然港口）属于英国。由于此时法国人也在"探索"南太平洋，移民定居将会强化英国对此地的领土主张。因此，英国于 1787 年决定派遣一支满载英国罪犯的船队（按照澳大利亚历史的说法，这支船队叫作"第一舰队"）前往澳大利亚，并把博特尼湾作为罪犯的定居点。查尔斯·塔克韦尔（Charles Tuckwell）最近的一项研究表明，伦敦的立法者们知道，把犯人押送到澳大利亚在经济上并不划算，在国内建造更多的监狱更便宜，也更容易，但英国政府出于战略考虑，愿意为此投入大量资金。[2] 这些犯人会与政府签订一段时间的契约，到期后有望被释放，成为改过自新的社会成员和殖民地紧缺的劳动力。因此，第一舰队装备齐全，有种子、植物插枝和供罪犯工人使用的工具，足以迅速建立起一个农业社会。

尽管英国对澳大利亚进行科学和植物学研究的兴趣很大，18 世纪的英国的帝国主义者仍将澳大利亚视为无主之地——不属于任何人的土地，也没有任何人类建筑物。这种"空"是一种妄想，是帝国傲慢与恣意无知投下的阴影。现代的澳大利亚占据了一片广阔的大陆，从东到西横跨2000 多英里。在 18 世纪，这个巨大的岛屿是数百个原住民族的家园，大约共有 75 万人。这些原住民的语言和文化非常多样化。但在很大程度上，狩猎和采集是他们的经济支柱。这里没有发展出大规模畜牧农业，部分原因是澳大利亚非常干旱。然而，原住民的沿海社区也会与太平洋和印度洋的其他民族进行贸易，据玛吉·布雷迪（Maggie Brady）说，有证据表明，在 18 世纪 20 年代，澳大利亚北部海岸的原住民曾从马卡桑商人（来自现在的印度尼西亚）那里购买酒类产品。[3] 他们自己也会酿造酒精饮料，所以在与欧洲人接触之前，原住民对酒精并不陌生。以任何标准来说，他们都不是不通世事的，他们只是保持着与自然环境以及彼此之间的和谐。

尽管如此，英国的冒险家和政府特使都认为澳大利亚原住民的存在是一种麻烦，认为原住民的文化是野蛮的。他们的逻辑是，重新开发这些原住民居住的土地的时机已经成熟。1789 年，一位颇具进取心的伦敦出版商出版了一本关于英国在新南威尔士州的殖民记录，他以一首诗作为序言，恳求英国人去改变他们所征服的土地。在这首诗中，博特尼湾被比喻为一个性感的女人，张开双臂欢迎英国的船只，并催促"有文化"的欧洲人去建造、种植和扩张：

> 一定要有宽阔的街道，高大的墙壁沿着它们延伸……
>
> 在那里，文明的土地上的城市散发着光芒
>
> 一定要有波光粼粼的运河，坚实的道路通向四方
>
> 在那里，拱门、巨型的雕像，位列两旁
>
> 闪闪发光的小溪，连绵不绝的海浪
>
> 栋栋华丽的别墅、金黄色的农场、绯红的果园
>
> 都散落在这美丽的风景中。[4]

在英国人对太平洋地区殖民地的想象中，茂盛的植被和繁盛的农业当然是其核心之一。但是，英国人自认为是古希腊和古罗马文明当之无愧的继承者，所以古代的图景当然也是他们对殖民地的想象的核心——诗中想象的拱门、别墅和巨大的雕像将会矗立在大地上，成为胜利的标志。几十年后，温德姆家族在他们能够俯瞰广阔葡萄园的别墅中建起了一座柱廊。诗人如果泉下有知，看到葡萄和葡萄酒跻身英国人对自身文明成就的想象，一定会为它们感到骄傲。

第一舰队的一名管理员乔治·巴林顿（George Barrington）曾出版一本回忆录，其中描述了他到达新殖民地后头几年的见闻。"考虑到他刚刚摆脱野蛮状态，他现在可以被认为是一个有礼貌的人了，因为他已经学会用最标准的方式鞠躬、为健康干杯、表达感谢等。而且，他很喜欢喝葡萄

酒。"[5] 虽然这句话看起来是在描述巴林顿负责的一个罪犯，但它实际上描述的是一个名叫本尼隆（Bennelong）——或 Banalong，根据巴林顿的文本——的人，他是东澳大利亚伊奥拉（Eora）族人的领袖。从这篇简短的文章中，我们可以了解很多在澳大利亚定居的白人的想法：他们认为原住民是未开化的、低等的；他们严格的社会礼仪中包含了正式的饮酒仪式，葡萄酒是他们的日常消费品。与本尼隆一起饮酒作乐的英国使节们，社会地位很高，习惯了喝葡萄酒（不像大多数因犯，他们更习惯喝啤酒和烈酒）。第一舰队在航行过程中，不同社会地位的人食物配给也不同，在葡萄酒上表现得最为明显："海军陆战队的限额是每人每天一磅面包、一磅牛肉和一品脱葡萄酒；因犯们每天有四分之三磅[①]的牛肉和面包，但没有葡萄酒。"[6]

　　除了作为一种社会地位的标志，葡萄酒在 18 世纪也被广泛用作药物。不仅是英国人，在漫长的海上航行中，各国都把葡萄酒视为一种重要的医疗物资和营养补充剂。在澳大利亚海岸附近的 18 世纪荷兰沉船中发现了许多华丽酒杯的碎片。[7]第一舰队的船只离开英国，在特里芬岛和里约热内卢补充了食物和葡萄牙葡萄酒，然后穿越大西洋，绕过好望角。在里约热内卢和开普敦，舰队都购买了葡萄植株，但里约热内卢购买的可能是食用葡萄藤蔓，在好望角购买的则是酿酒葡萄藤蔓。[8]尽管采购了新鲜的水果和蔬菜，但随着航程的持续，乘客们开始出现坏血病的症状。坏血病是一种使人衰弱且极易致命的疾病，现代医学知识表明这是由缺乏维生素 C 引起的，乔纳森·兰姆（Jonathan Lamb）和基利安·奎格利（Killian Quigley）曾表示，这种疾病对爱尔兰罪犯的影响更大。[9]当船上开始出现坏血病的病例时，船长就给"水手们分发黑啤酒、云杉啤酒和葡萄酒"；当船员们被这种疾病弄得精疲力竭时，船上就"每天都给他们供应葡萄酒"。[10]不幸的是，新鲜葡萄确实含有维生素 C，但葡萄酒中并没有。[11]对水手来说，葡萄酒也许减轻了他们的痛苦，却不能治疗他们的疾病。

---

① 1 磅 =0.4536 千克。——编者注

18 世纪晚期，葡萄酒进入英国人的生活。它们是富人喜欢喝的日常饮料，也是穷人偶尔能喝到一点的奢侈品。这意味着，英国殖民地尝试自己生产葡萄酒是一件很自然的事：葡萄酒液体密度大，并且需要占用船舱大量空间，而距离最近的葡萄酒产地也在两个月的航程之外。尽管如此，种植葡萄这件事在澳大利亚进展缓慢，而且人们也没有迫切的愿望。在好望角殖民地，葡萄种植起源于一小部分精英管理者的设想。好望角最早的定居者是贫穷的荷兰东印度公司雇员，而澳大利亚新南威尔士州最早主要是作为英国和爱尔兰工人阶级囚犯的流放地。虽然相隔一个多世纪，但这两个定居点在人口构成方面却很相似，大多是穷人和男性。这两类人地位低下，在欧洲本土时也没有大量饮用葡萄酒的习惯，他们更喜欢蒸馏酒和啤酒，也没有种植葡萄的第一手经验。事实上，许多之前的城市居民都没有任何农业方面的工作经验。此外，在殖民地建立早期，那些签订了契约，为政府工作或为官员充当仆人的囚犯几乎没有时间从事实验性的园艺工作。1812 年，新南威尔士州早期的英国州长威廉·布莱（William Bligh）在下议院作证时表示，"我特别重视鼓励人们进行园艺活动"，但他也承认，那些最勤劳的囚犯最多也只能种植"一些土豆，或者他们觉得必需的东西"。[12]

尽管如此，位于悉尼湾的菲利浦总督的官邸还是建起了一座小葡萄园。在那里，总督试种了葡萄藤，并有可能在 1792 年就已经酿出了葡萄酒。帕拉玛打是悉尼西部的一个农业定居点，在 1791 年就号称拥有"920英亩经过整饬的可耕种土地"，大部分用来种植玉米、萝卜和用作圈养动物的牧场，只有 4 英亩专门用来种植葡萄。[13] 这片土地是大还是小很难判断，不过此时殖民地的当务之急是为人和牲畜提供生存所需的食物。由于葡萄树需要几年的时间才能产出用于酿酒的葡萄，因此，种葡萄不可能被作为一项紧迫的任务。

州长还动员新生的报纸为这一事业做贡献。1803 年 3 月 5 日，官方报纸《悉尼公报》（Sydney Gazette）和《新南威尔士广告报》（New South Wales Advertiser）的第一期除了刊登航运新闻、讣告和法庭报告，还刊登了一篇专题文章:《如果想要种植一片葡萄园，该怎样整理土地》(*Method of Preparing a Piece of Land, for the Purpose of Preparing a Vineyard*)。[14] 这篇连载了数周的匿名文章是从法语翻译的，内容包括对准备土地、种植技术、葡萄藤切口敷料和酿酒方法的简要说明。[15] 然而，这些说明并没有针对南半球的气候特点进行校正，比如文章建议在 1 月和 2 月修剪葡萄藤，但那是澳大利亚的夏天，而在欧洲则是冬天。[16]

澳大利亚殖民地建立之初的 30 年中，葡萄种植业未成气候，葡萄产量非常有限。认识到这一点，澳大利亚葡萄酒产业持续发展的历史是从 1788 年开始的观点就是正确的。即使结果迟迟没有出现，在澳大利亚生产葡萄酒并实现对外出口的想法似乎从未从官方头脑中消失过。毕竟，正如我们所看到的，好望角葡萄酒在这一时期已经打入了国际市场，而且英国官方从 1814 年开始正式鼓励好望角生产葡萄酒。但是，好望角拥有超过一个世纪的酿酒葡萄种植经验，并且其早期曾受益于法国胡格诺派的专业知识，而澳大利亚在葡萄酒行业是真正的新手。因此，从 19 世纪 20 年代开始，澳大利亚的酿酒师和精英们拼命向政府请愿，希望允许少量酿酒师和葡萄管理师进入殖民地（先是德国人，然后是法国人）。[17] 这是很必要的，因为英国政府限制非英国人向新南威尔士州移民。但进入新南威尔士州的英国移民，无论是囚犯还是后来的补充移民，虽然可能有其他种类的农业经验，但都没有酿酒和葡萄种植的基本知识。[18] 这些请愿能够成功，可能是因为酿酒师（主要是爱德华·麦克阿瑟）辩称，如果他们能够引进必要的专业知识来发展新兴的葡萄酒产业，该产业将反过来吸引来自英国的移民，[19] 这既可以缓解英国"本土"的人口压力，也可以解决新南威尔士州普遍缺乏劳动力的问题。因此，在 19 世纪 20 年代和 30 年代，一小批专业人士被引入澳大利亚。不过，他们的影响是缓慢的，并且是断断续续的。

尽管殖民地发展缓慢，第一舰队轻而易举就成了传奇。因为它引进了第一代欧洲移民，舰队抵达的时刻现在被当作澳大利亚建国的时间来纪念。但对澳大利亚原住民和世界其他地方的原住民来说，舰队标志着一个完全不同的时代，一个充满了剥夺、杀戮和文化毁灭的时代。殖民主义不仅仅是对资源的竞争——通过公平竞争，一个群体成功地从另一个群体手中夺取资源。这是一种意识形态，在欧洲对新大陆殖民的过程中，这种意识形态的基础是相信只有欧洲人才有引领世界实现繁荣的能力，并且通常很少考虑到原住民的生活。

历史学家对航海传统的强调也留下了一笔有趣的遗产。证据很有说服力地表明，在人们印象中，18 世纪的英国是与海洋联系在一起的，而英国的威望则与海军实力联系在一起。尤其是生活在港口城市的英国人，可以通过在大陆间来来往往运送人员和货物的船舶想象一个更广阔的世界。很明显，葡萄酒生产是国际海运贸易的重要组成部分，这也是本书的主要论点之一。包括我在内的历史学家，都坚信全球贸易网络是遥远的大陆之间产生联系的重要原因。但当历史学家提出这些论点时，我们可能无意中将这种贸易浪漫化了。杰西卡·穆迪（Jessica Moody）在一篇关于利物浦的海事博物馆和纪念活动的文章中指出，三角贸易是一种"替代叙事"，将利物浦这座城市与实际交易的东西分割开了。她写道："用三角形结构（triangular device）来描述大西洋上的奴隶贸易路线，把利物浦和奴隶之间的联系限定在海湾，对奴隶尸体的讨论仅局限在'航程中间'，[20] 船只只是带着无生命的货物离开和返回港口。"关于第一舰队，我们很容易把注意力集中在海上航行本身，这无疑是一个关于人类生存的史诗级故事，虽然很多人是在违背自己意愿的情况下被送上船的。但是，第一批移民引起万众瞩目的风尘之旅，并不妨碍我们去思考这些移民在澳大利亚定居后发生了什么。

同样，葡萄酒历史学家在记录澳大利亚第一批酿酒师时，也难免会有所美化。当然，把新生的殖民地上最初几年种植葡萄的故事拼凑起来也很有趣，并且历史学家总是竭尽全力想要整理出完整的编年体史。朱莉·麦金泰尔（Julie McIntyre）记录了这些葡萄酒产业的早期推动者，并展示了在澳大利亚殖民地最初建立的几十年里，伦敦和悉尼的管理者是如何持续支持殖民地的葡萄酒生产的：允许少量具有葡萄酒专业知识的法国和德国移民进入殖民地，往来写信汇报和询问葡萄园的发展情况、鼓励进口葡萄插枝等。[21] 麦金泰尔写道："没有葡萄园，对殖民地前景的想象就不完整了。"[22] 但这些高层干预并不是出于对一个有前途的行业的认可和支持，只是渴望殖民地建立起繁茂的葡萄园。而早期的定居者是有远见的，不是因为他们有预言的能力，而是因为他们对农业和经济的繁荣有着田园诗般的憧憬。因此，尽管葡萄酒的利润在澳大利亚（或大英帝国）的宏观经济中显得微不足道，但种植酿酒葡萄并不是一种异想天开的行为。葡萄酒成为一项严肃的事业，对英国更大的帝国计划至关重要。

第五章

令人目瞪口呆的水果：新西兰的第一串葡萄

在 18 世纪，对富有的英国人（通常是年轻人）来说，进行一次欧洲大陆"游学之旅"，通过参观博物馆、历史遗址和废墟来补充他们的正规教育，并在途中积累知识和纪念品已经成为一种惯例。这种游学经历标志着他们已经具备了进入上流社会所需的学问和练达，并因此得以积累人脉，获得职业机会。一些雄心勃勃的澳大利亚移民也进行了自己的"游学之旅"，不过他们的目的是学习葡萄栽培和葡萄酒酿造技术。1815 年，商人出身的酿酒师约翰·麦克阿瑟（John MacArthur）完成了一次欧洲之旅，他花了几个月时间参观葡萄园，观察和了解酿酒过程。但他们都被一个极度渴望成功的苏格兰年轻人詹姆斯·巴斯比（James Busby）超越了，巴斯比希望通过自己在葡萄酒制造方面的专业知识，实现事业的腾飞。

帝国殖民地对英国人的吸引力，部分来自它承诺的职业机会和财富。据说，殖民地的管理机构比军队或公务员系统更重视精英人才。对英国和爱尔兰的中产阶级男性或富裕家庭的年轻男孩来说，在殖民地工作会让他们迅速进步并承担更大的责任，但这也是一个充满风险的选择。为最大的两个海外雇主（东印度公司和印度公务员系统）工作的许多年轻人都没能回到故乡，而是因为疾病或暴力殒命异国。但也有一些人名利双收，衣锦还乡，这是他们在帝国国内永远无法实现的。他们在英国四处挥霍。比如，罗伯特·克莱夫（Robert Clive），18 世纪 80 年代英军在加尔各答臭名昭著的指挥官，退休后来到了爱尔兰的利默里克，在起伏的丘陵地带为自己建造了一座帕拉第奥式的豪宅，他以他参加过的最著名的战役为它命名为普拉西庄园。的确，在 18 世纪末至 19 世纪，英国的大部分陆上景观都是在殖民地积聚的财富支撑下建立和改造完成的。对公共和私人建筑、基础设施和奢侈品的投资，都源自帝国主义的扩张，因为这些资金都是来自个人在海外工作或贸易所赚到的钱。更具指向性的是，伦敦大学学院（University College London）最近的一个研究项目显示，在 1833 年废除奴隶制后，向奴隶主提供的"补偿"一般不会被投资于殖民地，而是会被重新用于本土投资。授予奴隶主的钱被用来修建铁路、乡村住宅博物馆以及开采矿山，并通过银行投资于更多未知的项目。[1] 在从殖民地榨取了劳动价值后，资本同样从殖民地被抽离，这都对殖民地的长期经济发展造成了损害。

这个野心勃勃的帝国主义职业网络是令詹姆斯·巴斯比脱颖而出的社会背景，也是推动他进入澳大利亚葡萄酒行业的历史逻辑。巴斯比可以被视为一个孤独的梦想家，一个葡萄酒爱好者，他意外地将自己的知识慷慨地传播到了澳大利亚和新西兰。1940 年，埃里克·拉姆斯登（Eric Ramsden）在一项研究中这样写道，"詹姆斯·巴斯比，澳大利亚葡萄栽培的先知"。[2] 巴斯比对葡萄酒的热爱可能是真诚的，但他培养自己的葡萄种植专长，是因为他在年轻时就希望成为帝国的职业官员。他认为通过葡萄酒酿造这一专业领域可以推销自己。他是殖民地葡萄酒历史上的一位重要人物，但这并不是基于人们通常认为的原因。

巴斯比 1802 年出生于苏格兰，1824 年随父母移民到新南威尔士州。他的父亲是一名土木工程师，被招募到新南威尔士州从事基础设施建设项目，詹姆斯·巴斯比在此地安心地接受了教育。在猎人谷，詹姆斯·巴斯比获得了 2000 英亩的土地，在那里他可以试验葡萄栽培技术（出于什么目的，我们不得而知），他还在一所男校短暂地教授过葡萄栽培技术。但更重要的是，巴斯比在 1825 年出版了他的第一本书《葡萄文化与酿酒艺术》（*Treatise on the Culture of the Vine and the Art of Making Wine*），这本书翻译和汇编了让-安托万·沙普塔尔（Jean-Antoine Chaptal）的法语著作，并融合了巴斯比在法国旅行时的观察所得。沙普塔尔是一位优秀作者，其作品非常值得翻译，他不仅是一位著名的法国化学家，还曾在拿破仑统治时期担任过法国内政部长，积极推动农业和制造业发展。沙普塔尔的名字通过"加糖"（chaptalization）这个术语永远保留在了酿酒学中，这个词指的是在葡萄汁中添加糖来促进发酵。

巴斯比将他的作品献给了新南威尔士州总督托马斯·布里斯班少将（Sir Thomas Brisbane），"这是在他的治下推动这块充满吸引力的殖民地发展的一种谦逊尝试"。这本书的前言并不是关于葡萄酒的，读起来更像是学位论文和政策简报的结合体，展示了巴斯比对帝国经济基本理念的掌握，并论述了为什么种植葡萄是比生产羊毛或谷物更好的选择。他一开始就宣称，新南威尔士州不出产"任何英国本土需要或喜爱的产品"，因此英国维持这一属地需要高昂成本，而且没有"建立起殖民地和母国之间定期和自然的交往，这一般是通过用一方的原始农产品交换另一方的制成品来实现的"。[3] 考虑到其他国家的小麦产量充足，他认为澳大利亚在英国市场竞争力不大；他承认养羊是有希望的，但由于缺乏基础设施，不可能在不损失规模经济的情况下将大量羊毛运往英国市场。巴斯比认为，新南威尔士州未来的繁荣将有赖于葡萄酒产业。他指出，欧洲最著名的葡萄酒产自北纬 50 度至 35 度之间，而新南威尔士州位于南半球的 35 度线，与好望角的纬度一样。"有康斯坦提亚葡萄园这样成功的范例，完全可以证明新南威尔士州的气候能够生产出最好的葡萄酒。"[4] 这可能是全球"葡萄酒带"（即大多数葡萄酒的生产地位于这两个纬度之间地区）的概念第一次被明确提出（尽管在 21 世纪，气候变化和人类智慧创造了"新纬度"葡萄酒）。

巴斯比认为，通过向殖民地展示自己的技能和价值，他可以给上司留下更深刻的印象，于是他开始了一场酿酒技术培训之旅：在法国和西班牙的葡萄园自费旅行了四个月，并于 1833 年在悉尼出版了《西班牙和法国葡萄园参观日志》（*Journal of a tour through the Some vineyards of Spain and France*）。这本书现在已经有电子版，很容易找到。书中详细描述了他在西班牙赫雷斯、塞维利亚、马拉加和加泰罗尼亚的旅程。然后他越境进入法国，向东经过佩皮尼昂、蒙彼利埃、尼姆和普罗旺斯，然后向北进入罗讷河谷、勃艮第、香槟，最后到达巴黎。这本书细节丰富，语气活泼。它描述了每个目的地的土壤，不同地区的酿酒流程，以及他与酿酒师和出口商的交流成果。

这本书成了巴斯比的招牌，他通过此书展示自己的专业和声望。巴斯比还将他欧洲之旅的成果，即 543 个欧洲葡萄品种的插枝带回了悉尼，准备重新种植在澳大利亚的土地中。其中一些是直接从葡萄园获得的，包括一种名叫"塞拉或设拉子"的葡萄，它是酿造最好的罗讷河谷红葡萄酒的原料……原产地是波斯设拉子。[5] 其余的则是从法国的试验植物园中挑选出来的，其中包括巴黎的卢森堡花园。

这些插枝是通过早前建立的植物交换条款获得的。巴斯比冒昧地来到法国南部蒙彼利埃的植物园，向植物学教授兼园长德利勒（Delisle）教授作了自我介绍。德利勒教授热情地接待了他，提出带他参观，并点出了一些地中海植物，他认为这些植物会在新南威尔士州茁壮成长。德利勒教授向巴斯比提供了葡萄藤插枝，并准备了种子包。作为回报，巴斯比"毫不犹豫地保证，我们（悉尼）的植物园能提供什么就给什么"，[6] 因为蒙彼利埃植物园已经建立了一个专门介绍澳大利亚植物的部分，并非常渴望能够将其扩大。巴斯比花了五天时间在蒙彼利埃挑选了数百棵葡萄藤，并完成了切割、贴签和包装工作，植物园的工作人员也很愿意配合。在巴黎，他去了"卢森堡皇家苗圃"，在那里，他以"规定的价格"得到了更多的葡萄藤插枝，"一百根葡萄藤"要"两个半法郎"。[7] 有了这些葡萄藤，他的旅程就完成了。他印制了一份葡萄藤列表，献给了总督。名单请五位悉尼绅士作了序言，序言中谈及了这些葡萄藤在悉尼的生长情况。[8] 有些葡萄品种十分常见，普通的葡萄酒爱好者一眼就能认出来，如黑皮诺（"活力十足"，但"无果"）、赛美蓉（"无果，纤弱"）、格连纳什（"健康"）和加美（"加迈，黑色，来自豪特索恩，无果，健康"），以及多种麝香葡萄。还有一些法国南部葡萄酒爱好者熟悉的品种，如神索、匹克普勒、马尔山和克莱雷特等。但是在名单中，却没有与澳大利亚和新西兰 21 世纪的葡萄酒产业关系最密切的葡萄品种，即霞多丽、赤霞珠、苏维翁和雷司令。

许多葡萄酒爱好者对巴斯比的丰功伟绩都很熟悉，却没有将他与殖民地行政长官巴斯比联系起来。事实上，他们是同一个人，并且这种联系有一种因果关系，而不是巧合。巴斯比相信，葡萄酒知识将是一种不同寻常的关键技能，有助于他在殖民地政界发展，这反映了农业在英国对跖点[①]文明建设中的优势地位。例如，1816 年，《霍巴特镇公报》（*Hobart Town Gazette*）和新建立的塔斯马尼亚定居点的报纸《南方记者报》（*South Reporter*），就曾号召当地居民将农业视作是英国殖民者荣耀的一部分，要为它感到自豪："农业一直是帝国的基础。罗马帝国的一切伟大和尊严就来自她的《农业法》（*Agrarian Laws*），她在建立殖民地后，总是全力支持农业发展，这是罗马帝国的规模能够不断扩大的主要原因。这样的榜样激励我们要坚持发展农业，并且无论是气候还是土壤、肥料，一切都对我们有利。"[9]

在澳大利亚葡萄酒产业发展史上，巴斯比的作用通常会被夸大。[10]他并不是"澳大利亚葡萄酒之父"，他在澳大利亚的实际居住时间也相对较短。但从帝国历史的角度看，从葡萄种植业在英语世界传播的原因和方式的角度看，他确实是一个关键人物。从他身上，我们看到了一个人在殖民地的事业发展是如何与殖民地的经济愿景结合在一起的。巴斯比有如此际遇，并不是因为他的个性、才华或兴趣，而是因为他充分利用了移民网络、专业知识和帝国经济的意识形态。

巴斯比的著作和游说得到了回报，1832 年他得偿所愿，被任命为英国驻新西兰诸岛（由一位早期荷兰探险家以他的家乡西兰命名）及奥特亚罗瓦（属于今巴布亚新几内亚）的特派代表。现代的新西兰是一个岛国，主要由北岛（现在是首都奥克兰的所在地）和南岛两个大岛组成。最初的英国殖民地集中在岛屿湾，这是北岛东侧一个美丽而隐蔽的天然港口。

19 世纪初，当时新西兰的奥特亚罗瓦是近 10 万毛利人的家园。毛利人本身是波利尼西亚移民，他们在 13 世纪到 16 世纪期间来到新西兰各地

---

① 澳大利亚和新西兰。——译者注

定居。毛利人拥有健全的社群，适应性很强。其部落由世袭的首领［或称为兰格蒂勒（rangatira）］管理，经济类型为包括定居型园艺在内的混合型经济。与澳大利亚的一些原住民族不同，酒类研究人员指出，毛利人可能是"世界上少数不生产酒精饮料的原住民之一"。[11] 因此，欧洲探险者可能要为将酒精引入新西兰负全部责任。虽然毛利人最初无法接受这种"臭水"（waipiro），但到了 19 世纪下半叶，一些原住民开始喜欢上了酒，使它成为三种给毛利人社会带来痛苦和毁灭的欧洲舶来品之一。另外两种是疾病和武器，它们最终都导致相当一部分人口的死亡。毛利部落拥有引以为傲的勇士传统，部落间的冲突并不罕见，但欧洲火器的引入大大提高了这种冲突的致命性。1807 年至 1845 年"火枪战争"（Musket Wars）期间，部落间的争斗杀死了成千上万的毛利人。

　　尽管毛利人的社群被疾病和战争削弱了，但当英国基督徒在 19 世纪早期来到新西兰诸岛，意图使当地人皈依时，毛利人的人数仍然是压倒性的。这些基督徒由塞缪尔·马斯登（Samuel Marsden）领导，他是英国的国教牧师，也是新南威尔士州的一名随军牧师，还是伦敦教会宣教协会（Church Mission Society）的领导人。之所以我们会注意到马斯登，是因为人们普遍认为新西兰第一批葡萄是他在 1819 年种下的。在来到澳大利亚之前，他没有农业生产背景，但出于需要，他适应了。"我进入了一个处于自然状态的国家，要么自己耕种，要么就得挨饿。我和我的同事拿起了斧头、铁锹和锄头，并不是出于兴趣，而是因为无可奈何。"[12]

　　然而，也许是因为他觉得这远远超出了自己的技能范围，或是因为无暇顾及，马斯登并没有尝试酿酒。不过，他相信新西兰有生产葡萄酒的潜力，并希望建立种植园，以便后来的移民可以从事酿酒业。他这样写道："根据我的观察，我确信新西兰会成为世界上最好的葡萄酒生产国……如果将葡萄引种到岛上，就能为后来人做好准备。"因此，他种下了"从杰克逊港带来的 100 棵不同种类的葡萄藤"，[13] 杰克逊港是悉尼附近的大型天然港口。与此同时，他认为葡萄本身就是传教的工具，可以促进毛利人的皈依。酋长的儿子们跟着我参观了我们的果园和葡萄园，他们看到这些水果时十分惊讶，因为这些水果不是当地原有的。马斯登自信地总结说，毛利人对来自英国的基督徒的生活充满敬畏：“我们这里的各种东西，都是他们从未见过的，这提供了很多机会，开展关于上帝的对话……他们看到了我们的文明生活和他们的野蛮生活之间的差异。”[14] 对马斯登来说，葡萄的作用并不是一种来自《圣经》的象征，而是一种活生生的证明——英国殖民者种下的外来作物长势良好，证明了其文明的优越性。不过我们永远也不会知道，当时这些毛利游客是发自内心地敬畏，还是礼貌地假装感兴趣，或者其实是在取笑这位真诚的传教士。

玛拉·怀纳

马斯登的愿望并没有在他的有生之年变成现实。他于 1838 年在澳大利亚去世，当时第一瓶新西兰葡萄酒尚未诞生。基督教会的传教团（CMS mission）在新西兰并没有吸引到什么皈依者，并因内部领导层的争斗和丑闻而处境尴尬（其中一个重要人物托马斯·肯德尔娶了一个毛利女人，实际上离开了教会）。这项任务于 19 世纪 50 年代结束。此时，轮到詹姆斯·巴斯比登场了。在选择职业方面，他比马斯登略胜一筹；在酿酒方面，他则比马斯登成功得多，因为他尝试用自己种植的葡萄酿制葡萄酒并取得了成功。巴斯比被任命为特派代表就像是饮下了一杯毒酒。所谓特派代表，其职责有点像大使，代表英国王室照顾几千名英国定居者的利益。但是，这个职务没有法定的权力，而且要依赖新南威尔士州政府提供的资金和全部军事支持。这对巴斯比来说是个问题，他的独立精神和野心激怒了新南威尔士州的当权者，他对他们也不怎么友好。此外，任务艰巨，资源却很少——巴斯比的任务是调解英国社区和社区周边毛利人之间的争议。

巴斯比收拾行装，驶往群岛湾，在怀唐伊建起了新家。当然，他要做的第一件事就是在自己的家周围建一座小葡萄园。他从他在悉尼植物园种下的葡萄树中挑选了一些插枝，为植物殖民的国际链条又增加了一个环节。他的妻子艾格尼丝·道·巴斯比（Agnes Dow Busby）不久后也加入了他的队伍。她很可能在他们家附近做助产士，我们对她在此期间的生活知之甚少，但她在酿造葡萄酒方面的技能可能与巴斯比本人一样值得称赞。我们有巴斯比在怀唐伊栽培葡萄的第三手资料。基思·斯图尔特（Keith Stewart）引用了法国探险家休伯特·杜蒙·居维尔（Hubert Dumont D'Urville）的一份报告，他在 1840 年左右参观了巴斯比的农场，品尝了他的低度白葡萄酒，并说它"很美味"（不过，正如斯图尔特指出的，在漫长的海洋航行之后，任何葡萄酒都能让法国人感到高兴）。[15] 因此，斯图尔特宣布 1840 年是新西兰酿酒史的开端。这也似乎有可能。我们也有其他关于该殖民地早期葡萄产量的记录。斯图尔特在书中提到了威廉·波迪奇（William Powditch）。他是一位自学成才的酿酒师和船长，于1831 年定居北岛，并在随后的 20 年里致力于葡萄酒生产。鲍迪奇的努力相对来说是短暂的，但斯图尔特声称他在邻居中分发葡萄藤插枝，并鼓励其他人种植葡萄。[16] 我们确实有一份关于一位名叫托马斯·麦克唐纳中尉（Lieutenant Thomas McDonnell）的定居者的记录，他是一位船主，在 1844年接受英国议会委员会采访时说，他在位于北岛霍基安加的土地上种植了400 种葡萄，不过他承认自己没有用这些葡萄酿酒。[17] 但传教士威廉·威廉姆斯（William Williams）在 1852 年出版的一本针对传教士的毛利语指南中，收录了毛利语中对葡萄藤（waina）和葡萄园（mara waina）的称呼，但没有收录葡萄酒这个单词。[18] 收录这两个词，可能是为了阅读《圣经》的需要，也可能是为了描述当地的农业生产。另外，威廉姆斯非常重视口语句子的翻译，以便传教士能够清楚地指示毛利人为他们干活（如"给这片土地围上栅栏，要坚固，以免牛把它弄坏"）。[19] 在这种背景下，谈话中可能会提到葡萄藤。

巴斯比作为特派代表最重要的也是最具争议的任务不是生产葡萄酒，而是在 1840 年签署并批准了《怀唐伊条约》。这是由副总督威廉·霍布森（William Hobson）代表英国正式与 500 多名毛利人酋长签订的一项协议。尽管巴斯比在 1835 年就承认了新西兰的独立，但来自定居者和国际竞争的压力促使英国官方想要正式吞并新西兰。该条约提出，英国对新西兰及其人民拥有完全主权，作为回报，他们将保护毛利人，并给予他们英国国籍。该条约由英国传教士翻译成毛利语，然后在岛上分发，征求签名。然而，在翻译过程中，很多东西都被忽略了：毛利人对主权和土地所有权有着不同的理解。传统的观点认为，他们可能认为自己接受的是暂时的保护和治理，而不是永久放弃权力。如今，该条约仍是一部极具争议的文件。毛利人越来越认为这个条约是一个巨大的骗局，成千上万的毛利人在诱骗之下将自己的土地和主权交给了一个海外国家。历史学家詹姆斯·贝利奇（James Belich）极力反对这种解释，认为它"把毛利人描绘成无法挽回的悲惨的受害者"，但其实他们曾是力量强大的主角。他强调，英国人进入新西兰是经过毛利人同意的，他们愿意把土地卖给新来的人。[20] 巴斯比自己也从毛利人那里购买了土地，然后发现自己无法证明自己的所有权。后来，他花了几十年的时间来追查他的案子，却徒劳无功，因此感到十分苦恼和沮丧。1840 年，新西兰白种人（或欧洲定居者）的人口与毛利人相比微不足道，但毛利人的人口在 20 年内少了近一半，白种人的人数超过了毛利人。[21] 土地作为生产葡萄酒必不可少的条件，越来越多地转移到白种人手中。

从大英帝国的角度来看，这是一个相对进步的举动。条约承认了毛利人的权力，并尊重他们作为真正的法律签署人（并且，从现实政治的意义上来说，有效地承认了英国的弱势地位）。这样的条约并没有提供给澳大利亚原住民、印度原住民或其他被英国殖民的民族。它以一种反常的方式展示了英国人对毛利人的相对尊重。正如《伦敦植物学杂志》（*Botanical Magazine in London*）中对毛利人的描述，他们"虽然是野蛮人，但拥有宽广的心胸和强大的智慧。"[22] 这种文化上的认可对于在与欧洲人的接触中失去土地和生命的毛利人来说并不能起到什么安慰作用。

事实上，毛利人渴望得到保护，或者说得更简单一点，是希望摆脱外界的干扰。这反映了当时的现实，作为一个无人看管的潜在殖民地，越来越多的欧洲国家把目光投向了新西兰。新西兰葡萄酒产业受到的第二次重大干预来自法国天主教圣母会（Society of Mary）的牧师，也被称为圣母会教徒（Marists）。天主教会认为太平洋地区是传教活动最后的前线，到这一地区传播福音的时机已经成熟。1836年，教会将前往"西大洋洲"传教的任务交给了圣母会。所谓西大洋洲包括现在的新西兰、斐济和萨摩亚。19世纪30年代末，一小群玛丽教徒陆续抵达新西兰，并在北岛定居下来。这些神父在他们定居的地方务农，由于生活的需要，也是出于他们追求谦卑和简单的生活方式的内在承诺。他们的劳动中包括种植葡萄和酿造葡萄酒。因此，对新西兰葡萄酒酿造业的又一次重大干预来自一群法国牧师。

葡萄酒在法国圣母会神父文化占有重要地位，在某种程度上，英国新教传教士中并没有这种文化。此外，葡萄酒的生产有一种具体的宗教必要性，因为天主教圣餐仪式中的弥撒需要使用葡萄酒。杰朗姆·格朗热（Jérôme Grange）神父是一位始终坚持在汤加传教的圣母会传教士，也始终在努力种植葡萄。在多次失败之后，他的葡萄藤上终于结出了一串葡萄，于是他"庄严地摘下它，包在一块非常干净的布里，我把澄清后的酒液用在了1844年1月1日的弥撒中。"[23] 严格来说，这是果汁，不是酒，但可以看出他的意图。他在新喀里多尼亚的同事杜阿尔大人也到达该岛时种植了葡萄，他自信地告诉他在法国的上司，由于气候温和，葡萄一定会茁壮成长。[24] 法国人也很关注英国人种植的葡萄。1846年，一位年轻的法国牧师第一次来到珀斯，他在给母亲的信中写道，那里的葡萄长得"非常好，一年甚至可以收获两季"。[25]

在新西兰，圣母会声称他们在1851年建立了至今仍在生产的最古老的酒庄，其名字也恰如其分，叫作传教团葡萄园。事实上，现在的传教团葡萄园并不是坐落在霍克斯湾的原址上，而是在原址附近一个稍微大一点的地方，但酿酒的传承是连续的。事实上，在1851年之前，圣母会可能已经在新西兰酿了十年酒。选址于此是因为这里是沙质土壤，有石灰石沉积且排水条件良好。牧师们种植了好几种葡萄：黑汉堡、红白甜水、夏瑟拉和亚历山大塔迪。[26] 圣母会对葡萄酒的需求是明确的、持续的。虽然不是所有的法国人都来自酿酒区，但圣母会的神父们拥有的葡萄种植知识可能比同地区的英国人要多得多。对天主教传教士来说，传播天主教就是传播文明，在必不可少的天主教圣餐中，葡萄酒居于核心地位。

在英国殖民地上代表文明教化的葡萄园早期开创者实际上是法国人，这看起来似乎有些混乱。不过，有几件事大家应该牢记在心。首先，法国政府在新西兰有自己的利益，在签署《怀唐伊条约》之前，法国人自己殖民新西兰也并非不可能。其次，巴斯比个人的成长史表明，尽管英法两国之间存在竞争，但在科学和葡萄酒领域工作的法国人和英国人之间可以自由而充分地交流。巴斯比曾在法国自由旅行并翻译了有关酿酒的法国参考文献，他还轻易地从法国官方植物园获得了葡萄藤插枝。最后，在 19 世纪，英国殖民地在欧洲各国人民的心目中，是一个相对开放和宽松的、鼓励创业精神和首创精神的社会。正如我们将反复看到的，来自欧洲其他地区的人愉快地定居在澳大利亚和新西兰，并接受了盎格鲁－撒克逊人通过葡萄栽培来促进殖民地发展的愿景。在很多情况下，他们比他们的英国邻居更有能力实现这一愿景。

到了 19 世纪 50 年代，澳大利亚和新西兰的葡萄种植业已经稳定下来。此时，澳大利亚种植葡萄已经有 60 年历史，新西兰也有大约 30 年。就像好望角一样，欧洲人一到这里就开始种植葡萄。只是在最初的几十年里，更多体现的是人们的热情，而不是在葡萄酒生产上的成功。早期的酿酒师来自各行各业，但他们的自信常常输给实际的劳动结果。土地所有权争议在后怀唐伊时代耗费了巴斯比大量时间和金钱，导致他无法维持自己的葡萄种植项目，转而去经营养羊场和锯木厂[27]。这对他曾前途光明的葡萄酒事业来说，是一个暗淡的结局。

历史学家在回顾历史时应该做的最重要的一件事就是清除掉头脑中的后见之明，试着通过历史人物的真实视角来看待历史。在葡萄酒写作中有一种倾向，认为早期的葡萄栽培者有先见之明，他们耕种、种植、繁衍后代，直接把我们带到了今天。从严格的年代意义上讲，这是正确的，但这样的故事几乎没有体现出早期酿酒活动的背景。1850 年，欧洲殖民者并不知道新西兰会在很短的时间内完全被英国占据，他们当然也不会预见到新西兰会成为一个拥有著名葡萄酒产业的独立国家。这些是对移民社区的渴望，而不是已知的结果。因此，这些早期的葡萄园展示的是当年移民的希望、偏见和对风险的态度。这一章表明，澳大利亚和新西兰的殖民统治者在一开始的愿景中，就包含了繁荣的农业和繁茂的葡萄园。然而，19世纪30年代在北岛建设葡萄园的英国定居者的生活并不稳定，站在当时的角度，酿酒是一项近乎荒谬的事业。我们该如何解释这些移民的愚蠢或狂妄呢？第一种解释是文化。这些葡萄园表明并强化了英国人对自身文化优于澳洲土著和毛利社区的文化的观点；种植葡萄展示了英国人将会扎根于此的具有挑战性的承诺，这让移民们相信自己正在一个陌生的地方建立一个文明的社区。但并不是只有移民这一个视角。殖民者秉持的殖民主义，包括这些葡萄园的建设，往往被当地社区视为暴力和剥削，这种社会创伤一直影响到今天。

第二种解释是经济方面的。18世纪至19世纪早期的英国殖民者对经济关系有着全球性的、网络化的看法。他们自己在漂洋过海去往对跖点的途中，曾在好望角短暂停留，目睹过国际贸易的场景。他们明白，他们在新西兰的不稳定的小社区是通过海上贸易与英国联系在一起的，甚至一个北岛的移民也可能被要求到伦敦议会作证，展示他的400株葡萄的健康状况。像巴斯比这样雄心勃勃的年轻人愿意从澳大利亚回到欧洲去参观葡萄园（这趟旅程耗时数月，既不愉快，又有患病和死亡的风险），是因为他相信关于葡萄酒的专业知识会让他在帝国管理体系中获得竞争优势。在他看来，他在怀唐伊的小葡萄园与全球经济和更大的帝国目标是联系在一起的。事实上，酿酒师巴斯比参与完成的《怀唐伊条约》可能是新西兰历史上最重要的文件，这不是巧合，而是象征着英国将要开启更大的葡萄栽培项目。然而，正如我们在下一章将看到的，它并没有那么容易得到英国公众的认可。

第二部分

种植：1830—1910 年

第六章

便宜又健康：好望角葡萄酒生产者与英国关税

你把我们困住，对我们的面包收税，

还疑惑我们为什么憔悴；

但你又胖又圆又红润，

肚子里装满了用税钱买的酒。[1]

——埃比尼泽·艾略特（Ebenezer Elliott），

《谷物法之歌》（*Corn Law Rhymes*）

在殖民地上生产出葡萄酒只是完成了一半工作，想把它们卖到全球市场上去还需越过一系列不同的障碍。葡萄酒生产对殖民地本身的发展有好处，酿酒师和政府官员都很认可，但他们也希望葡萄酒可以出口，其贸易收益将使好望角、澳大利亚和新西兰等殖民地实现经济繁荣和自给自足。他们特别关注把殖民地葡萄酒卖回英国的问题，因为这可以给英国海关带来收入，平衡母国与殖民地之间的贸易关系。大多数英国政治家和官僚是这样看待与殖民地的贸易关系的：英国向殖民地出口制成品，并从殖民地进口原材料和食品；殖民地鼓励大规模的农业生产，从而能有效提供这些货物（我们已经看到，巴斯比非常准确地理解了这种思维模式）。这个关系既复杂又简单。说它复杂是因为帝国贸易是一张密集的网络，涉及世界各地成千上万的个体；说它简单是因为英国资本主义传播的基本理念是：殖民地是"母国"纯粹的原料提供者。

然而，英国的进口关税对 19 世纪的酿酒师来说是一个棘手的问题。在 19 世纪的英国，关税是一个常常引发愤怒情绪的政治问题，对殖民地的葡萄酒产业造成了巨大影响。19 世纪早期发生的消费革命，使越来越多的商品进入普通百姓的生活。随着城市的发展和农村人口的减少，越来越多的英国人开始成为消费者。他们需要购置食物和衣服等基本用品，而不是在家里生产或在本地经济中以物易物。大体来说，这也意味着普通人有了更多的选择，因为城市市场有更广泛的货物来源。然而，有能力购买商品并不意味着大多数人的生活水平提高了。对 19 世纪中期的英国城市工人阶级来说，家庭收入的一半用于购买食物是很正常的。

关税是对进口到一个国家的特定商品征收的税，会对消费品的最终价格产生显著影响。葡萄酒也可能需要缴纳从价税。从价税是消费者在购置特定商品时所缴纳的税，与商品的原产地无关。英国国内的啤酒和烈酒也要征收从价税，但由于葡萄酒几乎都是进口的，所以维多利亚时代的媒体和议会在写到葡萄酒时，灵活地使用了关税和从价税这两个术语。对商品征收关税有各种各样的原因，比如为保护英国工业免于国际竞争，或者为政治目的制裁外国生产商。英国葡萄酒历史上最著名的例子之一是 1703 年签订的《麦修恩条约》(the Methuen Treaty)，该条约是英国和葡萄牙之间达成的一项贸易协议，葡萄牙用对英国羊毛征收低关税换取英国对葡萄牙葡萄酒征收低关税。出于对法国的愤怒，英国将法国葡萄酒生产商排除在了条约之外，对法国葡萄酒征收相对较高的关税。查尔斯·鲁丁顿已经证明，政治特许和低廉的价格使波特酒在 18 世纪的英国成为一种受欢迎的饮料，为此付出直接代价的是波尔多红葡萄酒。贸易谈判的结果使英国人的口味和消费习惯发生了重大变化。

因为消费者敏锐地意识到，葡萄酒不是英国生产的，而是进口的，所以葡萄酒经常出现在有关贸易和关税的媒体辩论中。一份反关税小册子曾嘲笑英国人如此痴迷于自给自足，以至于他们试图在英国"建造温室来酿酒"，以避免进口他们如此喜爱的葡萄牙葡萄酒。[2] 作者并没有提及英国生产葡萄的实验，而是以葡萄酒为例来说明人们热情支持关税政策是多么荒谬。这些关于关税的激烈讨论让我们更深入地了解了为什么好望角和对跖点诸岛的英国殖民者认为种植酿酒葡萄是一个好主意：英国从其他国家进口葡萄酒可能会很昂贵，并且夹杂了政治问题，而殖民地的存在不就是为了供应英国国内无法生产的东西吗？

面包是英国人的主食，但葡萄酒不是。然而，对于葡萄酒历史和帝国历史而言，《谷物法》证明了几个重要的问题。关税，现在也许会被认为是贸易政策中一个神秘而复杂的领域，但在 19 世纪，它实际上是一个为英国消费者充分理解并热情关注的政治问题。此外，是否应该对来自英国殖民地的货物征税，也成为一个令人深思的政治问题。许多政治家和官僚都认可殖民地应该向英国供应商品，但英国应该对殖民地商品征收关税吗？这是一场令人不安的辩论，它触及了帝国的基本概念：大英帝国是要成为一个自由贸易区，即一个更大的英国，还是主要为英国本土服务，并为财政部带来尽可能多的收入？1843 年，《利物浦水星报》（*Liverpool Mercury*）发表了一篇支持废除《谷物法》的社论。文章预测，即使来自美国和波兰的廉价谷物充斥了英国市场，由于殖民地生产的商品，英国仍然拥有巨大的经济优势，因为"除了出口便宜的棉布、羊毛、亚麻，她（英国）很快就有可能有能力向她的制造业竞争对手出口原材料了，比如澳大利亚的羊毛和加拿大的玉米，新西兰的大麻、亚麻和葡萄酒，印度的棉花、咖啡、靛蓝和糖"。[3] 在社论的作者看来，殖民地的葡萄酒产业是英国庞大的经济体系中不可或缺的一部分，为英国的国家实力和国家荣耀做出了贡献。文章中提到了新西兰葡萄酒，这让人感到特别奇怪，因为当时它的产量还非常低。这说明，帝国是有一个葡萄种植梦的，即使一位身在利物浦的记者也分享了同样的梦想。尽管他本人可能与新西兰日渐繁茂的葡萄园没有任何联系，但利物浦是一个繁荣的港口城市，对当地居民来说，频繁的海上交通缩短了他们与帝国最遥远殖民地之间的心理距离。

关税和政府在殖民地的投资第一次受到重大考验是在 19 世纪早期的好望角殖民地。好望角殖民地于 1814 年正式成为英国属地，其葡萄酒也成为"英国"产品。这是一件好坏参半的事。一方面，与欧洲葡萄酒相比，现在好望角葡萄酒进入英国市场可以享受更低的进口税：作为英国的殖民地产品，好望角葡萄酒获得了低于标准税率的优惠税率。另一方面，已经发展起来的贸易并不稳定。好望角的葡萄酒出口对殖民地经济非常重要，但当好望角正式被英国接管，贸易关系就变得极不对称。好望角的葡萄酒只占英国进口产品的很小一部分，但葡萄酒是好望角的主要出口产品之一，英国市场是其主要目的地。[4]雷纳指出，在英国统治的头二十年里，好望角的进口商品几乎全部来自英国，这个殖民地面临着严重的贸易赤字（意思是好望角出口的商品与进口的商品不平衡）。此外，对英国市场的依赖意味着好望角极易受到英国市场波动的影响。虽然拿破仑战争的结束意味着好望角正式成为英国的殖民地，但战时经济的结束导致了英国商品价格剧烈波动。[5]不过，在英国统治的头几年，酿酒商们似乎看到了希望。1816 年，英国的葡萄酒销量飙升至 1500 吨左右，进口额为47292 英镑，而 1815 年这两个数据仅为 341 吨和 10752 英镑。1816 年英国从南非进口的葡萄酒占从南非进口货物总价值的 64%，到 1817 年这一比例攀升至 87%。[6]在英国统治南非后，葡萄种植立即被作为一种增加收入和改善当地经济的手段加以推广。当新上任的管理者发现，大多数好望角葡萄酒并不是康斯坦提亚那样的琼浆而是粗劣的葡萄酒时，可能曾感到大失所望。尽管如此，这个行业还是体现出了希望，毕竟在战后，新殖民地能够获得一些收入是至关重要的。总督约翰·柯利达克爵士（Sir John Cradock）重新设立了品酒师办公室，以保证从好望角殖民地出口的葡萄酒的质量（或许也包括安全）。1823 年，总督查尔斯·萨默塞特勋爵（Lord Charles Somerset）颁布了一项法令，规定种植者"不得在各自的庄园以易货或其他任何方式零售其葡萄酒或白兰地"，以规范葡萄酒销售（或许还为了保证准确收税）。[7]如果酿酒，也要征税。此外，旅馆、酒馆和酒商只允许在日出后至晚上 9 点之间出售酒精饮料，并且不允许在这些营业时间之外将水手、士兵或有色人种藏匿在其营业场所内。随后的法令宣布，卖酒需要执照，销售葡萄酒也必须按照标准化的计量单位进行，整个行业的"大量违规行为"由此得到了纠正。[8]这些法令都宣称，开普敦将成为一个多产、有序、富裕、文明的英国港口城市。

只用了几年的时间，在英国总督的明确鼓励下，葡萄酒生产在好望角就成为一项前景广阔、利润丰厚的产业，葡萄种植面积和从事葡萄贸易的商人数量都有了显著增长。[9] 根据基冈（Keegan）的统计，好望角的葡萄酒产量在 1809 年至 1825 年增长了 83%。[10] 到 1823 年，全国有 376 个葡萄酒农场，5930 名奴隶劳工。[11] 东印度公司（East India Company）也加入了这一行动，它在好望角的报纸上刊登广告，为向圣赫勒拿岛供应的 15 万加仑好望角葡萄酒公开招标。[12] 圣赫勒拿岛是英军驻地，也是英国最著名的战俘拿破仑·波拿巴的囚禁地。开普敦的报纸显示，19 世纪早期，葡萄酒是开普敦及其周边地区商业生活的重要组成部分。与葡萄酒有关的广告和特写在好望角的报纸上出现了数百次（后来又出现了数千次）。这包括为葡萄酒进口商做广告，展示他们的好望角葡萄酒和其他外国葡萄酒库存；在出售庄园时，葡萄酒会被作为有价值的物品加以特别标注；向军用和商用船只供应好望角葡萄酒的招标广告；还有出海船只的通告，注明哪些船上有葡萄酒。19 世纪 20 年代中期，葡萄酒贸易委员会（Wine Trade Committee）的成立一事也在媒体上得到了反映，因为该委员会在好望角的报纸上用英语和南非荷兰语宣布了会议内容，并公布了会议记录和成员名单。这也表明，参与葡萄酒行业的个人十分希望他们的作用得到公众的认可，参与葡萄酒贸易和生产的人的网络是如此庞大，简单的口头通知已经无法满足工作需要。

由于威斯敏斯特议会就关税问题进行了多次辩论，好望角葡萄酒产业组织变得非常重要。作为殖民地，好望角由一位英国总督负责管理，他最终听命于伦敦的王室和议会。因为好望角的居民无权选举国会议员，如果他们想改变帝国政策，他们需要去游说（或提出交涉）总督和他的团队成员，或者去游说支持他们的英国议员。

在好望角成为英国领地时，英国进口的葡萄酒大部分来自葡萄牙、西班牙和法国。这些葡萄酒需要缴纳相对较高的关税，这一税率是在拿破仑时期的欧洲复杂的地缘政治中经过谨慎谈判确定的。查尔斯·卢丁顿（Charles Ludington）从议会文件中计算出了当年关税变化的情况。1814 年，法国葡萄酒的关税为每吨 144 英镑，葡萄牙和西班牙葡萄酒的关税为每吨 96 英镑，而好望角葡萄酒的关税降至每吨 32 英镑，不到此前 20 年的一半。[13] 新的关税制度造成的结果是，南非葡萄酒生产商向英国出口葡萄酒变得更有优势，也更加有利可图。从南非政府在葡萄栽培上投入的资金和努力可以清楚地看出，他们相信大多数好望角的生产者对官方能提供的所有支持表示欢迎。

但在 19 世纪 20 年代，随着贸易自由化的发展，英国对欧洲葡萄酒的关税在 1825 年下降了一半以上。好望角葡萄酒的进口关税也略有降低，从每吨 32 英镑降至每吨 25 英镑。这令好望角的酿酒师十分懊恼，因为他们在关税上的相对优势大幅下降了。欧洲葡萄酒进口关税的降低意味着，尽管西班牙葡萄酒的税率仍为每吨 50 英镑（是好望角葡萄酒关税的两倍），但它们的价格要比过去便宜多了。在面对英国市场时，欧洲国家相比好望角也有许多优势，包括更短的运输路线、更大的产业规模、更多的专业经验和可能更好的规模经济，以及在英国更好的消费者基础和更好的声誉。[14] 虽然到 19 世纪 20 年代，好望角生产葡萄酒并出口英国的历史已有近 150 年，但在英国殖民早期，大量初到好望角的英国人仍将葡萄酒视为一个需要帝国保护的新生产业。1823 年，当他们第一次听到关税可能发生变化的消息时，一个由好望角葡萄酒贸易代表组成的游说团体开会并发布公告称，英国提高关税将"不可避免地毁灭的"不是他们的个人企业，而是好望角殖民地。[15]

1830 年辉格党政府在选举中获胜，结束了保守党 23 年的统治。新政府引入了新的关税制度。1831 年，好望角葡萄酒的进口关税从每加仑 25 英镑提高到每加仑 29 英镑（提高了约 16%）。[16] 对欧洲葡萄酒的进口关税也略有上调，从每加仑 50 英镑上调至每加仑 58 英镑。但由于好望角葡萄酒价格低廉，该提案引发了强烈抗议，称英国市场对好望角葡萄酒的需求将会因此大幅下降。好望角的葡萄酒种植者和商人向威斯敏斯特议会递交了请愿书，极力抗议这一对殖民地来说生死攸关的政策。在好望角葡萄酒产业的游说团体看来，1831 年的关税提案将扭转这个年轻殖民地的发展进程——这个贫穷的殖民地将"难以筹集到足够的收入来支付必要开支"，"与葡萄酒相关的种植业将会被放弃……殖民地的收入会受到极大损失"。[17]

他们声称，这将给"所有那些凭着对政府承诺给予支持的信任，投入他们的劳动和资金来种植葡萄、加工和酿造葡萄酒的人带来不可挽回的损失。多年的经验证明，葡萄酒比殖民地任何其他产品更适合这里的土壤和气候，因此，必须继续作为殖民地的主要产品"。[18] 这不仅仅是对政府失信的愤怒，也是一种效忠的声明，是对南非定居者的勤劳和诚信的肯定。此外，好望角的游说团体用"教化使命"的隐性诉求来反驳经济论点。他们认为，好望角葡萄酒是"一种廉价而有益健康的饮料"。[19] 这里所说的有益健康，是指安全且不含有害添加剂，但它也包含有益于社会的意思：作为一种中产阶级的饮料，葡萄酒消费是体面的标志，因此好望角葡萄酒能给那些选择购买它而不是杜松子酒的人带来体面。好望角的葡萄酒生产商将自己定位为负责任的公民，他们有能力让以穷人和工人阶级为主的好望角白人社会变得更好。

好望角葡萄酒的生产商和进口商也担心提高关税会使其价格超出英国中下层消费者的承受能力。他们声称这是由他们创造的消费者群体，即通过提供更便宜的葡萄酒，他们向新的消费者介绍了一种以前无力负担的产品。[20] 一名国会议员认为，即使对好望角葡萄酒的关税小幅上调，对不太富裕的消费者也会造成很大打击："1 先令 6 便士或 2 先令一瓶的好望角葡萄酒，有很多人买得起，但如果更贵一点他们就买不起了。这些人将因此放弃对这种'奢侈品'的消费。"[21] 按照通货膨胀率进行简单的换算，当时的 1 先令 6 便士相当于 2019 年的 100 英镑左右。[22] 这种换算可能会带来误导，因为在 19 世纪 20 年代，人们将食物和饮料视为家庭支出中最重要的支出类别。为了更好地了解葡萄酒在当时消费者心中的价值和成本，应该把重点放在国会议员和酒商对葡萄酒消费者的评价上。在这一点上，这场辩论清楚地揭示出，早在 19 世纪 20 年代，英国的葡萄酒市场已经形成了社会分化：尽管大多数经常喝葡萄酒的人都很富有，但也有一些收入较低的人在消费葡萄酒。之所以他们有能力这样做，是因为市场上有价格低廉的殖民地葡萄酒。事实上，甚至可以说，是殖民地葡萄酒让中产阶级买得起葡萄酒，从而创造了这种商业机会。在 19 世纪和 20 世纪，我们会看到这种情况反复出现。

一位国会议员反驳说，提高好望角葡萄酒的关税确实会减少消费需求，但如果给予足够的注意，他认为，这一政策不会对那些把资本投入投机活动的人造成任何伤害。这样，他们就可以从已经衰落的交易中自由地撤出资金，甚至是在立法机关的保护下撤出资金……他认为我们自己的殖民者不会受到任何不公正的待遇。[23] 他的这番话，是将英国殖民者与荷兰血统的殖民者分开来考虑的。对于好望角的葡萄酒行业而言，这是一个令人担忧的声明，意味着来自母国的支持有可能被撤回。它还申明，英国官方优先忠于英国血统的定居者。事实上，英国评论家很快就把葡萄酒产业的成功发展与民族性格联系在一起，把英国人与理性的进取精神联系在一起，把阿菲利加人 ① 与落后和邋遢的生活习惯联系在一起。塞勒斯·雷丁（Cyrus Redding）是 19 世纪英国最著名的葡萄酒作家之一，他在 1836 年这样写道：

> 没有哪个生产葡萄酒的国家比南非有更大的改进空间，也没有哪个国家只要加以正确指导，医学和科学就能迅速发挥作用。欧洲推荐的科学或经验，在这里都没有流行开来……毫无疑问，现在的情况比二十年前要好，但是进步非常缓慢。荷兰人性格固执是众所周知的……这个民族都是些粗人，非常无知，完全没有思考的习惯。[24]

我们不清楚雷丁是否去过他所写的地方，不过殖民地历史学家指出，假装无知和拒绝合作是殖民地反抗帝国统治的惯常行为。我们不能只从表面上理解这句话，而要看到它展示了葡萄酒产业是如何被用来证明英国卓越的教化能力的。当时，许多到过好望角的游客提到这里充满了野性和自由气氛的葡萄园时，常常会带着惊讶的语气。1815 年到访过好望角的克里斯蒂安·拉特博（Christian Latrobe）写到，在康斯坦提亚，葡萄藤"没

---

① 南非白人，通常为荷兰人后裔。——译者注

有藤架或木杆支撑，就像花园里的黑加仑树那样自己长在那儿"。[25] 几年前曾到访此地的坎贝尔（Campbell）的说法也与之类似，他写道："地面并不平整，每个葡萄园都被高大的橡树环绕着，看起来就像一片树林。"这些英国评论人士大概是这么认为的：毫无疑问，由英国人替代荷兰乡巴佬来管理葡萄园肯定会更好。

最终，英国立法者对好望角殖民地葡萄酒产业的情感没能阻止关税的调整。在接受英国殖民统治后，南非官方鼓励葡萄酒产业的发展，但母国英国不愿保护和支持质量低劣的产品。总的来说，在英国乔治王朝后期的外交和贸易政策中，南非新的葡萄种植者的需求的优先级相对较低。葡萄酒和其他形式的酒精饮品一样，在殖民地的愿景中是一种重要的商品，但这并不能保证它在帝国经济中取得成功。简而言之，对英国立法者来说，与法国、葡萄牙和西班牙进行葡萄酒贸易的地缘政治意义要比与好望角殖民地的贸易往来重要得多。鲁丁顿认为，对英国议员来说，"葡萄酒是财政和外交政策的工具"。他这句话本来针对的是更早的复辟时期，但这一观点在 19 世纪仍然适用。尽管如此，与英国的近邻签订贸易协定来维持和平的外交政策的重要性胜过了保护殖民地的新生工业，还是让我们感到很惊讶。生产者希望，他们为母国生产殖民地商品的事实足以保护他们免于不利关税政策的损害。但事实并非如此，也许是因为他们的产品不够好，也许是英国的帝国情结不够强烈，也许是因为与西班牙和法国等大国相比，他们的贸易规模还太小。

这些发生在 19 世纪 20 年代至 30 年代的关税辩论，只对好望角的葡萄酒生产者产生了直接影响，因为当时澳大利亚只向英国出口了数量极少的葡萄酒，而新西兰几乎还没有开始生产葡萄酒，肯定还不足以进行商业出口。但在 19 世纪 60 年代、19 世纪 80 年代、20 世纪 20 年代，甚至 20 世纪 80 年代，这些问题在关税斗争中反复出现时，澳大利亚成为一个更重要的利益相关者。不过在此之前，他们先要能生产出人们想喝的葡萄酒。

第七章

伊纯加霍克酒：19 世纪的殖民地葡萄酒

沃尔特·达菲尔德先生（Mr Walter Duffield）最近将 12 瓶伊纯加霍克酒作为礼物献给了维多利亚女王陛下。我们很荣幸地尝到了一些。从我们自己的感觉来评价，我们可以很有信心地说，它不仅能为产地和制造商带来最高的荣誉，而且会使女王陛下和王室成员感到非常满意。[1]

"南澳大利亚州葡萄酒"

南澳大利亚州（1845 年 3 月 4 日）

什么是伊纯加霍克酒？在 19 世纪早期和中期，好望角和澳大利亚到底生产些什么呢？当然有葡萄酒，红的和白的都有。但多数情况下，我们很难确定当时出产的葡萄酒的风格、所用的葡萄品种、酒的颜色和味道等信息。也许你会感到惊讶，但关于殖民地葡萄酒农场的数量及其产品，确实没有明确的记录。我们可以追溯殖民地葡萄酒产业的形态，并从殖民地和英国找到大量资料来补充细节，如海关声明、新闻报道、广告、旅行者的回忆录、进口商和生产者的通信等。在极少数情况下，我们还能找到一些遗迹。

这些葡萄酒难以评估的另一个原因是，我们已经与 19 世纪的葡萄酒语言和美学脱节了。现代葡萄酒身上所具有的风土价值、真实性和可追溯性在 19 世纪的英国并不常见。风土是指一种食物在特定的产地才具有的独特味道。但在 19 世纪，风土条件作为一种营销工具还处于起步阶段，而且只用于最好的葡萄酒。19 世纪英国市场上出售的绝大多数葡萄酒，消费者都无法追踪到一个精确的产地，比如某一个葡萄园或庄园，这其中也包括许多昂贵的葡萄酒。产地还有可能追溯得到，但不一定能精确到村庄、酿酒师或年份。例如，我们看到的广告是"最好的新酿造的勃艮第葡萄酒"，而不是"1845 年的吉夫里－香贝坦"。康斯坦提亚在新世界葡萄酒中是个例外，是该时期这一规律的反证。1815 年，传教士约翰·坎贝尔（John Campbell）在好望角旅行时，对康斯坦提亚"宏伟的豪宅"和"一流的"葡萄酒大加赞赏，并写到，他享受了"一杯康斯坦提亚葡萄酒，在它独一无二的产地"。然后，他提出了一个与风土概念相近的论点："在好望角殖民地的不同地方都试种过剪自康斯坦提亚葡萄树上的插枝。但是离开了它们最喜欢的本地土壤，永远无法生产出味道一样的葡萄。"[2] 另一位传教士拉特博（C.I. Latrobe）在 1818 年记述了一个类似的故事，他在康斯坦提亚的庄园里看到了"仅隔着一道篱笆，多次种植同一种葡萄的尝试都失败了"。[3] 由于两位传教士都是在葡萄园主人引导下参观的葡萄园，这位园主可能是想要宣扬康斯坦提亚独一无二的地理条件。然而，正如我们所看到的，即使是"康斯坦提亚"这个词也会被其他好望角葡萄酒随意借用，因为它在零售和营销过程中没有严格的法律意义。1849 年苏格兰出版的一份家庭酿酒指南甚至提供了用大黄制作康斯坦提亚葡萄酒的食谱。[4]

在这一时期，英语世界生产的大多数葡萄酒都是由不同种类的葡萄混合制成的（没有大黄）。混合并不代表劣质。无论是过去还是现在，法国的许多主要葡萄酒品种都是由特定的葡萄混合酿制而成。例如，波尔多的红葡萄酒通常以梅洛、赤霞珠、苏维翁和品丽珠为主要原料。这些法国南部的葡萄酒是澳大利亚早期葡萄酒的直接灵感来源，法国还为澳大利亚的早期葡萄种植业提供了葡萄藤。

然而，在英国殖民地生产并在英国销售的葡萄酒在另一种意义上也是混合的。它们绝大多数是以散装葡萄酒的形式出口的，这意味着它们是装在更大容器中，而不是单独装在瓶子里的。这些木桶是木制的，按照英制分不同大小。在灌装时，注入酒桶的可能是不同年份或不同葡萄酿造的葡萄酒；在卖给个人之前，这些葡萄酒可能会由葡萄酒进口商或零售商再次混合。

在 19 世纪，庄园装瓶在整个葡萄酒行业都是相当罕见的，甚至在欧洲大陆国家也是如此。英国的酒商会大量进口或从进口商处购买葡萄酒。20 世纪 30 年代一个非常高端的酒窖的记录显示，著名的波尔多葡萄酒在"一战"前也是在英国装瓶的。记录如下："16 瓶 1870 年的拉菲城堡，在苏格兰装瓶"；"18 瓶 1899 年的木桐酒庄，由佩奇和桑德曼装瓶"；"12 瓶 1900 年的玛歌酒堡，由利物浦的埃舍诺埃装运，里格比装瓶"，等等。[5]

拥有充足酒窖空间的消费者会直接购买桶装葡萄酒，而不那么富有的消费者或居住在比较拥挤的城市地区的消费者，会让酒商将他们的葡萄酒倒入瓶子或酒壶中。酒馆也会零售葡萄酒，他们会将葡萄酒装在酒瓶中让消费者带走，只收取少量的酒瓶押金。早在 17 世纪上半叶，玻璃瓶就已经出现，并逐渐取代了陶器、石器或陶罐，但预装瓶销售的葡萄酒需要的不只是玻璃瓶，还必须是在工业生产基础上才能生产出的标准化的玻璃瓶。[6] 由于这项技术在 18 世纪才发展和完善起来，因此在此之前葡萄酒直接在庄园装瓶是不切实际的。甚至在整个 19 世纪，酒瓶仍未被酿酒商广泛使用。1860 年，伦敦酒商詹姆斯·丹曼（James Denman）在报纸上刊登了一则广告，他自称为"南非葡萄酒介绍人"（有点可疑），他表示愿意将自己的酒桶免费送到英国的任何火车站，还附赠酒瓶，并免费提供瓶装葡萄酒品尝服务。[7] 桶装葡萄酒可以通过铁路被送到酒馆、商店或个人手中，然后零售商可以用瓶子为顾客分装。正如特洛伊·比克汉姆（Troy Bickham）所展示的那样，英国从 18 世纪开始就已经拥有非常广泛且高效的货运体系，可以将从殖民地进口的食品从港口运到批发商手中，再运到地区市场，"能够保证苏格兰矿工的妻子与居住在伦敦的贵族几乎有同样的机会获得这些殖民地产品"。[8]

对自己的葡萄酒有十足信心的酿酒商才会选择在庄园里装瓶。通过装瓶，酿酒师可以防止污染或欺诈，能更好地控制瓶塞打开后葡萄酒的味道。但考虑到玻璃瓶重量重、容易碎、体积大，在 19 世纪，只有少数葡萄酒是在庄园装瓶的。这些葡萄酒都来自知名葡萄园，其对品牌识别和质量控制的需要超越了玻璃运输的不便；还有一些是起泡酒，因为碳酸会在木桶中消失，所以需要装瓶；另外还有少量献给女王的样酒。前文提到的半打伊纯加霍克酒肯定是瓶装的，一个澳大利亚酿酒师自豪地把他的酒献给他的统治者，想要确保它的质量是合乎逻辑的。我们不知道女王是怎么想的，也不知道她是否品尝过。

虽然达菲尔德先生可能是为吸引女王的丈夫阿尔伯特（Albert）——一位出生在德国的王子——特意选择了一款莱茵白葡萄酒（hock），但我们并不知道这位"皇家配偶"对这款酒的看法。霍克酒是德国风格白葡萄酒的俗称，而伊纯加是南澳大利亚州阿德莱德附近的一个小镇。对 21 世纪的葡萄酒爱好者来说，"伊纯加霍克酒"这个名字听起来有点矛盾，因为它暗示这不是一种产自德国的德国风格的酒，但这是英属新世界葡萄酒一个非常普遍的特征（此外，1845 年的德国还不是现在的德国，而是一些小国家的集合）。从生产之初到 20 世纪中期，来自好望角和澳大利亚的大部分葡萄酒都会冠以著名的欧洲风格来销售。在 19 世纪 20 年代的广告和拍卖会中，最常见的两种酒是来自好望角霍克（Cape Hock）和好望角马德拉（Cape Madeira）——得名自葡萄牙马德拉岛的加度甜酒。[9] 约翰·坎贝尔在 1815 年代表伦敦传教士协会（London Missionary Society）访问了好望角，他写到，格纳登塔尔附近有一些德国裔农民，他们生产"一种类似莱茵白葡萄酒的葡萄酒"。[10] 正如胡格诺派的定居者在 17 世纪被允许进入南非的部分原因是他们掌握的农业技术，德国农民被允许移民到英国统治下的好望角和南澳大利亚也是基于同样的原因。在南澳大利亚州，他们参与了巴罗萨山谷的葡萄酒酿造工作。

一方面，一个新世界的酿酒师从欧洲风格的葡萄酒中获得灵感并没有什么不妥，尤其是这位酿酒师本人就来自灵感之源产区。并没有哪条法律禁止使用这些名字，所以尽管"好望角马德拉"一词可能会惹恼马德拉岛上的生产商，但好望角的酿酒者完全有权利使用这个名称。用欧洲流行的风格来命名他们的葡萄酒也是有道理的，因为一个来自好望角或澳大利亚的独特名字可能会让英国消费者感到困惑。对消费者来说，只有具备一定的地理知识才能了解一瓶酒到底产自哪里，这会对新世界葡萄酒进入市场造成障碍。因为，与冒险购买一件产地不明的昂贵商品相比，消费者会因为熟悉的地名或风格而感到放心。

　　以欧洲风格命名殖民地葡萄酒可能还有更微妙的营销效果。第一个理由是，好望角葡萄酒是通过强制劳动生产的，这种命名方式通过将葡萄酒与原产地隔离，轻松地掩盖了殖民地产品中不那么体面的元素。第二个理由与第一个几乎是自相矛盾的。这种命名方法将产品来源地欧洲化，强化了殖民者在殖民地上撒下了一张文明大网的想象。殖民者在殖民地不仅是在酿造葡萄酒，而且酿造的是欧洲葡萄酒，而不是殖民地某种奇怪的调制品。基于这些原因，他们给自己的葡萄酒起了这样的名字。

　　另一方面，鉴于好望角的酿酒师只拥有基本的技能和技术，好望角酿酒业模仿欧洲也情有可原。从那些对促进殖民地贸易繁荣发展感兴趣的公民团体，我们也可以对好望角葡萄酒的品质有所了解。例如，伦敦艺术协会（Society of Arts in London）在 1822 年举办了一场葡萄酒竞赛，是为了"促进葡萄在好望角的生长"，而不是"为了鼓励殖民地酿出好酒或康斯坦提亚葡萄酒，只是为了促进新近建立的葡萄园有所提升"。在 1827 年获奖的葡萄酒被描述为"比一般的好望角葡萄酒要好得多。它没有好望角葡萄酒通常带有的令人不快的泥土味，味道与特纳里夫出产的葡萄酒非常相似"。[11] 这个奖项表明，大家普遍认为好望角出口的葡萄酒大多质量很差，但同时也体现了来自其母国的耐心鼓励（以及贵族的责任感）。

　　这个协会也积极鼓励澳大利亚发展酿酒产业、提升产品质量。1822 年，格雷戈里·布拉克斯兰（Gregory Blaxland）带着样品来到英国，向伦敦艺术协会展示，并因其品质获得了一枚银质奖章。[12] 有充分证据表明，这是澳大利亚葡萄酒首次出口到英国。为刺激英国殖民地的工业发展，用殖民地商品替代来自大英帝国之外的进口商品，该协会举办了很多竞赛。在 1824 年的一场比赛中，澳大利亚的葡萄酒、橄榄油、羊毛布料、大麻替代品以及茶叶都获得了奖牌。比赛参与者还来自好望角和英属加勒比地区。[13]

　　尽管可能有一种奇特的异国风味，但仿制的好望角霍克或更为神秘的伊纯加霍克酒，在消费者眼里可能就是它们本来的样子——一种劣质、廉价的替代品。好望角葡萄酒和澳大利亚葡萄酒的成分都很复杂、来源不明，并且它们在风格上也有一些相似之处（浓烈而粗糙，相对便宜），这催生了一个包罗万象的术语。在提起这些葡萄酒时，越来越多的人将它们称为"殖民地葡萄酒"，这个名字强调的是它们起源于帝国的理念，而不是殖民地特有的风土。正如关税辩论中揭示的，由于在口味上无法与欧洲大陆的生产者竞争，殖民地的葡萄酒生产者不得不用自己能够为帝国和殖民地提供利益作为立足点。

事实上，这些产品的实际质量是很难确定的。因为质量不是一个绝对数值，而是不同文化有不同的标准，并且需要与其他商品做对比。19世纪英国人的口味可能与今人的口味大不相同，所以历史学家真正调查的是英国人（在这个例子中）是如何看待殖民地葡萄酒与其他葡萄酒或替代饮料的关系的。我们可以看到，在18世纪，最好的好望角葡萄酒被认为与风格偏甜的欧洲葡萄酒相似，并因其酒精度和口感而受到重视。在19世纪，随着葡萄园的发展和贸易的扩张，就英国人而言，好望角葡萄酒的质量似乎没有明显的改善。毫无疑问，一些酿酒师会通过时间和经验来提升他们的葡萄酒质量。但随着葡萄园的扩张，更多缺乏经验的酿酒师进入该领域，可能确实导致了好望角葡萄酒整体质量的下降。因为许多新进入市场的人并不富裕，他们常常迫切地需要售出自己的葡萄酒，所以不愿采用最好的酿酒方法。无论葡萄质量是否理想，都会被出售或碾碎，而当葡萄酒可以运往市场时，他们也不愿意将它们在酒窖里多存放几天。

好望角葡萄酒在本地也有市场。好望角的英国殖民政府继承了荷兰东印度公司购买康斯坦提亚一定数量葡萄酒的权利，因此，在英国治理好望角的头十年里，康斯坦提亚葡萄酒是政府资产负债表上一个常规的小额支出项目。[14]19世纪20年代，格纳登塔尔的一位部长报告说，他以惊人的价格出售了"一个可有可无的不适合农业生产的牧场"，原因是"牧场里一个小葡萄园，只能生产在市场上无法销售的质量极为低劣的葡萄酒，但霍屯督人和附近的其他人会购买这种酒"。[15]在这位部长看来，"市场"指的是对白人进行规范销售的特定地点。此外，对历史学家来说，这则轶事表明土著民族也是经济交换的参与者，他们也是葡萄酒市场中的一分子（霍屯督人是欧洲人对南非桑族人的蔑称）。

可以确定，好望角的葡萄酒产品是多种多样的。好望角葡萄酒销售商自己的酒单也能反映出本地葡萄酒的品质。在 19 世纪至 20 世纪，为供应国内消费，好望角不仅出售本地葡萄酒，还进口欧洲葡萄酒。从官方贸易统计数据中可以查到相关数据，但很难弄清这些葡萄酒的营销和销售方式。1858 年的一则广告上说，一个商人在开普敦开了一家瓶装葡萄酒店，意思是他将以瓶为单位出售葡萄酒，既可以买一打，也可以买一瓶。按打出售的葡萄酒中，最贵的是要价 18 先令的"最优质的帕尔甜葡萄酒、勃艮第葡萄酒、波特酒和里斯本来的葡萄酒"；其次是品质最好的马德拉葡萄酒和雪利酒，标价 8 先令；普通雪利酒为 6 先令一打，"芳香霍克酒（和）哈尼普特非洲白葡萄酒"5 先令一打；而"普通佐餐酒"的售价仅为 4 先令一打。尽管它们的名字中有欧洲地名，但所有这些葡萄酒都是在好望角生产的。广告中并没有列出它们确切的产地或葡萄品种。[16] 与之竞争的零售商也以类似的价格出售"老帕尔斯蒂恩葡萄酒"（来自帕尔地区的白诗南葡萄酒）、好望角马德拉、好望角芳蒂娜[17] 和好望角庞塔克。[18]

如果想准确地知道 19 世纪好望角种植的葡萄是什么品种，我们面临诸多挑战：缺乏全面的调查资料，葡萄酒广告能提供的信息很少，用词晦涩或模糊。通过英国的广告，我们知道好望角出口红白两种葡萄酒，所以这里肯定红白两种葡萄都有种植。出售土地的广告，是了解好望角葡萄品种的一个途径。在 1846 年的一则广告中，出售的是一块种有 1.2 万株绿葡萄和 3000 株哈尼普特葡萄（亚历山大麝香葡萄）[19] 的面积为 307 摩根的土地。1850 年的一则广告，出售的一块 13 摩根多一些的土地，附带 3 万株哈尼普特葡萄。[20] 后来的一些广告中，提到了出售埃米塔日和红色麝香葡萄。不过，我们目前还不清楚这里的埃米塔日指的是罗讷河谷风格的葡萄酒，还是罗讷河谷混合葡萄酒中占主导地位的设拉子葡萄。[21] 在摩拉维亚的格纳登塔尔传教点附近，英国传教士约翰·坎贝尔受到了一位德国裔农民的款待，他说："非洲那个地区的葡萄酿制出的葡萄酒很像莱茵葡萄酒。"莱茵葡萄酒指的是德国莱茵地区出产的葡萄酒，其中最珍贵的是白葡萄酒。另一位传教士 C.I. 拉特罗布（C.I. Latrobe）写到，他拜访了康斯坦提亚附近的一位女士的农场，"品尝了她庄园里酿造的各种葡萄酒"。其中有哈纳恩威士忌，红白都有；有芳蒂耐；还有一种味道有点粗糙的科力普葡萄酒。几乎可以肯定哈纳恩威士忌指的是哈尼普特，或者说是亚历山大麝香葡萄酿造的葡萄酒。这种酒通常是白色的，但也有一个常见的粉红色突变种，[22] 而芳蒂耐是芳蒂娜或白色圆粒麝香葡萄的另一种写法，科力普（klipp）葡萄酒则更加神秘，因为科力普在南非荷兰语中是"石头"的意思，斯蒂恩（steen）也是石头的意思，斯蒂恩是白诗南葡萄在南非的名字。白诗南葡萄在开普敦种植广泛，是"历史悠久"的品种。[23] 所以科力普葡萄酒可能就是白诗南葡萄酒。当然，也可能是这位外国传教士听错或记错的结果。

葡萄酒作家赛勒斯·雷丁在 1836 年的一篇文章中感叹好望角缺乏专业知识，并得出结论说，缺乏关于葡萄酿造技术的知识是其葡萄酒带有人尽皆知的"土味"的原因。[24] 虽然这可能是对在英国可以买到的好望角葡萄酒的准确描述，但它同样是英帝国对南非的荷兰裔农民酿酒技能的嘲讽。在英国维多利亚时期的葡萄酒书籍中，"土"这个词确实经常出现。1865 年，医生罗伯特·德鲁伊特（Robert Druitt）写了一本葡萄酒药用指南，他对大多数好望角葡萄酒都持强烈批评态度，并在书中讲述了这段轶事："有一天吃饭时，我坐在来自好望角的前副主教身旁。我问他为什么好望角葡萄酒有泥土的味道。他说：'亲爱的先生，如果您到好望角去，在葡萄酿制季节看到那些黑人和他们的家人在葡萄园里，以及他们是如何酿酒的，您会认为'土味'其实是一个非常温和的词。'"[25] 就像英国早期对好望角酿酒业的描述一样，这位副主教提到了酿酒工人的肤色，凸显了好望角酿酒业的种族分歧，以及 19 世纪殖民文化中普遍存在的种族主义。这并不是对工业卫生或食品安全的评论（甚至不是对味道的评论），而是对"黑人代表了泥土和肮脏，他们会污染葡萄酒"这句话的简述。19 世纪早期好望角的报纸充分体现了奴隶制的暴力和残酷，以及奴隶制在葡萄酒产业中的核心作用。从法庭案件中可以看到奴隶遭受酷刑的例子，比如一个奴隶主在他的酒窖里殴打奴隶。[26] 地产在拍卖和销售时，会列出附带奴隶的数量。1800 年的一份拍卖清单上写着："公牛，马车，优质的葡萄酒，优质木桶，健康的奴隶，不同种类的家具，等等。"[27] 在有财产纠纷的情况下，这些被奴役的人偶尔会得到一个名字。比如在 1828 年的斯韦伦丹，有这样一份清单："牛，马，一辆牛车，一匹马车，空酒桶，白兰地蒸馏器等，还有奴隶卡罗尔、恩培、黛安娜和迪亚达。"[28] 这些名字毫无疑问是奴隶主选择的，但这些充满古典浪漫气息的名字，并没有告诉我们被奴役的人们是怎样的人。

身体接触、土壤、身体和风土：这些都让英国饮酒者感到担忧。显然，葡萄酒含有的酒精在人体内会发生变化，可以改变人的行为。但是，即使是比葡萄酒温和的东西也会引起人们的不适。罗米塔·雷（Romita Ray）指出，18 世纪的中英茶叶贸易令人担忧："英国人对茶叶的焦虑很深，因为这种商品可以食用，对身体的影响是瓷器等物品所不能达到的。"[29] 对英国的评论家来说，泥土也能唤起他们对好望角社会分层的看法。查尔斯·班伯里（Charles Bunbury）是一位人脉颇广的植物学家，他于 1837 年游览了好望角，并在十年后发表了一篇冗长的评论，[30] 称赞"欧洲国家在侵占野蛮人的土地时，采用了各种各样的方式"，并赞同荷兰人早期通过农业来实现文明的做法。他写道："虽然土壤普遍不怎么肥沃，但有几片土地……被发现适合种植小麦和葡萄。"[31] 他将 19 世纪 30 年代好望角的荷兰农民描述为"肮脏的"，并批评了他们家园的状况；他认为霍屯督人（土著科伊人）也"非常肮脏"，但他承认他们是宁静的野蛮人，总体上是一个"温和、攻击性弱、不好战的种族"。[32] 虽然泥土是不好的，但农业、耕作和被驯服的泥土是好的，而且是文明的终极标志。另一位名叫阿尔弗雷德·科尔（Alfred Cole）的英国旅行家在 1852 年写到，当地霍屯督人的人口急剧下降，但"不是因为殖民者的残忍"，而是因为"性欲和疾病"。[33] 他对此漠不关心，因为他认为本地人都是"酒鬼"，是"世界上最肮脏的家伙"。他耸了耸肩，说："文明的足迹所到之处，原住民部落就会消失。"[34] 科尔是欧洲殖民主义的热情支持者，和他同时代的许多人一样，如果人们外表肮脏，并表现出对烈性酒的喜爱，就会被认为在文化上低人一等（我们没有理由只从表面上理解他的描述，这些描述揭示了科尔的偏见，但对南非桑族人的描述却很少）。

1833 年，整个大英帝国废除了奴隶制，所以德鲁伊特在当时写到，严格意义上说，"黑人及其家人"有劳动的自由。然而，好望角通过一系列的立法来限制工人的流动，其中包括几项允许雇主惩罚工人违约行为的主仆法。以学徒制为幌子，可以实现对年轻工人的控制；以实物支付越来越普遍，比如用葡萄酒作为葡萄园工人的酬劳，而不是用现金支付。

德鲁伊特对生产好望角葡萄酒的劳动过程一无所知，但这可能并不罕见。18 世纪后期，英国兴起了一些小规模的反对奴隶制的运动，游说议会要求先停止跨大西洋奴隶贸易，然后废除英语世界的奴隶制。但这些运动的努力方向主要集中在西印度群岛的奴隶制，以及让消费者意识到糖是奴隶制的产品。在与英国废奴主义有关的大量文献中，我发现没有一件提到过好望角葡萄酒是奴隶制的产物，废奴主义者也从没有请愿抵制好望角葡萄酒。英国的进口糖市场比好望角葡萄酒市场要大得多，废奴运动对无处不在的单一商品的关注最终发挥了作用。但用乔安娜·德·格鲁特（Joanna de Groot）的话来说，这只是英国消费者对"无所不在"的英国殖民地商品"视而不见"的众多例子之一。[35] 这意味着来自帝国殖民地的商品即使成为英国人饮食中的主角，其来源也往往不为消费者所知。消费者不知道，或者说不关心他们的食物是如何在千里之外生产出来的。

具有讽刺意味的是，酿酒师和总督们继续在宣扬一种说法，即葡萄酒对生产它的殖民地是有益的，而且可能为殖民地带来改变。在帝国主义的历史中，帝国主义者的教化使命往往被视为与其资本主义野心不同的问题。而因为有了葡萄酒，我们就会发现它们其实是一体的。以巴斯比为例，他认为在新南威尔士州，"有许多地方可供选择来生产适合英国市场的葡萄酒。"[36] 但同样重要的是，他相信在澳大利亚本土，葡萄酒将被证明是

"一种健康、令人振奋的饮料，几乎每个农场都会生产这种饮料，并且这种习惯肯定会给当地人带来乐趣，提升当地人的生活质量"。[37] 巴斯比关心的是饮用像朗姆酒和威士忌这类烈酒的问题，这些烈酒在定居者中被称为"热酒"。他将其与 19 世纪流行的一种观点联系起来，即饮食应与气候相适应，要避免人们在炎热时变得过于兴奋。他说道："对那些已经习惯在寒冷的气候中饮用烈酒的人来说，无疑需要一些兴奋剂，但绝大多数殖民者还没有意识到，喝一些低度的纯葡萄酒，不仅会增强他们的体质，振奋他们的精神，而且会让人们戒除对毒害人道德的高度酒的偏好。"[38]

　　当时许多定居者群体的领导者与巴斯比有着共同的忧虑。19 世纪 30 年代，英国新教传教士丹尼尔·惠勒（Daniel Wheeler）乘船走遍了南太平洋各地（曾在新西兰与巴斯比会面），在他出版的旅行日记中，他大量描写了热酒的罪恶。他的船在许多港口停靠，遇到过很多欧洲定居者和原住民。"令人满意的是，一些到我们的船上参加过宗教会议的陌生人，不止一次地说（似乎很少发生），我们的水手看起来更像健康的青年农民，而不像经过长途航行的人：我们日常遇到的人，大部分看起来都很瘦弱和疲惫，特别是那些每天在船上被供应热酒的人；而我们的水手每人每天喝一夸脱[①]啤酒，度数很低。"他这样告诉读者。[39] 禁酒作家警告说，人们饮用葡萄酒的方式和他们所喝的酒令人不安。葡萄酒本身并不是问题所在，廉价酒和烈性酒才是问题。1831 年，一位英国禁酒运动人士指出："长期以来，喝葡萄酒在很大程度上已经成为一种习俗和时尚，为了让尽可能多的人买得起酒，葡萄酒必须尽可能地降低价格。当中产阶级普遍开始饮用葡萄酒时，葡萄酒必须与他们习惯饮用的其他品种的酒进行竞争。"[40] 英国评论人士对澳大利亚和新西兰殖民地也有同样的担忧，而官方推广葡萄酒的部分原因是相信它可以让人们变得温和。他们很快宣称，未加度的葡萄酒比其他所有酒精含量更高的饮料都更好。如果你能让喜欢喝朗姆酒的人开始喝葡萄酒，他们的行为就会像喜欢喝葡萄酒的人一样。因此，澳大

---

① 1 夸脱 =1.1365 升。——编者注

利亚的酿酒师认为，他们的葡萄酒作为一种文明的饮料，能够对那些不守规矩的定居者产生积极的影响。这样的定居者通常喜欢啤酒和烈酒。19世纪 30 年代，爱德华·韦克菲尔德（Edward Wakefield）在关于澳大利亚和新西兰殖民地的早期历史中，以沮丧的语气提到了新南威尔士州，他写道：“绝大多数殖民者还没有意识到，饮用一些低度数的纯葡萄酒，不仅会强健他们的身体，振奋他们的精神，而且会让人们摆脱对正在毒害人的道德的高度酒的爱好。”他的意思是烈酒“正在毒害人的道德”。[41] 这个论点显然是基于阶级的。在工人阶级中，很少有人喝葡萄酒；而在这个年轻罪犯的聚居地，欧洲人中的大部分来自工人阶级。

这些道德上的担忧可能推动了澳大利亚媒体对酒农的赞颂。与工人阶级给澳大利亚社会带来的祸患不同，酒农是值得赞颂的社会英雄。他们征服了蛮荒之地，使之开始有所出产。1847 年，澳大利亚殖民者爱德华·威尔逊·兰多（Edward Wilson Landor）洋洋自得地说道：“现在，每个有农场的移民都在自己的庄园里添上了一座葡萄园，我们几乎要开始担心殖民者是否在葡萄种植上投入太多精力了。”[42] 兰多当时正在写关于西澳大利亚的文章，他呼吁适度发展葡萄产业，推进农业多样化，宣称定居者只有这样才能保证自己获得最大的安全保障。这仅仅是一种虚伪的警报，实际上，在欧洲定居者看来，葡萄种植业的发展是西澳大利亚正在从令人绝望的边疆地带转变为一个工农业发达的宜居之地的证明。兰多对此也感到十分自豪。

1840 年，出版过一本旨在鼓励英国人移民南澳大利亚州（以阿德莱德市为中心的新殖民地）的小册子。作者 G.B. 威尔金森（G.B.Wilkinson）描述了一幅田园诗般的场景：疲惫但自豪的移民们来到南澳大利亚州的灌木丛间，他们的马车上装满了“优质的麦种和土豆、花园需要的花籽、葡萄插枝和果树苗”。他们是乐观的农民，对自己的教化使命充满信心。他们“憧憬着自己整洁的房屋和优越的文化将会震惊当地人”。[43] 但就像马斯登声称他的果园“震惊了”新西兰的毛利人一样，关于原住民的真实反应，我们几乎找到没有任何记录。托马斯·哈代（Thomas Hardy）的公司在一个世纪后轻描淡写地说道："他（托马斯·哈代）在南澳大利亚州的庄园的一部分从前是一个原住民的墓地，[44] 可能属于戛纳（Kaurna）人。"使当地人感到吃惊的，可能是这种亵渎的行为吧。

1847 年 2 月，威尔金森参观了在阿德莱德举办的一场农业博览会，据他说，当时"争夺葡萄酒大奖的竞争非常激烈"，尽管"样品从很远的地方运过来，保存状况相当糟糕。然而，一些酒农保证这是他们生产的优质葡萄酒"。获得葡萄酒大奖的是一位安斯蒂（Anstey）先生，他种植的水果也得了奖。获得第二名的是一位达菲尔德（Duffield）先生，他的蔬菜、培根和啤酒花也斩获了奖项。[45] 几乎可以肯定，这位达菲尔德先生这就是沃尔特·达菲尔德（Walter Duffield），一个出生在英国的定居者，他开始从事农业生产，后来成为一名政治家。[46] 他被认为是第一个在南澳大利亚州生产葡萄酒的人。而且，正如我们已经看到的，他用一项 19 世纪英语世界的终极推广行动让他的产品变得举世闻名——他把他的伊纯加霍克酒寄给了维多利亚女王。农业博览会是一种社会活动，定居者社区通过这一活动来评估社区的发展情况。澳大利亚的城市也组织学术社团来歌颂和推动农业发展。悉尼成立了花卉和园艺协会，它的展览吸引了"几乎所有悉尼的知名人士"，还得到了殖民地总督的赞助。在 1839 年的展会上，展品中有"几款殖民地葡萄酒"，记者带着一些戏谑报道了这些不同寻常的新奇产品。他报告说："红葡萄酒和勃艮第葡萄酒还勉强算是酒，但雪利酒，我们不得不说如果它没有贴着标签，没有人知道它是什么。还□个标着香槟标签的瓶子，但我们的记者遗憾地说，在他到达时瓶子□空□了。"[47] 人们想知道它是被人喝掉了，还是被倒进了酒店宴会厅□□装饰的盆栽里。

兰多还深情地描写了西澳大利亚从事葡萄酒生产的家庭□□及"当一个移民的孩子们穿着棕色的荷兰衫到处跑，他那穿着合□□印花棉布衣裙的妻子认为没有什么饮料比得过她协助制作的葡萄酒□，他将会习惯并爱上这种轻松、独立的生活"。[48] 出生于瑞士的澳大□□亚酿酒师休伯特·德·卡斯特拉在 19 世纪 80 年代写了一篇关于新南威尔士州酿酒行业的文章，其中就引用了这句话。为说明葡萄酒在社会工程中的积极作用，德·卡斯特拉辩称，葡萄种植给澳大利亚葡萄种植者及其家庭带来健康、和平和繁荣："一个人越清醒，家庭就越快乐。因为一个人如果不清醒，他的葡萄园就不会得到妥善的管理，也不能及时收获。"因为酒是食物，他可以用水冲淡了给他的妻子和儿女喝。微酸的味道带来清新的口感，好像雀鸟吃到了繁缕草一般。一桶酒他们可以喝一整年，孩子们渐渐会只喜欢他们在家里喝到的果味饮料，长大后也不会喜欢上烈性酒。[49]兰多和德·卡斯特拉对澳大利亚乡村生活的想象，虽然相隔了近四十年，但都是在歌颂在家庭这样一个独立的社会单位里，一个强大的家长，通过提供有益健康的葡萄酒来体现对妻子和孩子们的关爱。

1870 年，一组名为《澳大利亚十景》（Ten Australian Views）的绘画和石版画系列作品在伦敦出版，其中的一幅彩色石版画也展示了这样一幅澳大利亚家庭生活的场景（图 7-1）。画面前景中，两个女人坐在毯子上，分

图 7-1　葡萄园（未知艺术家）

一个田园诗般的（想象中的）场景：一个澳大利亚家庭正在酿造葡萄酒。来自《澳大利亚十景》（伦敦：n.p.1870）。经澳大利亚国家图书馆许可使用，nla.obj-139535117。

拣着深紫色的葡萄。一个孩子抱着满满一篮子成熟的葡萄蹒跚走向她们，她们平静地抬头看着。背景中，一名男子架着一辆装满葡萄的独轮车，另一名男子正将葡萄放入一台木质手工压榨机中压榨，另一名男子在将葡萄汁倒入木桶中。画中的场面平静而富饶，在阳光照耀下，这些欧洲工人无论老少，大多穿着朴素的白色衣服（最不可思议的是，孩子也穿着白色衣服）。这幅图表现的是，欧洲移民酿造的葡萄酒是干净卫生的。我们应该将这幅画与那些描述当地非洲人和有色人种酿制好望角葡萄酒的文章进行对比，因为在那些文章中，好望角葡萄酒常被认为是肮脏的。

目前还不确定这位不知名的艺术家是否曾到访过澳大利亚或亲眼见证过葡萄酒酿造过程，但这一理想化的场景展示了澳大利亚葡萄酒爱好者试图在英国推广的"家庭和谐和文明生活"的理念。事实上，猎人谷的主要葡萄酒生产商温德姆家族在 19 世纪 70 年代就曾宣传他们的葡萄酒是"优质纯粹的澳大利亚葡萄酒"，适合家庭饮用。[50] 行业塑造的这种健康形象与政府将葡萄酒作为文明饮料的宣传在方向上是一致的。

此外，葡萄酒本身也被定居者酿酒师奉为忠于祖国和帝国骄傲的象征。因进贡伊纯加霍克酒而出名的达菲尔德先生写到，他献给维多利亚女王的葡萄酒"实际上是我们葡萄园的第一批果实，是为了向女王表达敬意和感激"。[51] 把酿酒作为一种文明而健康的追求，不仅是殖民地的自我肯定，也是为了在英国宣传殖民地的正面形象。例如，兰登的一篇文章曾被多家英国报纸联合刊登。《格拉斯哥先驱报》（Glasgow Herald）刊登了一段摘录，强调"这件事是如此令人宽慰，正在收获的劳动者更喜欢殖民地自制的葡萄酒，而不是任何其他饮料"。澳大利亚葡萄酒的另一位支持者詹姆斯·法伦（James Fallon）在澳大利亚和伦敦发表了他的评论，我们将在下一章中来讨论。[52] 法伦并不是唯一一个面向英国读者介绍澳大利亚葡萄酒的人，与他同时代的瑞士人休伯特·德·卡斯特拉更加出名。他写了一本颂扬澳大利亚葡萄酒的书，献给了威尔士亲王，书的名字叫作《约翰·布尔的葡萄园》（John Bull's Vineyard）。麦金泰尔认为，这种书属于"促进文学"，意在吸引新移民加入葡萄酒行业。这种作品数量众多，反映的并不是人们对这个话题真实的兴趣水平，而是旨在创造兴趣，并以此塑造出作者所期望的殖民地形象，即一个繁荣、和平和文明的社会。[53] 她认为詹姆斯·法伦的作品显然也是所谓"关于定居者的美丽谎言"之一。[54]

这种对酿酒的浪漫描述有多少真实性呢？当然，家庭成员肯定会一起采收葡萄，但这应该是因为劳动力数量的限制。这在经济上是必需的，尤其是在相对偏远的地区。但在 19 世纪的南非，那些工资过低的黑人和有色人种劳工肯定不会认为这是真的。雇主和工人之间的种族和民族分歧很常见，这是白人雇主对劳工毫不尊重的原因。此外，在南非废除奴隶制后，引起更大争议的是好望角创建了"dop"或"tot"支付体系。在这种制度下，酿酒工人的全部或部分工资都是以酒的形式支付的。dop 制度不应与 21 世纪一种仍很普遍的习俗相混淆。后者是酿酒师为庆祝收获季的结束，为他们的田间工人举办的狂欢派对（例如，在勃艮第被称为 la Paulée）。dop 制度的真正目的将工人与地产捆绑在一起，因为这种制度限制了他们的现金购买力，从而限制了他们自由行动的能力。事实上，酿酒师认为他们需要 dop 系统来招聘和留住工人 [55]。这一体系还在黑人和有色人种社区，尤其是男性群体中引发了酗酒危机。与新西兰和澳大利亚一样，定居者努力在原住民中扩大酒类商品的市场，同时谴责原住民容易酗酒。许多定居者和殖民地总督认为，解决办法是控制原住民的生活，拯救或"保护"他们免受本来是由定居者带来的社会问题的影响。酗酒问题是真实存在的，但欧洲人对社会的控制也是真实存在的。

伊纯加霍克酒，通过这个奇怪的名字，揭示了许多关于 19 世纪早期葡萄酒产业的故事。它将世界上最大帝国的君主和她的德国丈夫，通过木桶、瓶子、手推车和船只，与南澳大利亚州殖民地的一个小小农民联系了起来。这位定居者能够追逐希望和梦想，是因为他拥有当地的报业企业做支撑。报纸本身就是定居者社会的体现自我意识的文明机制，毕竟，如果没有活跃的报业，算什么现代社会呢？事实上，我们掌握的 19 世纪早期关于好望角和澳大利亚葡萄酒的信息，大多来自报纸。这些报纸创造并反映了各自社区的理念，并与帝国密集的通信网络交织在一起。在字里行间，通过沙里淘金，我们也可以看到在葡萄园里做奴隶的土著工人的故事，或者他们的生计被蓬勃发展的定居者社区所破坏的故事。早期殖民地葡萄酒的"泥土味"中，隐藏着人类不同的悲欢。

第八章

你有殖民地葡萄酒吗：澳大利亚生产者与英国关税政策

1854 年，约克郡的一名议员呼吁，"目前对外国和殖民地葡萄酒征收的高额关税，有悖于自由贸易的原则，有悖于社会和人民道德的进步，有损于（国家）收入"。[1] 有人可能会说，这不太像英国议员的言论。但值得注意的是，这位议员的选区内既没有海岸线，也没有港口，与葡萄酒贸易毫无关系，所以他这样说是没有什么实际意义的。

对现代读者来说，关税似乎与道德提升毫无关系。但在 19 世纪 60 年代，英国政府正是因此采纳了新的标准，从而对殖民地生产者产生了深远影响。19 世纪 20 年代至 30 年代，关于葡萄酒关税的辩论主要集中在好望角对英国皇室的忠诚是不是通过降低关税来激励（或拯救）好望角酿酒业的合理理由。19 世纪 60 年代的英国葡萄酒关税问题，让这种讨论更进一步。由此产生的立法结果，使得几个话题令人惊讶地交织在了一起，并且被放大，包括海外葡萄酒运输的物流问题、英国流行的葡萄酒风格、公共卫生和道德，以及食品安全和标签等。英国贸易的资产负债表也变得更加详细、项目更多，公共领域也由此变得更加复杂。英国社会（以及殖民地定居者社会）对葡萄酒的一些讨论实际上反映了对城市化和贫困的不安。联合王国在过去一百年经历了前所未有的人口增长，并变成一个城市居民所需的主要商品都要在市场上购买的国家。希望改善英国社会结构的立法者和社会评论人士以食品作为工具，目的是对越来越多、越来越难以管理的国人加以塑造。

好望角可能是世界上第一个专门为出口市场而创建的葡萄酒产区。到 19 世纪 50 年代末，对于英属南非生产的葡萄酒的质量和数量，人们已经烦恼和抱怨了 40 年。但事后看来，尽管 19 世纪 20 年代至 30 年代的关税更低，但 50 年代才是第一个商业黄金期。正是在这个时期，好望角葡萄酒在英国站稳了脚跟，并受到欢迎。1856 年，英国进口的葡萄酒近一半来自葡萄牙，但排在第二的就是好望角。19 世纪 50 年代，英国进口的葡萄酒中有 13% 来自好望角，比来自法国的葡萄酒占比略高。[2] 此外，进口到英国的好望角葡萄酒往往会在英国国内被消费掉，而更好的欧洲大陆葡萄酒会有一部分被转口。[3] 大多数人认为好望角葡萄酒的质量不如法国葡萄酒，因此人们购买好望角葡萄酒是为了当下享用，而不是为了获利或乐趣而储存起来待其陈化。因此，在 19 世纪中期，英国人喝掉的好望角葡萄酒可能比喝掉的法国葡萄酒要多得多。19 世纪 50 年代末，密切关注葡萄酒贸易的观察家甚至表示，由于英国市场上好望角葡萄酒供应过剩，葡萄酒价格可能会下降。[4]

由于 19 世纪 60 年代英国关税政策的重大变化，这一黄金时代结束了。这一次关税调整同样不仅仅与价格有关。在这种情况下，它们反映了人们深信葡萄酒在英国和殖民社会中发挥着重要的社会功能和教化作用，也让人们得以一窥公共卫生这一新兴领域。"土味"的殖民地葡萄酒受到了审查：尽管医疗专业人士和立法者可能并不认为它们含有真正的泥土，但他们也不认为殖民地葡萄酒的卫生状况毫无问题。

殖民地葡萄酒

19 世纪中期，英国人开始普遍使用"殖民地葡萄酒"这个词。正如我们所见，好望角葡萄酒在 18 世纪和 19 世纪早期在英国很受欢迎。渐渐地，尤其是在 1850 年以后，澳大利亚的葡萄酒也开始出口到英国。大体上是一些打着著名的欧洲风格旗号的相当粗糙的葡萄酒，目标客户是英国中产阶级或工人阶级。在 1800—1860 年，可能确实有一些好望角和澳大利亚的优质葡萄酒进入了英国市场，但总的来说，这两个殖民地的葡萄酒的卖点并不是质量，而是价格、新奇性以及葡萄酒对工人阶级的良好影响。

虽然大多数出口的葡萄酒没有达到康斯坦提亚葡萄酒的品质，不过在 19 世纪中期，康斯坦提亚葡萄酒仍继续作为一种受到认可的有价值的商品，得到英国富人家庭的青睐。1850 年，在伦敦的老贝利法庭上，一名仆人被指控从她的雇主那里偷盗了这种殖民地葡萄酒，以及一些来自殖民地的日用品和调味品，包括"20 瓶干红葡萄酒、一些康斯坦提亚葡萄酒、一张床单、5 块桌布、18 个玻璃杯、24 个酒杯、6 瓶酸辣酱、6 瓶辣椒、6 瓶咖喱粉"。[5] 19 世纪 20 年代，澳大利亚尚未开始出口葡萄酒，"殖民地葡萄酒"这个词就已经开始被使用了（因此，当时它指的是好望角葡萄酒），而在 19 世纪 40 年代，它肯定已经成为英国的流行词语。1827 年，伦敦一家报纸的航运新闻专栏最早提到了从澳大利亚进口的葡萄酒，其中提到了"亨特利侯爵号……来自新南威尔士州……船上载着雪松、蓝树胶属植物、树钉、新西兰圆木、辐条、油、羊毛、盐渍兽皮，还有三桶半殖民地葡萄酒"。[6] 在 1831 年的关税辩论中，国会和新闻界都提到了"殖民地葡萄酒"这个词。[7] 它甚至出现在了犯罪记录中，比如玛丽·安·班福德（Mary Ann Bamford）在一家葡萄酒批发店里使用了一枚假币，这位被骗的商户的雇员向老贝利法院讲述了这件事："班福德要了一品脱威士忌。我告诉她，她不能要这么少的货，我们是批发商。她说：'噢！顺便问一下，你有殖民地葡萄酒吗？'我说'有。'她要了一瓶，我说的价格是 2 先令，她给了我一枚金镑。"金镑是一种面值 1 英镑的硬币，相当于普通的 2 英镑。1 金镑的价值远高于报价。但事实证明，这枚硬币是假的，班福德因此被判入狱 15 个月。[8] 为什么批发商愿意出售一瓶殖民地葡萄酒还不清楚，但殖民地葡萄酒显然是一种惯犯认为不会引起商人怀疑的商品。这显然是一种不怎么好卖的普通物品，在伦敦并不太昂贵。

"好望角葡萄酒"这个词到 19 世纪上半叶的英国仍然在普遍使用，不过通常带着贬义。例如在 1843 年发生的另一个欺诈案件中，它指的是"坏了的好望角葡萄酒，已经变酸了"。[9] 葡萄酒变酸的一个原因是它们受到了细菌的污染，而用半多孔的木桶长途运输的葡萄酒很容易受到感染。一位名叫德鲁伊特的医生在 1865 年出版了一本书，书中对葡萄酒的质量进行了评估，认为好望角所产的波特酒喝起来不错，完全可以作为真正的（葡萄牙）波特酒的替代品，而好望角葡萄酒如果在好望角当地饮用可能也是令人满意的。他哀叹它们经常被偷偷地加度。他还讲了他的朋友去好望角旅游时的一件轶事，朋友说："尝起来酒味清淡、干爽、美味、纯净，没有用白兰地调制。于是订了一大桶。到家时，他才发现自己必须支付 2 先令 6 便士的关税，表明它作为酒已经失去纯洁。而它现在是一种又热又烈又令人兴奋的南非葡萄酒了，在饮用之前应该在木桶和瓶子里进行长时间的苦修。"[10] 这种酒不仅不适合饮用，而且在道德上是可疑的，是闷热气候的产物。

尽管德鲁伊的评论充满了禁酒运动的道德意味，但在评估这一时期殖民地葡萄酒的质量时，他强调了一个与方法论有关的现实问题。在南非酿酒然后出口到英国是非常困难的。即使是 19 世纪最好的生产商和进口商也无法保证能始终供应质量稳定的葡萄酒。像所有的农产品一样，葡萄容易受到恶劣天气和病虫害的影响。葡萄酒在航运过程中更容易受损，特别是在能调节温度和湿度的货舱出现之前。距离越远，在船上停留的时间就越长，葡萄酒面临的风险也就越大。公平地说，对维多利亚时代英国殖民地上的酿酒师来说，葡萄酒离开葡萄园时可能还是不错的，是进口的过程、高温、细菌——也许还有进口商——破坏了它们。

澳大利亚自己的媒体也对该行业早期产品的糟糕质量大加嘲笑。《墨尔本潘趣》(Melbourne Punch) 杂志邀请读者回答 "未来的人会喝葡萄酒吗？" 得到的回答包括："我会给他提供殖民地葡萄酒。命里如此。"[11] 19 世纪的英国葡萄酒作家托马斯·肖（Tomas Shaw）如果看到，一定会同意这种说法。他对来自澳大利亚的任何好消息都不以为然。他在 1863 年指出，那些赞扬澳大利亚工业增长的人并不知道他们在写什么："尽管有人一直在鼓吹，葡萄酒行业的增长正在加速，酿酒可能会成为一项有利可图的投资，但事实显示这种美梦不可能成真。"[12] 图迪休姆博士（Dr.

Thudichum）是一位葡萄酒作家，我们稍后还会再次提到他。他在 1873 年直言不讳地对澳大利亚葡萄酒进行了评价。J.G. 弗朗西斯（J. G. Francis）是一位维多利亚的酿酒师。这位可怜的酿酒师于 1869 年酿造的年份酒被图迪切姆（Thudichum）博士形容为"过于厚重，无法下咽"。他继续无情地说："（酒呈）肮脏的棕红色，边缘泛着荧光。有些方面非常糟糕，糟透了！没有勃艮第葡萄酒的特点，酒味稀薄，非常苦涩。非常差的酒，相当于里斯本每桶售价 4 英镑的酒。"[13] 殖民地葡萄酒的批评者认为殖民地葡萄酒是一种肮脏的、有泥土味的葡萄酒。另外，在维多利亚时代的英国，两个与殖民地葡萄酒生产相关的问题成了重大的公共卫生辩题，即掺假和加度。加度葡萄酒是一种通过添加烈酒来增强口感、有利保存和形成风格的葡萄酒。一直以来，加度葡萄酒在英国都很受欢迎。最受欢迎的是波特酒和雪利酒，分别产自葡萄牙和西班牙。用作添加剂的酒通常是白兰地，而白兰地本身也是由葡萄酒制成的。在佐餐酒产量太大的年份，将其蒸馏为白兰地是一种流行而经济的处理方式。反过来，将白兰地添加到佐餐酒中可能是一种挽救质量一般的葡萄酒的方法。葡萄酒质量不佳，往往是葡萄没有充分成熟的结果，因为如果葡萄没有充分成熟，它们就没有足够的糖分来转化为酒精，导致成品酒精度过低。加入白兰地会使清淡的葡萄酒变得口感醇厚。有时候，可以通过加入适量的白兰地来将酒精含量提高几度，从而制造出雪利或波特酒；也可以控制加入白兰地的量，将其酒精含量保持在佐餐酒规定的区间内（这个酒精含量区间是英国和其他许多国家海关关税的基础：加度葡萄酒的税率通常更高）。

加度葡萄酒在英属殖民地流行起来的主要原因是这种葡萄酒的酒精含量较高，起到了防腐剂的作用。人们认为，酒精含量高的葡萄酒更经得住长途海洋航行，更不容易变质和发酸。在廉价葡萄酒市场，酒精含量也很受重视。即使葡萄酒的味道不算上佳，但对寻求一种相对精致的醉酒途径的消费者来说，它仍然是可以接受的。蒸馏方法在英属新大陆流行起来的另一个原因是，酿酒师在不断的尝试和努力中，将其作为提升产品品质的一种方式。我们已经看到，好望角从 17 世纪开始通过蒸馏技术生产白兰地，用以挽救质量较差的葡萄酒产品，并生产出一些能卖出去的东西。此外，将蒸馏产生的烈酒重新添加到低度葡萄酒中，可以避免损失某个年份的全部产品并帮助酿酒师保住一些收入。

葡萄酒加度问题在 19 世纪的英国引起了争议。因为食品标签几乎没有法律依据，这意味着不法商贩可以在食品、饮料和药品中掺入其他成分，欺骗消费者，甚至危害健康。他们也可以声称自己的产品对健康有益，但不提供任何可验证的科学证据。至于葡萄酒，即使生产商真的在其中添加了什么，消费者也几乎不可能知道它们是否经过了加度处理。用白兰地来为葡萄酒加度算是一种欺骗，但可能并没有什么害处，但用别的东西来提高酒的口感则可能是危险的。因此，酒精含量相对较高的殖民地葡萄酒会受到怀疑。殖民地的生产商显然有在葡萄酒中额外添加酒精的动机，以增强经过漫长旅途后的葡萄酒的口感，那么他们还会添加其他东西吗？相隔如此遥远的距离，英国消费者如何才能信任他们，甚至和他们对质呢？

我们很难弄清澳大利亚和好望角在 19 世纪出口到英国的葡萄酒中加度现象有多普遍。大多数关于加度问题的资料语气都很夸张，并且当时的酿酒过程也没有实现对每个阶段的全面控制。在 20 世纪 30 年代英国政府撰写的一份有关殖民地葡萄酒行业的详尽报告中，作者回顾道，南非葡萄酒在 19 世纪 30 年代之后的衰落"在很大程度上是由于贸易建立在价格而非质量上。事实上，从好望角进口的大部分葡萄酒都被用来与英国酿造的葡萄酒混合，充作廉价的波特酒和雪利酒出售"。[14] 我们不知道这份报告的依据是什么，但英国财政大臣在 19 世纪 30 年代为关税上涨作辩护时，引用了这份报告（本质上说，开普敦葡萄酒是欺诈的一方）。英国医疗机构的一些成员还就掺假的好望角葡萄酒发出了风险警告，特别指出在用于医疗目的时要更加小心。[15] 在澳大利亚，维多利亚州殖民地于 1868 年曾设立了一种特殊的许可证，用于"制造用于为殖民地葡萄酒加度的高度酒蒸馏器"。[16]

总的来说，在 19 世纪，葡萄酒的"真伪"并不是最重要的，因为酒商经常对葡萄酒进行混合和调和，以改进它们的味道。并且，散装形式的葡萄酒贸易使人们很难核实葡萄酒的确切成分。然而，英国坊间普遍担心酒商会用什么来改善他们采购的葡萄酒的质量，也担心这些添加剂是否安全。在维多利亚时代的英国，掺假成了一个备受争议的公共健康问题。这与英国日益增长的城市化直接相关，人们自己生产的食物越少，他们就越依赖商家提供充足而健康的产品。

在 19 世纪的英国，针对殖民地葡萄酒的欺诈指控屡见不鲜，其中一些是证据确凿的。不过，这并不足以阻止殖民地葡萄酒在部分人群中流行起来。这部分人群是一些渴望喝葡萄酒，但又没有太多预算的中等消费者。当然，殖民地的酿酒师一旦将葡萄酒销往海外，对葡萄酒状态的控制力就非常有限了。酒商和酒类零售商会对他们收到的葡萄酒进行混合、调制和"改良"。维多利亚时代晚期，许多人嘲讽"酒商同时也是化学家（他们做的是同样的买卖）"。[17] 约翰·戴维斯（John Davies）于 1805 年在英国出版的《窖藏葡萄酒指南》（*Guide to Cell*）解释说，法国波尔多红酒必须保存在温度适中的酒窖中，人们必须"每隔两到三周用一两品脱最好的法国白兰地掺入其中"，这样可以调和味道，葡萄酒就不会变得辛辣，更确切地说，应该是"每次加一点点与葡萄酒融合，让它变得醇厚"。[18] 该指南还建议在红酒和波特酒中加入胭脂虫或黑刺李来提色，在雪利酒中加入蜂蜜来恢复甜味，在白葡萄酒中加入牛奶来改善平淡的口感。戴维斯还提供了"提纯"葡萄酒的教程。提纯是去除葡萄酒涩味的过程，通常是在葡萄酒中添加可以通过物理作用与过量的蛋白质或单宁结合的物质，然后被过滤掉。根据不同情况，戴维斯推荐了鸡蛋、牛奶和沙子。在这三者中，鸡蛋和牛奶蛋白至今仍被广泛使用。他还建议用布过滤葡萄酒，以去除令人不快的沉淀物。戴维斯的一些方法是完全合理和合法的，而其他的显然是在欺骗消费者。最宽容的诠释是，酒馆老板和管家在他帮助下避免了将变质的葡萄酒白白浪费掉。他的书在 19 世纪再版了 16 次，所以，无论读者的意图纯粹与否，他的建议都是众所周知的。

低度葡萄酒

对健康、道德和公共财政的关注在 1860 年集中起来，于是这一年成为葡萄酒历史上的转折点。1860 年，英国与法国签订了一项新条约，财政大臣威廉·格莱斯顿（William Gladstone）随后制定了一项新的国家预算，降低并统一了对葡萄酒的关税，这让法国生产商感到非常高兴。作为维多利亚时代最霸道的财政大臣，格莱斯顿在超过 50 年的时间里一直是一股政治力量。在 19 世纪下半叶，通过 4 次成功的选举，他领导自由党转变为一个拥有独特意识形态的现代政治机器。他的声誉部分来自他强大的演讲能力，更多来自他在担任财政大臣（英国政府中第二重要的职位，也是主要的财政角色，他两次担任这个职位，一次是在担任首相时兼任）时提交的细致而雄心勃勃的预算。格莱斯顿的主要承诺是紧缩和改革，即削减过度开支并通过立法塑造和改善英国社会。葡萄酒在这次任务中扮演着特殊的角色。正如詹姆斯·辛普森（James Simpson）所展示的那样，格莱斯顿在 19 世纪 60 年代初通过立法削减葡萄酒关税并设立售酒执照，目的是要掀起一场"葡萄酒革命"，将安全、纯净的葡萄酒介绍给更广泛的消费者，使其褪去奢侈品的身份，并将饮用葡萄酒作为一种社会工程加以推介。[19]

在整个英语世界，围绕着葡萄酒消费，关税变化引发了关于道德和文明的争论。在英国国内，关税变化引发的争论主要围绕着葡萄酒贸易的成本和阶级两个维度。新的关税制度被认为是一个"为开放葡萄酒贸易而提出的冒险而富有想象力的计划"，[20] 在非起泡佐餐酒（或低度葡萄酒）与含有更多酒精的加度葡萄酒之间做了区分。根据新的关税制度，酒精度高的葡萄酒的税率要高于酒精度低的葡萄酒。到 1860 年 2 月之前，葡萄酒关税征收分为两个类别：在"英国所属土地"上酿造的葡萄酒每加仑征收 2 先令 10 便士的关税，而所有从其他地方进口的葡萄酒每加仑征收 5 先令 9 便士的关税。到 1861 年，新的关税制度变成了按照酒精度而不是产地收税。酒精度在 26 度之下（酒精体积百分比约为 14.8%）的非起泡葡萄酒的税率约为每加仑 1 先令 9 便士，酒精度超过 26 度的葡萄酒被认定为是人工加度的，税率增加到每加仑 2 先令 5 便士。自此，向英国殖民地倾斜的关税政策成为过去。[21]

为了更好地理解关税变化的影响，罗伯特·德鲁伊在 1865 年以零售价约为 2 先令的 750 毫升装的法国瓶装葡萄酒为例，进行了分析。这样一瓶酒，高关税和低关税造成的成本差异只有 1.5 便士左右，约为零售价格的 6%。如果这个成本被转嫁到消费者身上，6% 的成本差异对消费者来说是微不足道的。更大的问题是，30 年前好望角葡萄酒生产商就曾抱怨过，欧洲葡萄酒的价格比从前便宜了很多。德鲁伊特在 1865 年写道："同等质量的普通波尔多葡萄酒的价格可能是 1851 年的 3/5。"[22] 对殖民地葡萄酒生产商来说，真正的问题在于，他们的葡萄酒在质量或生产成本方面无法与波尔多葡萄酒（即便是普通的波尔多葡萄酒）竞争。只有比法国葡萄酒更便宜，殖民地葡萄酒才能拥有真正的市场优势，但现在它们的价格并不便宜。加上相对较高的运输成本（与距离英国更近的欧洲生产商相比）和难以扭转的消费者对殖民地葡萄酒质量较差的成见，一些商人目睹自己的生意发生了彻底变化。英国酒商吉尔贝家族是好望角葡萄酒的早期进口商，"起初他们只能看到贸易的毁灭，而他们的生意几乎完全是建立在这种贸易上的"。[23] 他们原本准备派一名员工去好望角处理日益增长的业务量，但现在他们发现自己只能忙着销售法国葡萄酒。其结果是"它（新的关税政策）对好望角葡萄酒的受欢迎程度造成了致命打击，使得英国市场对波尔多低度葡萄酒敞开了大门"，因为现在波尔多低度葡萄酒获得了价格竞争力。[24] 在这种情况下，进口商只能恳求他们的澳大利亚供应商要对他们装运上船的葡萄酒的酒精强度格外小心。

伯戈因（Burgoyne）从未暗示他的供应商在葡萄酒中添加了强化成分，但掺假在英国仍然是一个受到热烈讨论的话题。1860 年和 1872 年通过了一系列打击在食品和饮料（包括葡萄酒）中掺假的法案，政府检查员有权对骗子处以巨额罚款。《英国医学杂志》（British Medical Journal）报道了 1872 年《食品药品掺假法》（Adulteration of Food and Drugs Act）的条款，并在同一页上，报道了一名婴儿因服用了致命剂量的掺假咳嗽药后死亡的案例。[25] 几乎没有证据表明，政府的打击行动对葡萄酒掺假问题产生了很大影响；或者说，至少没有证据表明，葡萄酒在公众意识里已经摆脱了掺假的嫌疑。添加剂和酒精含量的话题对澳大利亚生产商来说是一个令人沮丧的问题，因为他们认为这源于欧洲人对气候和园艺学的无知。无论是过去还是现在，澳大利亚葡萄酒通常都比欧洲大陆的葡萄酒酒精含量更高，因为更炎热的气候会导致葡萄的成熟度和含糖量更高。法国北部的葡萄酒通常酒精体积分数（ABV）为 12% 或 12.5%，而澳大利亚红葡萄酒很容易就能达到 14%。在维多利亚时代流行的一种假设是，澳大利亚的烈性葡萄酒一定是经过掺假或加度处理才达到这样的酒精含量。更糟糕的是，消费者认为，澳大利亚葡萄酒本来质量就较差，进行加度处理是为了提高质量或掩盖缺陷，或为了防止在漫长的海洋航行中变质。殖民地葡萄酒的"强度"指的是它们的味道和酒精含量，这也可能是它们能够在中产阶级市场中受到青睐的一个因素，但这也让它们引起了禁酒活动人士和其他社会评论人士的注意，因为它们的强度和相对便宜的价格，他们把将其列为有问题的葡萄酒。

理论上，促进葡萄酒消费的立法本应是殖民地酿酒师的福音，但问题是格莱斯顿的立法提倡的是低度葡萄酒，而许多殖民地葡萄酒由于天然或加度原因过于浓烈了。但是，英国和英国殖民地的禁酒活动家都在担心一个问题，这个问题与我们在 19 世纪早期的关税辩论中看到的一样：殖民地葡萄酒在中产阶级和工人阶级中创造了一个市场。如果不是殖民地葡萄酒扩大了葡萄酒消费群体，并在早期实现了对中产阶级和工人阶级的渗透，那么禁酒运动的结果必然是让更多人选择啤酒和烈酒。

有必要区分一下此次的禁酒运动（节制性禁酒，在一定情况下允许少量饮酒）和一般的禁酒运动（全面性禁酒，谴责所有饮酒行为都是不道德的）。在大多数情况下，在 19 世纪的英国和英国殖民地的统治阶层中，此次禁酒运动的逻辑深入人心。酒是英国文化和经济的重要组成部分，在大多数立法者看来，完全禁酒是不可取的，也是不切实际的。新西兰的禁酒文化可能是最深的（新西兰是殖民地中最后一个扩大其葡萄酒产业规模的，这可能并不是巧合）。新西兰对加强酒类销售监管十分积极，在其执法记录中出现了工人阶级的身影。例如，1847 年，一名惠灵顿工人被指控无证卖酒给女性，并被判处 50 英镑罚款和 4 个月监禁。[26] 很久以后，在 20 世纪初的南非，酒农试图用节制性禁酒的逻辑来对抗全面性禁酒运动的力量，他们把低度酒说成是相对于烈酒而言对社会更负责任的替代品，并努力争取放宽低度酒的销售许可要求。[27]19 世纪 70 年代，在澳大利亚的一家报纸上，一位作家不吝笔墨地描述了墨尔本一家酒吧的常客"主要是工匠和劳工"，有时还有他们的妻子陪伴，这里"没有酗酒，没有脏话，没有争吵"，而这些要归功于"温和的、纯粹的、没有任何添加的"葡萄酒。[28]

在思考葡萄酒为什么会被认为是促进社会进步的工具的同时，重要的是也要记住，酒有长期的药用史，而将葡萄酒用作药物在许多节制性禁酒改革者眼中属于合法用途。酒对健康的好处一直都是英国新闻媒体热议的话题。19 世纪下半叶的主流医疗实践将酒视为帮助医生治疗疾病的工具。[29]一个世纪后，人们才知道酒精是一种抑制剂，但在这之前，它并没有被视作抑制剂，而是被视为一种可以增强体质的兴奋剂。如果疾病使身体虚弱，那么在医生的监督下适量饮酒可以使身体更强健。

1872 年，英国乡村医生 C.R. 布里（C.R. Bree）写信给《泰晤士报》，抗议他的医生同事签署的禁酒声明。他写道："关于酒在治疗疾病方面有着不可估量价值的案例，我可以在你的杂志上写满一页。"他把完全戒酒运动说成是病态的："现在有些人认为酒没有医疗作用，支持他们的人是一批怯懦的人，与那些假装反对《传染病法案》（Contagious Diseases Acts）和假装谴责接种疫苗好处的人是同一批人。现在是一个病态的哗众取宠的阶段，将会被铭刻在 19 世纪的历史上。"[30]对布里医生来说，禁酒运动就像是一股黑暗势力，游说医生们在不考虑任何医学事实或经验的情况下，在其行为准则上签字。

也许确实存在病态感觉主义的影响，但这些辩论也反映了一个国家开始对公共卫生产生兴趣并承担责任的现实，反映了英国的发展。此外，当我们拿到布里博士对 19 世纪反疫苗注射问题的发言时，我们注意到公众对专家科学意见背后的动机存在怀疑。我们已经看到了葡萄酒，尤其是低度酒，在英国殖民地被奉为文明饮料。在维多利亚时代的英国也是如此。在 19 世纪的英国，公众场所酗酒是一个受到广泛争论的公共卫生问题。这一问题在英国日益扩张的工业城市的工人阶级居民中尤为严重。据希波姆·朗特里（Seebohm Rowntree）对 20 世纪初约克市城市生活的开创性的社会学研究发现，即使在一个"相当体面的工人阶层地区"，[31] 五岁的孩子去买酒也是常见现象。朗特里还发现，酒是工人阶级家庭陷入贫困的主要因素之一。[32] 朗特里采用了新的数据收集方法，但他得出了一个已经是老生常谈的结论——酗酒对贫困社区造成了严重的破坏。与此同时，饮酒行为也被公认为英国各个阶层生活传统的一部分。约翰·邓拉普（John Dunlap）作为节制性禁酒改革家，对英国根深蒂固的"饮酒有益健康"的理念或在职场和家庭庆典中祝酒的传统大加批判。[33] 另外一些节制性禁酒的改革者则哀叹在英国社区的中，酒馆和酒吧无处不在。尽管 19 世纪的酒吧通常不欢迎女性和儿童，但他们为男性提供了一种具有多种功能的场所，比如会议场地、餐馆、旅行者的居住地及交换新闻和八卦的地方等。

我们并不相信酗酒现象在工人阶级中比在其他阶层中更普遍，不过，工人醉酒时比私人俱乐部里的贵族男性醉酒时更有破坏性，也更引人注目，因为工人阶级相对更多是在公共空间中饮酒，而酗酒对经济状况不佳的人更容易产生毁灭性的影响。此外，在英国社会中，工人阶级大约占到了总人口的 60% 或 70%，比中产阶级或专业人士阶层多得多。

人们喝什么酒，就像他们在哪里喝、怎么喝一样，取决于阶级（以及社会评论员有权力写些什么）。葡萄酒在英国富人的饮酒习惯中占主导地位，而啤酒和烈酒因为更便宜，所以主要消费群体是穷人和工人阶级。当时一些评论家认为，消费者在生活习惯上是有进取心和好胜心的，所以邓拉普敦促富有的读者不要再为中产阶级客人提供葡萄酒，尽管这是一种特别的款待，但他认为这些客人会因此想要模仿社会上层的生活方式，并在这样做的过程中养成坏习惯。但邓拉普当时主张在英国彻底禁止酒类饮品，并不仅仅是不让中产阶级喝葡萄酒。对许多其他英国思想家来说，他们的逻辑有点不同。他们认为葡萄酒不仅是社会安逸和文雅的象征，而且是实现这一目标的手段。如果你能让喝啤酒的人开始喝葡萄酒，他们的行为就会像喝葡萄酒的人一样。如果普通民众放弃低度朗姆酒，改为饮用低度的葡萄酒，英国贫穷城市中的反社会行为和长期贫困的现象或许可以得到改善。一位澳大利亚葡萄栽培学家声称，"作为禁酒事业中的一个机构，葡萄栽培产业发挥了巨大作用"，他的依据是葡萄酒生产国几乎没有醉酒现象。[34]

格莱斯顿的改革获得成功了吗？英国饮酒者转而选择低度葡萄酒了吗？当然，我们观察到的最直接的结果，是贫困人口或城市暴力事件的数量没有任何下降。关税调整在促进英国葡萄酒消费方面收效甚微。在 19 世纪 70 年代的鼎盛时期，英国的葡萄酒消费量约为每人每年三瓶。与此同时，啤酒的消费峰值为每人每年 33.2 英国加仑，或 265.6 英国品脱。这表明，许多成年男性每天都要喝掉几品脱啤酒。葡萄酒消费量虽然有所上升，但它并没有在一夜之间取代啤酒。为什么葡萄酒消费量如此之低？根据雷德利（Ridley）在《酒与烈酒贸易期刊》（*A Periodical of the Wine and Spirit Trade*）上发表的文章，这可能只是因为"四分之三的人口从来没有机会品尝这种美妙的饮品"。[35]

公众的困惑

关于从殖民地进口葡萄酒的问题，格莱斯顿的改革在短期内没有取得成功。在贸易方面，英国南非葡萄酒的进口量从 1857 年的 78.8 万加仑暴跌至 1861 年的 12.7 万加仑。南非的酿酒师直接向维多利亚女王写了一份请愿书，要求采取直接刺激措施来拯救他们，使他们免受"与法国的贸易条约必然会对请愿者和葡萄酒贸易造成的破坏性影响"。[36] 与此相反，法国葡萄酒进口量从 1857 年的 79.7 万加仑增加到 1861 年的 218.7 万加仑。人们很容易认为法国一直比好望角拥有天然优势，法国的葡萄酒也一直更受欢迎，但对一个 1861 年的葡萄酒进口商来说，情况完全不是这样。法国葡萄酒在 19 世纪 60 年代的成功是以牺牲好望角的利益为直接代价的。实际上，南非葡萄酒在英国更受欢迎，而且受欢迎的历史也比人们所认为的要悠久得多。这个例子说明了为什么葡萄酒历史学家应该对只描述进步一面的"辉格党主义历史观"心存警惕。虽然格莱斯顿领导的是一个进步政党，但他的改革却被殖民地酿酒师视为沉重一击。

与好望角相比，澳大利亚葡萄酒出口到英国的葡萄酒数量要少得多，但在 19 世纪 50 年代后期一直呈上升趋势。但从 1860 年到 1861 年，澳大利亚对英国的葡萄酒出口量也减少了一半。[37] 但澳大利亚葡萄酒生产商的数量在增长，产量和出口也在逐年增加。到 19 世纪 90 年代，澳大利亚每年生产约 600 万英制加仑的葡萄酒，出口约 70 万加仑。虽然与欧洲生产商相比这是一个小数目，但这无疑能证明这个行业在快速发展。[38] 澳大利亚也向新西兰出口葡萄酒。新西兰有自己的关税制度，不过在 1878 年降低了关税，给了澳大利亚葡萄酒优惠条件。[39]

关于关税、帝国自豪感和掺假的争论持续了 20 多年。澳大利亚人强烈反对这种争论。一位业余从事葡萄酒文学创作的先锋生物化学家约翰·L.W. 图迪休姆博士，在 1872 年总结道，"在葡萄酒的酒精度方面，澳大利亚生产商有一种迷惑公众的倾向"，这实际上是在指责澳大利亚葡萄酒的酒精含量很高，因为它们被秘密地加度了。[40] 图迪休姆的声明激怒了澳大利亚的酿酒师，这也导致了他与爱尔兰出生的澳大利亚酿酒师詹姆斯·法伦的公开辩论。法伦来到英国为澳大利亚葡萄酒辩护，反对此类指控。

作为一个殖民地葡萄酒行业的英雄，法伦并不具有代表性。因为他出生在爱尔兰，因为一项为澳大利亚吸引劳动力的补贴移民计划，18 岁的他才在 1841 年移民来到澳大利亚。这些"赏金移民"大多出身普通，而法伦的出生地是爱尔兰中部的阿斯隆，他以前肯定没有种植葡萄的经验。[41] 他在新的土地上取得了成功。他经营了一家农场和一家杂货店，甚至当上了新南威尔士州与维多利亚州的西部边界上的阿尔伯里新城的市长。他还购买了一个名为默里谷的葡萄园，并开始积极提高葡萄酒的质量和产量。[42] 几乎可以肯定，他直接参与了酿酒的各个阶段。到 19 世纪 70 年代初，法伦已经可以生产 10 个不同品种的葡萄酒，年产量达到 20 万加仑。其中有些以葡萄的名字出售（如雷司令、设拉子），有些以酒的风格命名出售（如勃艮第），瓶装和桶装的都有。据报道，在 19 世纪 70 年代早期，他的酒窖中藏有 15 万加仑的葡萄酒，而当时整个澳大利亚殖民地的葡萄酒年产量只有约为 200 万加仑，新南威尔士州的年产量约为 40 万加仑。[43] 他自称"世界上拥有一流澳大利亚葡萄酒最多的人"，并声称他的葡萄酒"在健康和纯度方面优于所有进口葡萄酒"。[44]

法伦对格莱斯顿关税政策的反对分为几个层次：他坚持他的葡萄酒"强度高"是由于自然的原因，不是因为掺假或加度；他认为以 26 度为界是武断的，没有考虑到澳大利亚的气候条件；他恳求英国消费者品尝殖民地葡萄酒来支持英国人自己的殖民地。为解决这些问题，法伦于 1873 年前往伦敦，为英国皇家艺术学会（Royal Society for Arts）做了一场讲座，受到广泛报道。根据与其同时代的葡萄酒作家查尔斯·托维（Charles Tovey）的说法，这次讲座是澳大利亚葡萄酒产业发展的分水岭。[45] 法伦说自己不是"出于任何自私的动机"，而是希望"有利于澳大利亚的葡萄种植者；通过这样做，让母国注意到这个日益增长的殖民地产业的重要性，"并以谦逊的方式，陈述了澳大利亚葡萄酒在英国的历史，推介它们鲜为人知、没有得到认可的优点和品质。[46] 事实上，他说他访问伦敦的最初目的并不是代表这个行业游说，或者用当时的话说是为了"做陈述"，而是像他的那些享有特权的同行在他之前所做的那样，对欧洲的葡萄园进行一次长途参观。当捍卫澳大利亚葡萄酒的机会出现时，他只是碰巧在欧洲。我们很难确定这种说法的真假，但他自封为行业代表，热情地阐述了自己的观点。图迪休姆的评论可能直接激发了这次演讲，法伦以此作为一种回应。在法伦演讲后的激烈辩论中，图迪休姆毫不留情地表示：他坚持认为法伦对酒精含量高的辩护违反了自然规律。他声称："如果在澳大利亚有哪种葡萄通过自然发酵过程生产出的葡萄酒有 29% 的酒精度，那么应该由科学专员进行调查并进行彻底的验证，因为这将颠覆迄今为止在世界各地观察到的所有科学事实。"[47] 也有其他人站出来为法伦辩护。戴维·兰德尔（David Randall）介绍自己是一名了解澳大利亚的酿酒师，他解释说："日照强度经常很大，以至于果子都会被烤干。"他还支持调整关税政策，因为"大自然给了澳大利亚比欧洲更多的阳光，澳大利亚就要被财政法规置于不利地位，这也太过严苛了"。[48]

并且法伦认为，考虑到澳大利亚为英国所做的贡献，当下的关税政策也是颇为严苛的。他认为，澳大利亚葡萄种植业发展是一个值得庆祝的经济和社会现实。法伦并不是简单地在为不加度的天然澳大利亚葡萄酒做辩护。他还辩称，澳大利亚葡萄酒对社会是有益的，并且考虑到澳大利亚殖民地对大英帝国的贡献，尤其对英国国库的贡献，英国人有购买澳大利亚葡萄酒的道德责任。尽管排在英属印度之后，但澳大利亚也是帝国经济的主要贡献者。尽管人口较少，但其与母国的贸易量比所有北美殖民地的总和还要多。[49] 他宣称，支持澳大利亚葡萄酒行业是一项责任，也是一种爱国的行为。他的结论冗长而雄辩：澳大利亚殖民地的居民要么曾是这个国家的居民，要么是他们的后代，对英国有着纯粹的感情。为了引入女王臣民中的剩余劳动力，几个澳大利亚殖民地每年都花费重金。我们是米德尔塞克斯郡、萨里郡或肯特郡的居民，完全是英国人。应该考虑到这些因素，尽全力去鼓励这一新的重要产业的发展。如果真能如此，殖民地的居民对祖国的情感和向往将更加强烈……将更乐意购买母国制造的商品，从而对英国制造业形成支持和鼓励。[50]

第一批酿酒葡萄在澳大利亚种植近一个世纪后，法伦仍在宣扬帝国主义的经济思想，认为澳大利亚是英国制成品的农业供应商和市场。这种带有道德力量的论点，似乎并没有影响到太多英国消费者。但在这一阶段，葡萄酒产业的发展支撑和鼓励了澳大利亚国内许多制造业的发展，促进了澳大利亚经济的多元化。

第九章

种植与修剪：殖民地葡萄园的管理

南澳大利亚州的气候在变热。在距离海岸约 50 千米的巴罗萨山谷，夏季温度会长时间保持在 90 华氏度（30 摄氏度），干旱即将来临。酿酒厂和酒窖是用当地采石场的石头建造的，它们的冷墙可以隔绝外界的炎热。这里是一片丘陵，从山顶上俯瞰，夏末的田野是一片金色和绿色。金色的是晒过的草，绿色的是青翠的葡萄藤。乔治·萨瑟兰（George Sutherland）在 1892 年写到，尽管气候干燥炎热，"但南澳大利亚州的农户很少浇灌葡萄"。[1] 昂贵的灌溉成本，导致了葡萄质量较差。在这片后来成为澳大利亚最大的葡萄酒产区的地方，人们任由葡萄在干燥缺水的情况下生长。

19 世纪下半叶，澳大利亚葡萄酒产业发展迅速。好望角的葡萄种植业主要集中在开普敦周边地区，而澳大利亚的葡萄种植范围在 19 世纪中期早已不再局限在新南威尔士州，先是扩展到了维多利亚州、南澳大利亚州，然后延伸到了塔斯马尼亚州和西澳大利亚州。1871 年的一份英国议会报告指出，尽管种植了一些葡萄，"昆士兰葡萄酒被视为主要产品的时代还没有到来"[2]（我们还在等待。昆士兰是亚热带气候，很少有葡萄种植）。[3] 在 1901 年澳大利亚成为联邦之前，这些地方都是独立的殖民地，从东到西横跨近 1000 英里。它们也不是自由贸易区，甚至对彼此的葡萄酒征收关税。19 世纪 80 年代，维多利亚州与英国的贸易几乎占其总贸易额的"一半"；与其邻近殖民地的贸易约占其总贸易额的三分之一，其中以新南威尔士州为主。[4]

在澳大利亚葡萄酒的发源地新南威尔士州，葡萄种植面积在 19 世纪 60 年代稳步增长。从 1862 年的 1130 英亩增加到 1872 年的 4152 英亩，到 1888 年又增加到 6745 英亩。与此同时，葡萄酒的产量也从 1862 年的 85 000 加仑提高到 1888 年的 667 000 加仑。不过，以现代的标准来看，这些数字并不算什么。相比之下，新南威尔士州在 1888 年种植了 2 万英亩的燕麦和 17.7 万英亩的玉米。[5] 这一年，新南威尔士州的人口接近 70 万，其中三分之二是农村人口，大部分从事农业生产。[6] 在向英国议会提交的有关殖民地产品的年度报告中，葡萄酒不再被列为新南威尔士州的主要产品，这并不是因为葡萄酒产量变少了，而是因为随着经济的多样化，葡萄酒已经不再是该殖民地的主要出口产品。

事实上，在 19 世纪的最后几十年里，维多利亚州和南澳大利亚州的葡萄酒产量激增，远远超过了新南威尔士州（或者好望角）。1885 年，南澳大利亚州只出口了 7.8 万英制加仑的葡萄酒；但到了 1898 年，它的年出口量已经超过 50 万加仑，其中大部分销往到英国。就产量而言，南澳大利亚州已经成为澳大利亚首屈一指的葡萄酒产区。[7]

尽管澳大利亚生产的葡萄酒的价值和数量远远低于羊毛和小麦这两种主要出口农产品的数量，但这个相对较小的数字背后是很大的产业人口数量。1883 年，政府统计学家对维多利亚州近 3000 家"制造类企业"（加工或制造商品的商业场所）进行了统计，其中有 462 家葡萄酒厂，是当时数量最多的一种。相比之下，该州只有 81 家啤酒厂、14 家蒸馏酒厂和 144 家面粉厂。因为在磨坊工作的人数远远多于在酿酒厂工作的人数，这表明当时有很多小型酿酒坊。[8] 这还表明，并非所有种植酿酒葡萄的人都在自己酿酒，因为在同一时期，维多利亚州至少活跃着 2000 名葡萄种植者。[9]

澳大利亚的葡萄酒产业的成熟与殖民地整体经济发展是同步的，因为酿酒师需要大量的原料和其他用品发展他们的业务。即使是澳大利亚的偏僻葡萄园或南非边境上的葡萄园，也与远方的市场有关联。受益于交通和通信方面的创新，酿酒师得以更快地运输货物和获得客户。

事实上，这在一定程度上解释了新西兰葡萄酒行业发展滞后的原因。随着澳大利亚葡萄种植业的发展和扩大，新西兰人也饶有兴趣地加以跟进。在 19 世纪 90 年代，新西兰酿酒厂（不是葡萄园）雇用的人数增加了一倍多，但只是从 24 人增加到 59 人。[10] 当时新西兰葡萄酒年产量为数万加仑，而澳大利亚的年产量为数百万加仑。因此，当新西兰政府对该行业及其商业前景产生兴趣，并聘请维多利亚州政府葡萄栽培专家罗密欧·布拉加托（Romeo Bragato）担任顾问时，新西兰的葡萄产业实际上仍处于起步阶段。布拉加托在 1895 年游历了新西兰，一年后政府出版了他的报告，并附有详细的种植说明，鼓励农民学习葡萄种植技术，扩大葡萄种植面积。

新西兰发展葡萄种植的巨大潜力给布拉加托留下了深刻印象。他还惊讶地发现，一些农民在温室里（在玻璃下）种植酿酒葡萄，以保护它们不受恶劣天气的影响。他解释道，对葡萄来说，新西兰的天气并不太冷，只需要根据气候选择适当的葡萄品种，并正确地修剪它们，让植株最大限度地暴露在阳光下（现在被称为树冠管理技术）即可。他推荐用于酿造红葡萄酒的设拉子、赤霞珠、品丽珠、多西托、黑皮诺和穆勒勃艮第，用于酿造白葡萄酒的雷司令、白皮诺、托凯和白色埃米塔日。[11] 穆勒勃艮第可能指的是用于酿造香槟的三种葡萄之一的摩尼耶皮诺。"白色埃尔塔日"可能指的是酿造莱茵白葡萄酒所用的珊瑚或马尔萨讷葡萄或者甚至是维欧尼葡萄，布拉加托在克罗地亚的出生地恰好是维欧尼。这些葡萄品种显然是精挑细选出来的，因为它们都能在较冷的气候中茁壮成长。布拉加托还建议，"目前，欧洲对红葡萄酒需求量更大，因此，多种一些红葡萄会更有利可图"。虽然布拉加托是一位葡萄酒专家，[12] 不是进口商，但很明显，他的目标是引导新西兰葡萄酒行业走向出口和赢利。他相信当地市场也会随之发展起来。在他看来，本地需求不是问题，气候变化或农民缺乏兴趣也不会成为葡萄酒行业发展的障碍。他认为酿酒师面对的最大困难是缺乏从农村到城市的铁路——为了将农产品运往市场并吸引定居者，"铁路运输是绝对必要的"，否则，种上了葡萄的优质土地也"比原来好不到哪里去"。[13] 好的土地，是被"文明开垦出来"的土地。

种植

虽然，我们缺少对 18 世纪至 19 世纪早期好望角和澳大利亚的葡萄种植业的全面记录，但 19 世纪中期澳大利亚葡萄园的记录更能说明问题。它们显示，在 19 世纪的澳大利亚，酿酒师在种植葡萄时往往品种混杂，相当冒险。这既反映了巴斯比所代表的实验氛围，也反映了这样一个事实：一种往往会被中间商进行调制的葡萄酒，不需要精确的品种。据一篇 1862 年的报道，南澳大利亚州的沃尔特·达菲尔德在 5 英亩土地上种植了 6 种不同的葡萄。"去年在果园的东端种植了两英亩葡萄，选择的品种是黑色葡萄牙、玛塔罗、设拉子和华帝露。明年还将种植大约三英亩黑色葡萄牙、设拉子和玛塔罗葡萄用来酿红葡萄酒，华帝露和马德拉用来酿白葡萄酒。所有已经长成的葡萄藤都插了桩。"[14]1855 年，新南威尔士州的詹姆斯·金（James King）写信给伦敦的皇家艺术学会（Royal Society of Arts）说，"我仍在试验"，但目前正在种植"戈纳斯、华帝露和牧羊人葡萄，用于酿造白葡萄酒；还有黑皮诺、灰皮诺和兰布鲁斯科，用来酿造红葡萄酒。"[15]牧羊人葡萄是雷司令的一种[16]，"戈纳斯"（Gonais）可能是"古埃"（Gouais）的蹩脚译法，后者是一种如今极其罕见的白色葡萄品种。蓝布鲁斯科，又名蓝布鲁斯卡，是意大利北部用于生产甜红和干红的葡萄品种。金不是唯一种植这些葡萄的人。新南威尔士州达尔伍德葡萄园 1869 年的酒窖记录包括味儿多、设拉子、马尔贝克、皮诺和兰布鲁斯科。这些都是主要的、可识别的葡萄品种，记录表明这些都是作为单一品种在木桶中陈化的。此外，酒窖里还有"勃艮第""埃尔米塔日""马德拉""雪利""澳大利亚红"，以及"淡红"葡萄酒。[17]例如，在法国罗讷河谷地区的埃尔米塔日葡萄酒中，设拉子是主要原料葡萄，所以我们不清楚单独陈化设拉子与埃尔米塔日有何不同。1861 年，亚历山大·凯利（Alexander Kelly）撰写了一本澳大利亚酿酒葡萄种植指南，列出了当时在澳大利亚成功种植的 36 种葡萄品种。[18]也许令人惊讶的是，这些葡萄并不包括霞多丽、赛美蓉和白苏维翁这三种 21 世纪的澳大利亚酿酒业主要使用的葡萄。[19]19 世纪 80 年代，托马斯·哈代在阿德莱德附近种植了苏维翁白葡萄，但每年只生产 800 加仑（甜）苏特恩风格的葡萄酒（相比之下，他每年生产 1 万加仑的红葡萄酒"波尔多"和 1.5 万加仑的"勃艮第"红葡萄酒）。[20]哈代种植的大部分葡萄是玛塔拉（慕合怀特）、卡宾（赤霞珠）、多拉迪洛和设拉子。

当时澳大利亚出产的葡萄酒品种数量惊人。19 世纪下半叶没有一种风格是最突出的。有甜酒和干酒，有以红葡萄酒、罗讷河谷和霍克为风格的葡萄酒，有雪利酒和波特酒，还有各种混合葡萄酒，包括红葡萄和白葡萄相混合，其中有很多现在很稀有的葡萄品种。在同一个庄园里，同样的葡萄品种常常被用来生产不同风格的葡萄酒。让我们看看 1886 年伦敦殖民地展览会上精选的展品："奔富酒庄，位于阿德莱德附近的马吉尔……五箱芳蒂娜葡萄酒；葡萄园的名字叫'庄园'；……颜色：红色；特征：浓郁，甜；年份：1876 年、1881 年、1882 年；用于酿酒的葡萄的名字：芳蒂娜、马德拉和歌海娜……葡萄藤的年龄：25 年……康斯坦提亚型。"[21]奔富庄园是一种主要由设拉子葡萄酿制的干红葡萄酒，现在是澳大利亚最具代表性的葡萄酒。不过，这款酒是在 20 世纪中期发明的。在 19 世纪后期，奔富酒庄的灵感不仅来自罗讷河谷，也来自好望角。在这里，"康斯坦提亚型"指的是一种甜但不加度的葡萄酒。奔富也生产干红葡萄酒，种植设拉子葡萄，将其与解百纳或芳蒂娜等比例混合，制成"勃艮第型"（大概是中等酒体的红葡萄酒。目前还不清楚种植的是哪种芳蒂娜，可能是常见的白葡萄品种，以其来缓和设拉子葡萄强烈的味道，也可能是一种不常见的红葡萄品种）。奔富酒庄也种植雷司令、佩德罗西曼乃斯（pedroximenes）、托考伊和丹魄葡萄（可能是白色丹魄葡萄）。尽管这些葡萄通常与甜酒联系在一起，但奔富酒庄会用它们来生产三种不同风格的白葡萄酒：夏布利型（干型）、霍克型（甜型）和雪利型（干型）。[22]

图迪休姆警告澳大利亚酿酒师，不要以牺牲品质为代价，"在过度的变化中迷失自我"。[23]我们可以假设他们生产特定的葡萄酒是因为他们相信这些葡萄酒有市场。尽管在澳大利亚，一些人已经变得很富有，可以将大量资源投入他们的经营中，但大多数葡萄酒种植者都渴望赢利。生产多种葡萄酒可能是一种对冲消费者需求风险的方法，但这也需要更多的空间和更多的设备来发酵和陈化不同的葡萄酒。这些葡萄栽培试验，需要劳动力、投资和专业知识来支撑。

劳动力

"南澳大利亚州几乎能满足全世界的葡萄酒需求，但除非劳动力变得更便宜，否则我们永远无法让这些产业取得成功。"1889 年，南澳大利亚政治家 E.W. 霍克（E.W. Hawker）在皇家殖民学院（Royal Colonial Institute）向一名英国听众这样解释道。[24] 此前三十年，凯利（Kelly）也曾谈到过一些地区缺乏劳动力的问题。他抱怨说，尽管当时葡萄酒产业正在腾飞，但劳动力短缺导致一些葡萄酒种植户放弃了他们的土地。[25] 在 20 世纪初的新西兰，霍克斯湾的酿酒师曾向政府抱怨，对南非葡萄酒的低关税政策不公平，应该提高关税来保护国内的葡萄种植业。新西兰的酿酒师无法与之竞争，因为"南非的葡萄酒是廉价有色人种劳动力制造的"。[26] 全世界的工人当然不可能是团结一心的。

在 19 世纪的澳大利亚和新西兰，雇主通常很难招聘到工人，所以酿酒工人的待遇可能比在好望角好得多。在 17 世纪和 18 世纪，好望角的酒农为了解决劳动力短缺的问题，从印度洋对岸输入了大量奴隶。奴隶制在 19 世纪结束，但好望角的工业和其他领域普遍存在劳动力短缺问题。殖民地管理者经常从在其他殖民地认为行之有效的例子中汲取灵感，19 世纪中期的殖民地管理者詹姆斯·斯特林爵士（Sir James Stirling）就受到启发，认为澳大利亚的农业种植园可以"通过从印度斯坦或邻近的马来群岛上获取自由劳动力的方式"来维持生产。[27] 虽然理论上这些劳工是自由的，但毫无疑问，他们的工资比欧洲白人低。

19 世纪 90 年代，政府对劳动待遇的一项调查发现：在英国，非技术工人每天可以挣20先令（1英镑）左右，但在好望角（白人）工人每天可以挣65先令左右。不过，开普敦的房租费用也是英国的三倍。许多雇主和管理人员希望从英国吸引更多移民，但考虑英国到好望角的距离和好望角的生活成本，一些人担心好望角“对乡村劳工（移民）没有什么吸引力，而会更加吸引那些急于摆脱自身阶层的人”。[28] 这可能指的是贫困的城市工人阶层，尤其是英国工业城市的工人阶层。此外，由于白人劳工受到好望角（以及更远的德兰士瓦）新机会（如金矿开采和在铁路上工作）的诱惑，葡萄酒制造商在19世纪下半叶更难招募和留住白人劳工。[29] 好望角葡萄酒农场的大多数劳工都是“有色人种”（Coloured）——这是南非对混血人群的专门术语。其中一些是来自东印度群岛或其他非洲地区的奴隶，还有一些被归入这个群体的科伊人。他们这些人不可能通过劳动逐渐致富，因为只有通过创造贫穷的循环，再加上带有约束性的主仆法，土地所有者才能强制劳工留下来。在18世纪中期，用酒（产品）代替工资的制度成为一种留住劳工的工具，不仅被用于葡萄酒农场，还被用于好望角的其他农业生产部门。[30]

然而，葡萄园的记录表明，19世纪的大多数澳大利亚葡萄园都依赖于欧洲白人劳工。这些工人通常来自同一个家庭，有男有女，可能还有大一点的孩子。例如，1903年7月新南威尔士州的本·延（Ben Ean）酒厂的记录显示，来自同一家庭的几位成员在该园从事计件取酬的葡萄种植工作：乔治·布里奇（George Bridge）拔木桩三天、种葡萄一天、插枝两天半；维克多·布里奇（Victor Bridge）打桩三天、插枝两天、种葡萄五天、犁地两天零四分之三天；乔·布里奇（Joe Bridge）工作了五天，任务不明；特德·布里奇（Ted Bridge）种葡萄八天半；N. 布里奇（N. Bridge）种葡萄九天。之所以出现这种情况，在一定程度上是因为酿酒工作的季节性。虽然葡萄园和酿酒厂一年四季都有工作要做（秋天勾配、冬天修剪、春天种植，等等），但劳动最为密集的时期是夏末秋初，此时是葡萄收获和压榨的时节。因此，酿酒可以作为一种补充性工作，即葡萄园主一般会同时种植其他作物、饲养牲畜用于售卖，而葡萄园的工人则可以在每年葡萄收获的几周之外从事其他工作。在布里奇一家的案例中，他们自己可能就是农民，当冬天到来，他们自己的土地不需要太多照料的时候，就到葡萄园工作。事实上，葡萄种植者可以让自己的家人参与劳动，这也是葡萄酒有利可图的原因之一。乔治·萨瑟兰（George Sutherland）认为："通过葡萄种植，之前未被利用的劳动力现在被利用了起来，其价值被储存了起来"，为在土地和葡萄上的投资带来了丰厚的回报。[31] 这种受到萨瑟兰赞扬的生产生活方式，与扬·德·弗里斯（Jan de Vries）所说的 18 世纪英国的"勤俭革命"（industrious revolution）类似。当时，农业家庭在农闲时从事额外工作，所获得的收入使他们有能力在不断发展的经济中成为消费者。[32]

　　布里奇一家总共工作了 41.75 天，收入为 719 先令 18 便士。平均工资略低于同时代英国劳工的收入。他们的工资并不一样，比如乔治种葡萄的工资就比泰德高，这说明参加劳动的布里奇一家中有些是孩子或青少年，而乔治是家长。[33] 在 19 世纪的盎格鲁人世界，工人的工资水平通常基于工人的社会地位，而不是完成的工作。即使工作相同，被认为是家庭经济支柱的成年男子的工资也比妇女和儿童高。维多利亚州殖民地的统计学家指出，在 19 世纪 80 年代初，男性农场工人的平均工资为每周 20 先令左右，而女性农场工人每周只有 10.5 先令。[34]

　　农村劳动力的缺乏和专业技术水平的低下，为葡萄酒工人的自由移民政策提供了环境。早在澳大利亚酿酒业发展之初，我们就看到过这种情况，当时法国和德国的葡萄酒酿造师被允许移民到此。在 19 世纪 40 年代，出现了另一波移民潮，大量德国人来到南澳大利亚州。19 世纪下半叶，阿德莱德丘陵地区 225 名葡萄种植者中，有 46 名是德国人。[35] 在巴罗萨山谷的更深处，有一个很大的德国人定居点，因位于塔努达的塞佩尔特家族的塞佩尔茨菲尔德酒庄而闻名遐迩。

　　似乎有点讽刺，甚至有点矛盾的是，在英国殖民地上以葡萄栽培来开展教化使命的人并不是英国人。事实上，在这一时期，澳大利亚葡萄酒文化最有力的推动者来自爱尔兰、瑞士和法国（如法伦和德·卡斯特拉）。

在外国出生并不意味着不忠，非英国殖民者反而对英国这个国家充满感激。澳大利亚的许多德国移民是因为受到宗教迫害而移民的，他们在南澳大利亚州找到了信仰路德宗的自由和种植葡萄树的自由。为了摆脱普鲁士帝国主义的束缚，他们乐于接受对他们的社区相对宽容的英国帝国主义。[36]

作为一个爱尔兰人，法伦的身份也很复杂。爱尔兰当时是英国的一部分，尽管其天主教居民对这个政治联盟持强烈批评态度，而法伦很可能是一名天主教徒。然而，研究表明，尽管许多爱尔兰政客痛斥对爱尔兰的帝国统治，但当这种统治应用在其他地方时，他们不仅完全可以接受，甚至推崇备至。[37]澳大利亚葡萄酒业被认为是一个全球性的帝国产业，爱尔兰人也因为他们的爱尔兰血统而成为这一网络和市场的一部分。法伦并没有利用自己的爱尔兰血统，依靠爱尔兰人的信任或亲属网络进行营销。事实上，他在游说时使用的是帝国荣耀的理念，承认了英国资本和英国消费市场在帝国体系中的中心地位。据说，法伦可能是这一时期最著名的爱尔兰裔葡萄酒生产商。在 19 世纪晚期的澳大利亚，与葡萄酒相关的商标申请中，当爱尔兰名字出现在申请人名单上时，一般都是用于生产和销售天主教圣餐酒。[38]在这一时期澳大利亚的葡萄酒行业中，活跃着很多苏格兰人，包括亚历山大·凯利（Alexander Kelly，出生在利斯）、帕特里克·奥德（Patrick Auld，出生在威格敦郡）和詹姆斯·约翰斯顿（James Johnston，出生在西洛锡安）。

盎格鲁人的社会体系中并非没有种族等级制度。在新西兰，葡萄酒和天主教通过圣母会紧密联系在一起，天主教杂志《新西兰报》（New Zealand Tablet）愤怒地表示，为吸引葡萄酒专家做出的努力远远不够。报告指责了反天主教的偏见："来自欧洲葡萄和橄榄种植国的移民，是北岛很多地方的紧缺人才，其价值是无法估量的。然而，因为这些国家的大部分居民都是天主教徒，他们被新西兰忽视了，转而在欧洲北部的新教国家中热切地招揽移民。"[39]然而，在英语世界的种族等级中，与澳大利亚的原住民和毛利人相比，欧洲白人享有广泛的社会优势。

19 世纪末，一批新的移民开始来到新西兰，他们在面对英国人仇外心理的同时，对 20 世纪的葡萄酒生产产生了重大影响。他们是来自达尔马提亚的移民。达尔马提亚现在是克罗地亚沿海地区的一个省，当时是奥匈帝国的一部分。达尔马提亚的移民学专家指出，克罗地亚人对奥匈帝国的独裁统治感到愤怒，并渴望获得更大的自由。他们尤其憎恨 1891 年颁布的《葡萄酒法案》（Wine Clause），因为它损害了达尔马提亚的葡萄酒产业。[40] 英属新西兰相对自由的民主制度吸引了他们。许多达尔马提亚人来到新西兰州，一开始从事贝壳杉胶（一种用于生产油漆和油毡的石化树脂）开采业，并逐渐开始收购土地、种植葡萄园。他们按照达尔马提亚的习惯，将小型葡萄园种植在农舍周围，作为混合农业的一部分，供个人饮用和出售。[41] 与很多英国移民种植葡萄时的心态不同，他们并没有发展商业种植园的想法。达尔马提亚人融入新西兰的过程并不容易，尤其是在第一次世界大战爆发时，虽然他们本是从奥匈帝国的统治下逃离的，但人们却还是把他们当作忠于祖国的奥地利人。[42]

用马匹为葡萄园松土

在 19 世纪，葡萄是用人力采收的。在本书的开头，我描述了 19 世纪 80 年代澳大利亚的葡萄园里工人短暂休息的场景。他们当时正在采收葡萄，并把葡萄装进一辆马车里。在澳大利亚的猎人谷，现存一些世界上最古老的葡萄藤，并且尚能结果。今天的游客可能会注意到，这里葡萄藤的间距比传统的法国葡萄园要宽。这样的间隔距离，不是为了让机器收割机通过，而是为了让工人能够驾着马拉的犁和大车通过。彭福尔德（Penfold）明确表示，它在阿德莱德郊区的格兰奇葡萄园是"工人拉犁"耕种的，而 R.D. 罗斯（R.D. Ross）在 10 英里外的葡萄园是"用马拉犁耕作和松土的"。[43] 在离海更远的南澳大利亚州的巴罗萨山谷，威廉·雅各布（William Jacob）的葡萄园"用犁松土并架起了棚架"，而塞佩尔茨菲尔德葡萄园的葡萄藤则"被修剪得很短，像灌木一样往两边各长 10 英尺"①。[44] 不仅葡萄种植户种植的葡萄种类是多样化的，葡萄园的外观也是多种多样的。

马车和车轮制造商是葡萄酒行业的重要合作伙伴。在开普敦市中心距离码头一英里的地方，有一个五金店。店主在开普敦的报纸上打出了"致粮食和葡萄酒生产者"的大幅广告，销售长柄镰刀、切割刀、硫黄、双铧犁和熏蒸风箱。[45] 虽然拉车的是马和牛，但所有这些工作同样需要人力。亨利·戴维森·贝尔（Henry Davidson Bell）19 世纪 30 年代的画作《斯泰伦博斯的酒车（以桌山为背景）》（Stellenbosch Wine Wagon-Table Mountain in the Background）展示了成对的牛走在尘土飞扬的平原上，后面是一辆无棚的牛车。[46] 两名黑人工人驾着车，车上有两只大酒桶。尽管这十六头牛比酒更显眼（也可能价值更贵），但艺术家给画作所起的名字将人们的注意力引向了马车上的货物，赋予了它们超出其大小或市场价值的重要性。

牛和车辆是很重要的投资，但建立一个酿酒企业还有许多其他的成本和注意事项。新南威尔士州达尔伍德葡萄园的记录让我们了解到了一个葡萄园所需的供应品的范围和所涉及的任务。19 世纪 70 年代，达尔伍德葡萄园的经理 F. 威尔金森（F. Wilkinson）产生了一些花费。他的部分工作任务是将产品样品分送给附近城市的潜在客户。在 1870 年和 1871 年的 4 个月里，他提交了邮票、住宿、修理马车车轴的费用，以及为拉车的马购买新的马蹄铁的费用。[47] 铁路在 19 世纪 70 年代才修到猎人谷，而达尔伍德葡萄园关于使用火车的第一份记录发生在 1875 年——从布兰斯顿车站向港口城市纽卡斯尔运送成箱的葡萄酒，并接收供应品。[48]1891 年，达尔伍德葡萄园的工资支出大约为 1500 英镑，卖出了近 5000 英镑的葡萄酒。不过，除去工资支出，葡萄园也会产生"一般费用"，如火灾保险、利息（可能有贷款，但没有具体说明）、新酒桶、运输以及现在被称为代理佣金的费用。这些代理人一般都将驻地选在港口城市纽卡斯尔，因为他们可

---

① 1 英尺 ≈ 0.304 米。——编者注

以直接在这里与船长接洽运输事宜。附近的本·伊安（Ben Ean）葡萄园记录了其购货清单：硫酸、硫黄熏蒸风箱、烧碱（可能用于消毒）、围栏材料、犁的零件、修枝剪、机油和石脑油（一种稀释剂），以及显然是为建造一个新地窖所需的砖、油漆、石膏、新南威尔士州马奇石头、修建挡土墙的材料和木材。[49]1902 年，本·伊安葡萄园修建了一架风车（26 英镑，加上运费和工人费用），买了一台葡萄榨汁机（45 英镑），并修理了一个水泵（约 2 英镑）。

葡萄园中除了种植葡萄所需的工具，酿酒和窖藏需要的供应品更多。在 1810 年的窖藏指南中，约翰·戴维斯（John Davies）指出，为了品尝、提炼、过滤、分装和储存葡萄酒，酿酒师至少需要 60 种工具。[50]购买木桶也是葡萄园和涉及葡萄酒储存、运输和销售业务的从业者的主要支出。1891 年，达尔伍德葡萄园核销了价值 231 英镑的"坏酒桶"，当时这些酒桶大概是满的。231 英镑大约是该葡萄园年工资支出的 15%，比整个家庭的全年支出还要多。[51]

这些企业因为二手市场而相互联系在了一起。1900 年，达尔伍德葡萄园向本·伊安葡萄园出售了一些木桶，这些木桶很可能是二手的；[52]第二年，达尔伍德再次希望将一些二手酒桶卖给悉尼的一家葡萄酒批发商，后者询问："这些酒桶的内外是否完好……它们是否有合适的人孔（即盖子）……这些桶是不是用山毛榉或雪松做的——它们和橡树做的桶一样好。"[53]在殖民地时期的澳大利亚，葡萄酒桶所用的木材类型是一个热门话题。现代的木制酒桶通常由橡木制成，19 世纪的大多数木桶也是如此。赛勒斯·雷丁确实曾指出，"在欧洲大陆的一些地区，人们会使用山毛榉，因为有一种观点认为山毛榉能赋予葡萄酒宜人的味道，并使其更早地达到完美状态"。[54]虽然日本在窖藏清酒时会使用雪松（我们没有特别的理由相信澳大利亚的酿酒师受到了日本技术的启发），[55]我们尚未发现能够证明人们在 19 世纪曾广泛使用雪松制作葡萄酒酒桶的记录。在现代的葡萄酒行业中，酿酒师会有策略地使用橡木桶来塑造葡萄酒的味道。新的橡木桶可以给红葡萄酒和白葡萄酒带来一种强烈的辛辣或香草味；老的（用过的）橡木桶则更加柔和，不会给葡萄酒增加太多味道。

对殖民时期的澳大利亚酿酒师来说，从欧洲进口橡木桶的成本过于昂贵，许多人开始尝试使用本地木材来制作酒桶。他们向殖民地和英国的科学团体报告了实验结果，英国官方也对澳大利亚和新西兰森林资源很有兴趣。1901 年，乔治的后代阿尔沃德·温德姆（Alward Wyndham）在给《悉尼邮报》（Sydney Mail）的一封信中为自己使用山毛榉木做了辩护。他说："从欧洲进口橡木其实是在用三倍的成本购买一种不太合适的木材。"[56] 而之所以橡木不太适合做酒桶，恰恰是因为它会给葡萄酒带来一种味道——"欧洲橡木很容易褪色，并会赋予葡萄酒很浓的味道，去掉这种味道要花相当大的力气"。对现代葡萄酒饮用者来说，这似乎极具讽刺意味。在他们看来，澳大利亚（以及整个新世界）葡萄酒对橡木桶有些过度使用了，尤其是在便宜的葡萄酒中。据文献记载，除了山毛榉和雪松，澳大利亚酿酒师还尝试使用过黑檀木、蔷薇木、肖特巨盘木和丝绸橡木（不是真正的橡木）来酿酒和藏酒。[57] 新南威尔士州的本·伊安酿酒厂在 1899 年订购了用水泥制成的两种规格的桶（为两个独立的订单），每只水泥桶的价格仅为 12 先令。[58] 农业期刊也报道过酿酒师用硅酸盐水泥做实验的情况。实验并不总是能够取得成功（因为水泥会"逐渐被甜葡萄酒中的糖分解"，一位农民绝望地说）。[59]

殖民地的酿酒师获得这些供应品并不是理所当然的事。在欧洲大陆，这些启动工具很容易买到；但在殖民地，因为市场需求和制造能力还没有建立起来，这些工具无法在商店里很轻易地买到，所以不得不依赖进口。通过对这些商业需求进行分类，我们看到的不仅仅是单个葡萄酒企业的需求，而是由支持新兴葡萄酒行业的个人、行业和国际贸易网组成的复杂网络。在这个网络中，包括了建筑工人、保险公司、铁路工程师、化学品生产商、政府、酒店、邮政服务以及许多类型的制造商。

在提交给 1883 年加尔各答国际博览会的报告中，许多新南威尔州的酿酒厂给出了他们生产葡萄酒的成本数据：猎人谷的平均成本在每英亩 6 英镑到 8 英镑之间，阿尔伯里附近地区略微便宜些，大约每英亩 4 到 5 英镑。有些酿酒厂的生产规模很小，葡萄园的面积不到 8 英亩，酒窖里的葡萄酒只有几千加仑；有一小部分人拥有大片庄园和数万加仑的窖藏，如温德姆、法伦、林德曼、詹姆斯·凯尔曼和布菲耶兄弟等，不过他们的种植成本与小葡萄园相差无几。其中，詹姆斯·法伦显然是个例外，他估计自己的庄园每英亩的种植成本在 10 到 12 英镑之间。南澳大利亚州只提交了 13 家酿酒企业的报告，尽管其中包括托马斯·哈代和塞佩尔特等如今依然知名的酿酒企业，但没有详细说明酿酒成本；维多利亚州提交了几十个酿酒企业的报告，但也没有提供成本数据。乔治·萨瑟兰在《南澳大利亚州葡萄酒生产指南》（ *South Australian Wine Production Guide* ）中给出的估计数是，即使在贫瘠的土地上，每英亩也能生产出两吨葡萄，而一吨葡萄的售价为 6 至 8 英镑，几乎是种植小麦收入的两倍。[60]

根据各种官方报告，澳大利亚一英亩土地通常能生产出 150 到 200 加仑的葡萄酒，[61] 尽管一些葡萄酒作家夸耀澳大利亚的葡萄园每英亩能生产 400 加仑葡萄酒。[62] 官方记者普遍认为农业产量越高越好。他们制作排名表，列出澳大利亚各种作物每英亩产量的世界排名，来彰显澳大利亚在单产方面比其他国家更高。不过，虽然亩产数量对谷物来说可能是中性的，但就葡萄酒质量而言，这与现代认知相悖。如今，较低的亩产被视为葡萄品质更好和葡萄酒品质更好的标志，但 19 世纪的澳大利亚人并不这样想。在他们的心里，亩产更高意味着富饶、繁荣和成功。

在维多利亚时代晚期的澳大利亚，关于葡萄酒的文学作品充满了骄傲。萨瑟兰夸赞说，下决心去种植葡萄的澳大利亚人，"养活了他的孩子和那些依赖他的人"，让从未被开垦过的土地产生效益，让无所事事的人得到工作。他总结道："葡萄文化有助于将人们团结在一起，人们由此能够为自己和子女提供与在城市一样的良好生活条件，但又没有城市生活中不利的一面。"[63] 这种在澳大利亚种葡萄的想象中的世界，就像田园牧歌一样，不沾染任何现代世界的罪恶。许多葡萄酒作家、公务人员和葡萄种植者都怀有同样的想象。在这一时期，尽管澳大利亚和好望角的工业发展有很大区别，但经过仔细观察就会发现，他们都交织在由帝国商业和各地商业组成的网络中。澳大利亚作家休伯特·德·卡斯特拉想象出来的田园牧歌暗示着酿酒师可以自给自足，但实际上他们需要依赖许多其他商人来供应商品。作家的想象只是一个海市蜃楼，澳大利亚葡萄酒产业之所以能够发展起来，正是因为它通过由人、商品和服务组成的网络与现代世界联系在一起。

第十章

硫黄、硫黄、硫黄：葡萄根瘤蚜和其他害虫

1861 年，南非的一家报纸报道："听说葡萄藤病害正在迅速蔓延，今年的葡萄产量将远不及去年的十分之一。"[1] 葡萄叶粉孢菌曾数次爆发，这种真菌感染能够摧毁整株植物。当好望角的葡萄酒农忙着治疗他们的葡萄树时，他们也面临着英国市场需求萎缩的现实。

19 世纪 60 年代，英国进口关税的变化为好望角的酒商制造了一次需求危机。而在同一时期，大自然以数种病害和干旱的形式制造了一次供应危机，因此，19 世纪下半叶对好望角的葡萄酒产业来说是一个动荡时期。但澳大利亚的情况大为不同。这一时期，澳大利亚的葡萄酒产业实现了大幅增长。尽管澳大利亚也受到了葡萄病害和英国关税制度的困扰，但这并没有阻止葡萄园在整个大陆快速扩张。然而，葡萄栽培行业的全球交流也是葡萄酒行业最大危机的来源——植物交流造成了葡萄根瘤蚜的传播。

葡萄根瘤蚜

1875 年，在澳大利亚维多利亚州殖民地的吉朗地区，人们首先发现葡萄植株"呈现出一种病态"。维多利亚的农业部长解释说："叶子边缘之后会变成黄色，植物慢慢会病得更厉害，几年后完全死亡。"[2] 病因是葡萄根瘤蚜（phylloxera），一种以葡萄树的根为食的小蚜虫。严格来说，虽然这经常被称为是一种疾病，但实际上它一种葡萄害虫。葡萄根瘤蚜是最可怕的葡萄病害之一。因为在受到传染之初，葡萄藤没有任何表现，但在它繁殖开来后，可以摧毁整个葡萄园。这种蚜虫很容易传播，它们附在葡萄

插枝上，极难发现。

根瘤蚜危机是帝国植物学交流的产物，像巴斯比这样的酿酒师就曾参与其中。19 世纪，活体植物在国际上大量交易，实验科学家和雄心勃勃的农民购买这些植物，用船从一个大陆运到另一个大陆。葡萄根瘤蚜起源于北美，许多当地葡萄品种对其具有天然抗性。这种蚜虫后来被带到欧洲，欧洲的葡萄品种没有这种抗性。目前还不清楚进口到澳大利亚的受感染的葡萄藤是直接从北美进口的还是通过欧洲进口的（唉，现在试图对 19 世纪的葡萄进行接触者追踪已经太晚了）。但促进了贸易和交换的经济和人际体系，也促进了根瘤蚜的传播。

法国是第一个受到根瘤蚜影响的国家。19 世纪 60 年代初，它最初出现在法国罗讷河谷地区，然后传播到了全国各地，并跨越了国界。根瘤蚜对法国的影响是毁灭性的：数十万英亩的葡萄树被毁，葡萄园的面积在 50 年的时间里减少了近一半。[3] 许多葡萄园主和农民工人失去了生计（尽管这对法属阿尔及利亚的葡萄酒产业是一个福音，它在 20 世纪成为世界上最大的葡萄酒生产国之一）。遏制病虫害蔓延存在两个问题，首先是难以确定罪魁祸首并找到合适的补救办法。葡萄种植者和科学家尝试了各种方法，包括大水漫灌、喷洒硫黄、硫酸铜或石灰水，甚至是焚烧葡萄藤。生产商和消费者都对这些方法感到担忧，前者担心葡萄酒的味道会受到影响，后者则担心化学处理会影响饮用者身体健康。[4] 但事实最终证明，这些措施对这种穷凶极恶的蚜虫没有效果。

最可靠的解决方案是嫁接根茎法，即在一株抗根瘤蚜的北美葡萄根茎上嫁接一株不抗根瘤蚜的葡萄插枝，让两株植物生长在一起。因此，第二个问题是解决方案中暗含的"血统"问题。一个研究根瘤蚜危机的法国国家委员会不同意推荐嫁接法，因为它不是"传统的"，[5] 可能会损害法国葡萄酒的声誉。毕竟，酿造法国葡萄酒的葡萄怎么能是从美国葡萄根上长出来的呢？这代表了大众的想法。

相比法国，澳大利亚应对根瘤蚜的动作迅速而果断。澳大利亚认为自己是一个年轻的国家，在葡萄酒行业仍在学习和成长，所以没有法国同行的历史包袱。通过观察法国在前十年中对此次危机的反应（或者说不反应），澳大利亚也获得了更多有利条件。事实上，维多利亚州农业部早在 1873 年就预见到了这场危机，并出版了一本小册子，向葡萄种植者宣传这种病虫害。这本小册子充分体现了英国外事部门的作用。当葡萄根瘤蚜在法国和葡萄牙爆发时，英国驻两国大使迅速通知了外交大臣格兰维尔勋爵（Lord Granville）和其副手恩菲尔德子爵（Viscount Enfield），他们将信息及时传递到了英国领陆上的其他葡萄酒产地。最终于 1873 年在墨尔本出版的小册子包含了科学报告的法语原文和译文。[6]

所以说，对此次危机，澳大利亚并不是毫无准备。1877 年，为了应对吉朗的葡萄根瘤蚜，维多利亚州的立法院迅速通过了一项法律，授权检查员将感染葡萄根瘤蚜的葡萄树拔掉并销毁。1880 年，政府在受感染的葡萄园周围设立了警戒线，发布了禁止进口葡萄藤的禁令，并成立了一个委员会，与邻近的殖民地新南威尔士州和南澳大利亚州协调应对措施。政府还为那些受到影响的葡萄园设立了赔偿计划。到 1883 年年中，维多利亚州已经向 2000 名葡萄园所有者支付了 3.4 万英镑。[7]相比之下，1883 年维多利亚州出口的葡萄酒总价值仅为 4.4 万英镑。

在好望角，政府官员和葡萄种植者一直在紧张地观望和等待。1881 年，一个关于根瘤蚜的国际会议在波尔多举行，为了更好地预防这种虫害，好望角政府派出了南非博物馆馆长罗兰·特里门（Roland Trimen）参加会议。特里门是一位官员，也是一名昆虫学家，他从法国回来后向好望角政府明确建议，不仅要禁止所有葡萄树进口，也要禁止从爆发根瘤蚜的国家进口任何植物。不幸的是，如果不是因为禁令被无视，就是因为这种害虫早已潜入了该殖民地，好望角在 1886 年年初发现了葡萄根瘤蚜。在被发现之前，根瘤蚜可能已经繁衍好几年了。

在发现根瘤蚜之后，好望角的反应也很迅速。他们请来了一位名叫 M.P. 穆里福特（M.P.Mouillefert）的法国顾问。他是一位葡萄栽培学教授，建议"与敌人（害虫）肉搏"。这个极端的建议意味着要摧毁所有受到影响的葡萄园，其面积估计有 1 万公顷，年产葡萄酒超过 500 万加仑。他认为，仅仅嫁接葡萄藤是不够的，因为害虫仍然可以传播到其他葡萄园。此外，嫁接工作需要"一群专家进行嫁接操作，需要最细致的关注和很可观的支出"，他委婉地表示，这是"好望角葡萄栽培者无法完成的"。[8] 好望角为此做了大量准备工作，包括储备葡萄藤，建立了培训站点为农民提供嫁接技术培训等。但穆里福特的观点是正确的，逐步嫁接和重新种植不足以根除这种害虫，也无法阻止它的蔓延。事实是，到 1893 年，好望角有将近 900 万株葡萄被毁，但只有 66 300 株完成了美国葡萄根茎嫁接。那些被任命检查葡萄园并执行葡萄进口禁令的政府特派员，有时会因种植者否认问题的严重程度而极度担忧。"与嫁接美国葡萄根茎相对缓慢的进展相比，更令人震惊的是，一些受感染地区的农民仍然坚持继续种植殖民地原种葡萄，对葡萄根瘤蚜会破坏这些葡萄树的现实证据视而不见。"一名检查员绝望地说。[9]

19 世纪 80 年代末，根瘤蚜在新西兰首次出现。此时，这种病虫害已在欧洲广泛传播。新西兰驻伦敦代表 F.D. 贝尔爵士（Sir F.D. Bell）的任务是收集信息，制定一项根除该病虫害的政策。"欧洲国家应对这种虫害的报告和计划数量如此之多，以至于除技术最为高超的专家之外，没有人能分辨什么可能对新西兰的葡萄种植者有用"，他对此感到十分绝望。[10] 不过，他能够接触到这些顶级专家，并且凭借外交官身份，能够获得好望角、德国、保加利亚和西班牙等地治虫成功案例的报告。他还直接与美国密苏里州的昆虫学家 C.V. 莱利（C.V. Riley）通信。作为世界公认的昆虫学专家，莱利建议注射二硫化物杀死受感染的葡萄藤，然后嫁接美国葡萄的根茎，重新种植葡萄。[11]

1895 年，罗密欧·布拉加托访问新西兰时，视察了一个据说感染了根瘤蚜的葡萄园，但发现该葡萄园实际上没有感染。因为感染葡萄根瘤蚜的谣言会造成大规模的恐慌和猜测，他愤怒地说："我认为，由那些不具备必要知识的人来断言一个葡萄园是否受到了葡萄根瘤蚜的影响，是一种犯罪行为。"[12] 另一边是来自农民的抵制和怀疑，他们认为政府的政策，如严格的禁令、隔离和强制销毁葡萄园措施，有些过头了。维多利亚州一位对此心存不满的公务员福朗索瓦·德·卡斯蒂利亚（François de Castella，休伯特之子）发出了抗议，说政府这样做是在鼓励根除葡萄，而不是在鼓励嫁接葡萄。对一些历史学家来说，他是最终获得了成功的无名英雄。但他的所作所为有着更加广阔的时代背景，关于社区在应对葡萄根瘤蚜方面采取的方法、时机和工作范围，以及政府在这样一场农业灾难中应该扮演什么角色，当时每个葡萄酒生产国都进行了激烈的辩论。

毫无疑问，葡萄根瘤蚜危机（以及葡萄酒行业本身的危机）受到了殖民地政府和伦敦外交与殖民办公室的重视。英国科学家早在 19 世纪 60 年代就注意到了英国皇家植物园里的根瘤蚜，他们也一直在关注着危机的发展。这种病虫害是昆虫学和植物学研究的热点，以南非为例，英国人认为"在这一帝国的主要殖民地，葡萄酒是非常重要的文化产业"。[13] 事实上，英国皇家植物园林 – 邱园（Kew）的公告哀叹道，"在英国的重要属地中，只有好望角殖民地没有成立完善的植物研究所"，这限制了它应对植物学危机的能力。

然而，有迹象表明，清楚知道自己研究方向的人数量更多。根瘤蚜危机给科学界和不断发展的葡萄酒学界带来了动能。葡萄酒专家越来越多。由于各国政府越来越重视经济和农业产出的测定、测试和分析，对具备这方面技能的个人的需求量也越来越大。殖民地纷纷建立了农业部门，他们制作的记录为研究葡萄酒历史提供了丰富的史料。农民需要更好的专家：1880 年，好望角的酒农抱怨一个调查葡萄病害的政府委员会是不够格的，因为它是由化学家、农民和军人组成的，但"在绝大多数情况下，攻击植物的是昆虫，所以除了植物学家，首先需要的是昆虫学家。"[14]

并不是所有人都同意这一观点。法伦的宿敌图迪休姆在 19 世纪 70 年代初就曾对来自澳大利亚的葡萄酒大加批评。他向英国皇家艺术学会提出："在澳大利亚的几个聚居地，殖民者必须确定与当地文化最相宜的葡萄酒品种。"为实现这一目标，他们应建立由国家支持和控制的农业试验站，并在试验站引入科学家，特别是化学家。[15] 恰巧，图迪休姆就是一位化学家！图迪休姆似乎想要成为一名国际葡萄酒专家，以此作为自己的第二职业。事实上，他在 1898 年曾申请担任好望角的葡萄酒顾问。图迪休姆直接写信给好望角殖民地总督阿尔弗雷德·米尔纳勋爵（Lord Alfred Milner），表示愿意为防止好望角葡萄酒中的细菌污染提供帮助。米尔纳的秘书礼貌地拒绝了图迪奇姆，因为农业部长已经"聘请了一位有科学造诣的绅士"来协助解决这一"极为重要的公共课题"。[16]

殖民地政府确实采取了图迪休姆（和其他人）曾建议的措施，建立了实验站。这些实验站有政府资助的实验室或示范农场，科学家可以在那里进行实验，并向农民提供建议（它们大体类似于美国建立的农业推广办公室）。在澳大利亚，早在巴斯比时期，就已经建立了教授葡萄酒酿造技术的学校，但 19 世纪最重要的农业教育机构是罗斯沃西农业学院（Roseworthy Agricultural College），它建立于 1883 年，位于南澳大利亚州阿德莱德市郊外的巴罗萨地区。学院能授予毕业生酿酒学学位，培养了一代葡萄酒专家。在好望角，康斯坦提亚酒庄在 1885 年被政府收购，成为一个公立实验站。新西兰也进行了类似的尝试，于 1886 年在蒂考瓦塔成立了实验站，研究包括葡萄酒酿造在内的一系列农业问题。

对欧洲和许多欧洲殖民地的葡萄酒行业来说，葡萄根瘤蚜带来的是一场全面的危机。虽然这场危机是独一无二的，但这并不是种植酿酒葡萄的定居者面临的唯一环境障碍。殖民者通常认为他们征用的土地是奇异的、充满敌意的，并多少有些不够友好。在前文中我已经提醒过，我们不应该认为澳大利亚或南非的葡萄酒是理想气候条件下的必然产物。19 世纪的观察者当然不会这样认为，并且许多人实际上对在殖民地种植酿酒葡萄的前景持怀疑态度。1907 年，一位名叫 C.E. 霍克（C.E. Hawker）的英国作家写道，"很难说澳大利亚的气候在各个方面都适合酿造葡萄酒，因为干旱经常发生，暴雨也经常发生……酿造季节的高温都对酿酒葡萄种植者和酿酒师构成了巨大的挑战。"此时，澳大利亚生产葡萄酒的历史已经有一个多世纪了。[17] 鸟类也会对作物造成破坏。在南澳大利亚，一位名叫 H.E. 拉弗（H.E. Laffer）的葡萄栽培学讲师用一些浸过番姆鳖碱的葡萄作为诱饵，希望毒死它们。他自豪地写道，这导致"大量的椋鸟尸体躺在地上"，[18] 语气就像是神秘谋杀中冷酷无情的恶棍。

在南非，用水和灌溉问题常常让人伤透脑筋。前好望角政府植物学家、广受赞誉的植物学教授约翰·克龙比·布朗（John Crombie Brown）写道，荣恩堡地区（包括康斯坦提亚葡萄园在内）没有遇到用水困难，因为"在桌山的附近，有丰富的水源，而且不缺乏储水和农业灌溉设施。"但在荣恩堡以外的地区，水是一个大问题。19 世纪 60 年代，在"一个生产葡萄酒的富裕地区"斯泰伦博什，葡萄园被指控从溪流上游引水，剥夺了其他居民的权利，这些居民"经常因此被激怒，并诉诸了法律"。[19] 1865年，开普敦北部的马姆斯伯里发生了严重的干旱，葡萄园因此"损失惨重"，以至于无力支付工人工资。[20] 在 19 世纪 60 年代至 70 年代，由于干旱、法律纠纷，以及几次粉孢菌感染（一种需要用硫黄治疗的葡萄叶真菌感染），葡萄酒贸易陷入"萧条"。葡萄酒行业遇到的问题为一些商人提供了牟利机会。"硫！硫！！硫！！！"一些商人在开普敦的报纸上刊登了一则极其醒目的广告，宣传他们"刚刚拿到几桶真正的升华硫（sublimed sulphur），可用于葡萄病害防治，现在以优惠价格供应。"[21]

与工人的真实感受相比，这些新闻报道显然低估了问题的严重程度。好望角的葡萄园主是白人，要么是盎格鲁人，要么是阿非利加人（南非白人）；工人则是贫穷的阿非利加人、有色人种（在南非，指的是混血或亚洲血统的人）或土著人。园主和工人之间有阶级和肤色的区别。19 世纪末，南非东部发现了钻石，有能力承担路费的白人劳工经常会去碰碰运气。但是当工人没有收入，或者通过 dop 系统（以产品作为劳动报酬）受到剥削的时候，工人就无法流动。这样一来，在农业萧条时期一些人会过得非常艰难。赫尔曼·吉利米（Hermann Giliomee）解释说，钻石带来的财富促进了好望角酿酒葡萄种植业的发展，而葡萄酒价格的暴跌让好望角的经济和社会变得极其脆弱，因为好望角三分之一的工人依靠葡萄种植业为生。[22]

在殖民社会的各种文学作品中，可以经常看到白手起家、自力更生的农民形象。我们可以将这种形象与社会现实做个对比。毫无疑问，那些建立葡萄酒农场的人曾胼手胝足地长期劳作，并为自己的创业经历而自豪。从这个意义上说，他们表现出独立性、主动性和从事重体力劳动的决心。但是，这不应与拥护自由市场经济混为一谈。正如图迪休姆所强调的那样，不仅政府从一开始就介入了殖民地的葡萄种植业，并且如我们一再看到的那样，酿酒师们也寻求并期待政府对他们的工作给予一定程度的支持，包括有吸引力的贸易安排或更直接的补贴等。他们自觉地参与殖民地经济建设，推动殖民地社会发展，他们也希望自己的努力得到认可和支持。在很多情况下，政府会满足他们的要求。1905 年，好望角政府对葡萄酒行业进行了一项研究。在研究过程中，采访了许多从事葡萄酒行业的人。采访者问了其中一些人一个具有诱导性的问题："你们是否同意这样一个计划？将一定数量的年轻阿非利加人送往欧洲，学习葡萄酒酿造的实用知识，在他们返回殖民地后，通过提供帮助和实践示范，让农民从他们获得的经验和知识中获益，并且所有这些都将由政府资助完成。"当然，答案通常是肯定的。[23] 哪个年轻的南非酿酒师会不想要免费的欧洲之旅和受资助的教育机会呢？

在好望角和澳大利亚，葡萄种植从一开始就是由国家资助的。我们也看到了葡萄种植者一次又一次对政府合作和支持提出了新的期望。凯伦·布朗（Karen Brown）向我们展示了在 19 世纪 90 年代，好望角的葡萄种植者与果农是如何成功游说政府任命了一位政府昆虫学家。[24] 在支持和鼓励葡萄酒行业方面，澳大利亚政府还运用了许多其他方式，比如为国产葡萄酒颁发年度奖项，以激励性价格出售政府拥有的土地，为葡萄酒种植业提供补贴，为酿酒师提供技术指导和营销培训，[25] 并聘请葡萄酒专家到澳大利亚农业委员会为酿酒师提供建议。维多利亚州供水委员会赞助了一项赛事，评选"最佳灌溉葡萄园"（一等奖 50 英镑）。[26] 政府还采取了其他方式来间接为葡萄酒行业提供帮助，比如通过立法来降低法律上的不确定性，[27] 为公司和酿酒师颁发许可证和提供认证，等等。

正如我们在前文中看到的，新西兰聘请了维多利亚州的葡萄种植者罗密欧·布拉加托为扩大本国的葡萄酒产业提供建议。布拉加托敦促新西兰实施激励计划，"政府可以通过鼓励和帮助他们的企业，来吸引资本家投资"，创建葡萄园。[28] 新西兰农业部聘请了一位葡萄种植和葡萄酒专业的讲师（该部门还在澳大利亚报纸上刊登了招聘广告）。[29]1893 年，新西兰还在怀卡托的蒂考瓦塔开设了自己的葡萄栽培实验站。站内有一个葡萄园，可以监测葡萄生长，并向农民提供建议。[30]

这让我们再次回顾引发根瘤蚜危机的条件：植物、人和思想的全球交换。一旦葡萄酒产业建立起来，它们就不会是孤立的、不受外界影响的，即使在出口量仍然很小的时候也是如此。大英帝国的各个产酒殖民地之间会相互监督和相互学习；英国殖民部会向各殖民地发布根瘤蚜在欧洲的传播情况，他们自己也会向其他国家征求更多建议。在新西兰的国民经济中，葡萄酒产业占比很小，但即使如此，新西兰政府为获得灵感和帮助，也把目光投向了大海对岸。接下来我们会看到，帝国还提供了其他市场。

第十一章

供应冰饮：维多利亚时代的英国消费者

在 19 世纪，作为英国殖民地葡萄酒的进口商，有时候会感觉到烦躁和沮丧。1884 年，伦敦葡萄酒进口商彼得·伯戈因给他的一位澳大利亚供应商托马斯·哈代写了一封信，以一种礼貌方式表达了他的恼怒。他写信的目的是再次投诉收到的酒不适合英国市场。他写道："酒的颜色很深，呈粉红色。发给我们的白葡萄酒的颜色应该非常淡，这是非常必要的。"哈代回答说这是木桶造成的，但伯戈因不相信。[1] 不通过中间商或合作社，直接从生产商个人那里购买葡萄酒，让伯戈因能够更准确地追溯葡萄酒的具体来源。这件事之所以很重要，不是因为消费者想要知道葡萄酒确切的风物条件，而是因为这种做法能培养生产商的责任心，让伯戈因能够传递他对产品的偏好，并根据需要调整订单。

伯戈因的信展示了，殖民地生产者和英国国内销售者之间就酒的品味标准进行交流是一项多么棘手的任务。英国市场并没有很快接受殖民地葡萄酒。在 19 世纪下半叶对殖民地葡萄酒的批评之一，不是说它们普遍质量不佳，而是说它们不适合英国市场和英国人特有的口味。英国葡萄酒作家托马斯·肖在 1863 年写到，他"记得很清楚，当我还是个孩子的时候，经常听到'好望角葡萄酒'这个词"，但许多让"好望角葡萄酒符合英国人口味"的努力都失败了。他对好望角葡萄酒嗤之以鼻，"就我个人的经验，我还从来没见过哪个人有勇气把一瓶这样的酒放在自己的餐桌上"。[2]

伯戈因是伦敦两家主要的澳大利亚葡萄酒进口商之一。另一位是他的竞争对手 W.W. 波纳尔（W.W. Pownall）。伯戈因的同名公司代理了许多澳大利亚酒庄，包括帕特里克·奥尔德、托马斯·哈代和奔富等。波纳尔则以澳大利亚葡萄酒公司的名义进行贸易，开发了奥丹娜（Auldana）和鸸鹋（Emu）品牌，并从位于沙普的本诺·沙普（Benno Seppelt）酒庄和路斯格兰的普伦蒂塞（Prentice）酒庄采购葡萄酒。（两家公司最终在 20 世纪 50 年代合并。）

　　19 世纪的葡萄酒贸易需要经过长距离的运输，这时常会让进口商沮丧不已，伯戈因与哈代的通信充分体现了这一点。伯戈因的信是在 1884 年 11 月 7 日寄出的，是对哈代 9 月 2 日一封信的回应，而哈代的信是对伯戈因更早些时候一封信的回应。伯戈因的第一封信可能是在收到上文提到的受到质疑的粉红色葡萄酒后写的。这批葡萄酒可能是在 1884 年 4 月或 5 月从澳大利亚装船，经过两个月的海上航行，酒在木桶里确实可能发生了氧化，所以颜色变得更深了。哈代可能直到 12 月初才收到伯戈因的信。南半球的春季葡萄收获期是在 3 月或 4 月，殖民地的酿酒师通常都急于尽快将葡萄酒运出，以收回成本。但进口商的期待是不一样的，葡萄酒制造商急匆匆运出葡萄酒的行为经常让他们感到失望。他们总是反复强调，葡萄酒应该至少陈化几个月后才能装船。但如果酿酒师说酒已经经过了陈化，进口商也不得不相信。就每一批装运的货物，沟通和讨论往往要用 8 到 9 个月的时间，通常来不及去纠正问题。到 19 世纪 90 年代，随着电报服务的普及，通信的问题得到了部分解决。不过电报价格过于昂贵，并且确实只适合传递非常简短的信息。

　　横跨一万两千英里的殖民地葡萄酒交易，最终是建立在个人信任和由个人组成的贸易网络的基础上的。在这个网络中，人们相信对方会按照承诺交付货物，诚实守信地行事。在许多情况下，在地球两端从事交易的两个人从来没有见过面，但通过缓慢的邮政通信和多年成功的交易建立了互信的关系。伯戈因与哈代的大量通信表明，他们在多年合作过程中确实建立了重要的商业关系，伯戈因愿意原谅哈代在产品质量上偶尔发生的小失误。例如，有一段时间托马斯·哈代不得不让他的儿子暂时代为管理，这期间伯戈因收到了一批质量较差的货物，伯戈因表现得十分宽宏大量，他在信中委婉地写道："我倾向于认为，您的儿子是急于给我们供货，才把一些尚未成熟的葡萄酒发了过来。"

面对这样一个让两个人都处于尴尬境地的情形，伯戈因继续写道："虽然我把这些酒如此糟糕的责任推给你，但我没有忘记人与人之间的责任，因此我将尽我最大的努力慢慢处理掉它们，这样你就不会因为不在家里时的管理疏忽而遭受损失。"[3] 虽然伯戈因有时会在收到葡萄酒前预付部分款项，但最终商定的葡萄酒价格取决于伯戈因能否找到买家。为处理劣质葡萄酒，进口商既需要技术手段，也需要商业手段。伯戈因对哈代绝望地说："这酒根本卖不出去。我已经采取了你建议的方法，加入木炭，希望消除最令人讨厌的味道，但并没有用，木炭也没能去掉葡萄酒的颜色，如果不是你肯定它是由 1879 年、1880 年和 1881 年的酒勾兑的，我会认为其中添加了一部分年份更晚的酒。"[4] 在其他情况下，伯戈因还尝试过通过将红葡萄酒和白葡萄酒混合在一起恢复变质的葡萄酒，或把牛奶和鸡蛋加入葡萄酒，然后过滤掉沉淀物来澄清葡萄酒的方法。[5]

哈代和伯戈因之间的交流，揭示了殖民地葡萄酒贸易的复杂性和不稳定性。在这种交易中，酿酒商和进口商都有风险。哈代的葡萄酒可能会在长途海运过程中变质，也可能会丢失，或者只是因为他错误地估计了英国客户的需求而无法让他们感到满意。对伯戈因来说，虽然他拥有一系列鉴定和销售殖民地葡萄酒的技术和手段，但相当耗时，并且并不是每次都能成功。与此同时，作为进口商，他还需要支付储存葡萄酒的费用和其他税费。

事实上，随着蒸汽技术的发展，海运所需的时间在 19 世纪下半叶有所下降。在 19 世纪 50 年代，从伦敦到悉尼需要 80 至 90 天，到了 19 世纪 80 年代，就只需 50 天了。[6] 但对乘客来说，这样的旅程仍然很危险。并且，由于常常与货物共用同一空间，海上长途旅行也很不舒服。对于一大桶状态尚不稳定的葡萄酒来说，50 天的旅程也太长了。伯戈因经常将收到的酒滗清。滗清是指把酒从一个容器吸到另一个容器，以清除可能形成的沉淀物。葡萄酒在长途运输过程中很可能形成沉淀，但这样做还有另一个目的，即降低葡萄酒的酒精强度。伯戈因抱怨道："由于超过了 26 度，最后十桶婷塔娜（Tintara）被退货了，我估计我们不得不多付 2/5 的税。"

但他又补充说："我们将会把他们滗一遍，然后重新测试，希望这能让它们的酒精度降低一些。"[7] 婷塔娜是哈代生产的招牌酒，也是他的葡萄园的名字，必须得符合市场需要。伯戈因恳求哈代说："请务必注意，将酒的酒精含量保持在较低的水平，否则会给我们带来太多麻烦。"[8] 造成"麻烦"的可能是关税政策，也可能是口味。

英国消费者的口味并不总是一成不变的。1861 年，一位澳大利亚酿酒师抱怨说，"他们（澳大利亚酿酒师）生产的葡萄酒度数太低，味道不够丰富，不适合英国人的口味和伦敦市场。"[9] 1877 年，新南威尔士州内陆巴瑟斯特的一位酒商对约翰·温德姆沮丧地说："很遗憾，我未能如你所愿处理掉大量的达尔伍德葡萄酒。这里的市场上积压了大量寄售的阿尔伯里葡萄酒，它们的酒精度比你们的产品更高，也更受欢迎[10]（阿尔伯里位于维多利亚州东部，靠近现在著名的葡萄酒产区卢瑟格伦）。"但到了 19 世纪 80 年代，伯戈因却在敦促他的供应商生产酒精度更低的葡萄酒，这不仅仅是因为关税问题。伯戈因解释说："新南威尔士州所产低度或普通葡萄酒，是最好卖的……酒精度越低、越优雅，就越适合这个市场。"[11] 此外，伯戈因发出了与法伦相同的呼吁，即以殖民地产品为荣，对葡萄酒来源于澳大利亚一事加以颂扬，而不是去掩盖这一事实。他认为，对于英国市场，品牌应该强调葡萄酒"实质上是本土的"，并建议一位有潜力的供应商重新考虑葡萄酒的名字。他说："'澳大利亚珍珠'作为品牌名其实并不差，只是太平凡了。起一个带有本土特色的朗朗上口的名字会更好，比如'猎人河'。"[12]（伯戈因所说的"本土特色"指的是英伦三岛定居者所起的名字，而不是土著居民所起的名字）。福朗索瓦·德·卡斯特利亚还敦促维多利亚州的葡萄种植者协调种植葡萄的品种，以便他们能够以澳大利亚的产区为葡萄酒命名。他在 1891 年写道："每个人都承认，伦敦市场是我们最主要的市场，源自葡萄的酒名真的毫无意义。"为了更好地吸引这个市场，他认为："不要每个地区都有很多不同的葡萄酒酒名，比如埃米塔日、设拉子、解百纳……我们应该用自己的地名来命名，如卢瑟格伦、大西部、本迪戈。"[13] 但他的呼吁应者寥寥。

酿酒商和进口商越来越重视葡萄酒的命名，其中一个原因是国际博览会越来越受欢迎。这种博览会实际上是由某个城市在一个开阔的（有时是专门建造的）空间中举办的大型交易会。邀请各个国家或地区设立展区，将他们的商品精美、自豪地展示出来，参观者可以由此了解商品的生产情况。从 19 世纪下半叶到第一次世界大战开始前举办的这些博览会，不仅推出了举世闻名的文化产品（1904 年美国圣路易斯世界博览会使热狗流行起来），也出现了一些举世闻名的与种族主义有关的笑柄（例如同在 1904 年美国圣路易斯世界博览会上，设置了"人类动物园"，让美国人参观居住在其中的菲律宾人吃狗肉）。[14]

博览会通常会每天收取入场费，而一些展会能吸引数十万游客。能够吸引大量游客和资金，并由此获得国际声誉和媒体报道，这就是城市热衷于举办博览会的原因。为在国际舞台上展示自身的能力和地位，举办国际博览会成为诸多城市必须要去做的一件大事。

殖民地的酿酒师热衷于参加博览会，因为这将给他们一个接触潜在的新客户的机会，并可以向公众宣传葡萄酒行业在经济建设中的作用。在 19 世纪的最后几十年里，英国的人均葡萄酒消费量仅为两瓶多一点，而啤酒的消费量平均为 135 升，也就是 235 英制品脱。[15] 英国人消费的葡萄酒中，超过 85% 来自三个国家：法国、葡萄牙和西班牙。伯戈因参加了 1884 年春天开幕的伦敦国际健康博览会。如果你记得此时葡萄酒仍被吹捧为一种健康补充剂，就会明白伯戈因为什么会如此描述他的澳大利亚葡萄酒。他说："（酿酒用的葡萄）生长在含铁的土壤中，能够补充营养、强壮身体和振奋精神，值得推荐。"[16] 伯戈因对这段经历很满意，因为短短数日为他带来了许多新订单。整个夏天伯戈因的生意都很好，他再次向他在悉尼的采购人员确认，博览会"始终非常成功。每天平均有 2 万名付费参观者，我们的生意非常好。"[17] 除了与参观者面对面的接触，他们还受益于媒体对这一大型活动的报道。如果没有这次博览会，伯戈因们不可能受到这样的关注。评奖是博览会另一个重要的特色活动，因为产品获奖后，不但参展商会获得现金奖励，而且受到认可还能促进产品销售。1888

年，达尔伍德葡萄园在墨尔本的百年国际博览会上赢得了几项大奖后，将这些奖项写在了广告中。

1887 年的巴黎环球展览会在其庞大的会展中展出了一些南非葡萄酒，并在展览介绍中指出，这个殖民地"生产的葡萄酒数十年来十分有名，其中最著名的品牌是康斯坦提亚"。[18] 这种描述很可能是直接从好望角代表团的参展申请中摘取的，虽然无法表明法国人对这种酒很熟悉，但它显示出康斯坦提亚的传奇一直在延续。[19]

这一时期最重要的博览会，是 1886 年举办的印度和殖民地大型展览。在这次展览上，澳大利亚的酿酒师竞相争夺有利的参展空间。根据健康博览会上的参展经验，伯戈因对他们应该如何行事和交易有清晰的想法。他向一位展览的组织者详细说明了自己的想法，部分目的是展示他的专业知识，更重要的是他希望自己能获得进入组委会的提名。他希望："如果可能的话，酒桶应该是殖民地制造的，因为这些酒桶本身也可以作为展品……观众会对用小盒子盛装的土壤感兴趣……还要有一张殖民地地图，根据土壤的情况，以不同的颜色标明葡萄酒产区和葡萄园的位置。按照殖民地实际情况，用蜡制作与原物等大的不同品种的葡萄枝干，以及在葡萄园中使用的各种殖民地专用物品的模型，都能吸引参观者的注意力。"[20]

1883 年，澳大利亚维多利亚州在加尔各答博览会上呈现的就是这样一个展览。展台的中心是葡萄酒。迎接参观者的是"一座全尺寸的赫柏大理石雕像，两边是镀金的大酒桶和一簇簇蕨类植物"；然后，参观者会看到 2000 瓶维多利亚州所产的葡萄酒排成了双拱门的形状，上面有相同的蓝色和金色标签。[21] 赫柏是希腊神话中的青春女神，以向众神喂食仙果而闻名，维多利亚州管理委员认为其中的含义无须解释。维多利亚州葡萄酒在展览中获得了 11 枚一等奖奖牌。墨尔本的"维多利亚香槟公司"也获得了金牌，该公司生产的"布齐甜酒和澳大利亚珀尔多葡萄酒，采用的是维多利亚州生产的葡萄"。[22] 布齐甜酒是一种真正的法国香槟，因为布齐是香槟地区蒙塔尼德兰斯的一个顶级酒庄。但在这个展览会上，我们说的是地道的澳大利亚仿制品。

有些人认为，澳大利亚葡萄酒在 19 世纪后期赢得了一些国际比赛，并认为这些事件是澳大利亚葡萄酒历史上的一个转折点。毫无疑问，它们提高了澳大利亚葡萄酒的声誉，但与 1976 年对加利福尼亚州葡萄酒的"巴黎评判"相比，它们在当时并没有引起同等的关注。殖民地葡萄酒声誉的变化过程，要缓慢艰难得多。关税水平的最终改变，才是促使英国进口市场增长更重要的原因。

关税，再次发挥了作用

1879 年，一个议会特别委员会调查了以酒精含量 26 度为分界点对进口葡萄酒征收不同关税的政策的投诉，并得出结论：虽然现行的关税水平是为了给英国提供安全的葡萄酒和良好的税收收入而设定的，但这一分界点是"一个有误导性的定义，纯粹是由对英国当时流行的葡萄酒的本质与特征的知识有限造成的。"[23] 委员会提交了 500 页的证据，其中提到了澳大利亚的葡萄酒，但委员会的最终报告主要关注的是法国、西班牙和葡萄牙的葡萄酒，基本没有涉及对殖民地葡萄酒的影响。在与英国海关检查员阿尔弗雷德·贝克（Alfred Baker）的一场内容丰富的访谈结束时，委员会成员雅各布·布莱特（Jacob Bright）问道："对酒精度超过 26 度的葡萄酒征收较轻的关税，是否会促进殖民地葡萄酒大规模交易？"贝克回答说："我相信这将极大地促进澳大利亚葡萄酒的进口。我认为 26 度和 28 度之间的差别，是问题的关键。"布莱特显然很满意，接着又提出了另一个问题。[24] 尽管该委员会推荐的标准正是法伦所呼吁的，但报告中并没有提到法伦的游说工作。该委员会为自己辩护，否认了"给任何特定国家的葡萄酒产品以优惠待遇的愿望"，却预测最可能受益的是欧洲人。委员会表示："驳斥这种假设，指出这样一个事实就足够了，即我们自己的殖民地也适用同样的关税标准。"[25] 此时，高酒精含量被认为是自然的产物，而不是掺假，法伦的这一观点已经得到了越来越多的支持。总部位于伦敦的进步主义期刊《威斯敏斯特评论》(*Westminster Review*) 认为，改变关税结构将有利于殖民地贸易。它在关于英国殖民地的季度报告中，和我们之前一样，热情赞美了对跖点殖民地的丰饶，报告写道："众所周知，由于大自然对这些富饶殖民地的慷慨馈赠，它们几乎不可能产出酒精度低于 26 度这一旧标准的葡萄酒。并且，由于较高的酒精度完全是自然形成的，这些酒体饱满的葡萄酒保证对健康有益。"因此，"在新的关税标准颁布后，这些殖民地的贸易额上升"将会是很自然的事。[26]

1886 年，在"与西班牙政府进行了漫长的谈判"后，英国最终修改了关税标准，将 30 度以下（约 17% 的酒精含量）的混合葡萄酒纳入无气泡葡萄酒的序列中。[27]没有任何官方记录能够证明，这次关税调整是以促进帝国内部葡萄酒贸易或殖民地葡萄酒生产者的利益为基础的。这也不是对殖民地葡萄酒征收的关税的最后一次削减。1899 年，对于提高葡萄酒关税的建议，殖民地葡萄酒生产商再次表达了强烈不满。这一次，是加拿大的高级专员代表生产葡萄酒的殖民地提出了反对意见。他承认，加拿大似乎不应该作为支持者站出来，但他认为，促进帝国内部的贸易是所有人都应该支持的事情，而且不管怎样，加拿大在这场斗争中有利害关系。加拿大每年生产大量的葡萄酒，目前仅在当地消费，但是加拿大政府认为不久的将来可能会实现出口。然而，与欧洲生产相比，殖民地葡萄酒面临着更多的挑战，这位专员写道："他们远离英国市场，运费是欧洲国家的 3 倍；橡木原木必须从英国进口，这增加了制作木桶的成本；由于市场距离产地很远，必须维持大量库存；而葡萄酒经过海运之后，在饮用之前必须储存更长的时间（让它澄清下来）。"[28]事后看来，加拿大代表其他产酒殖民地介入此事，是 20 世纪 20 年代英国自治领之间开展经济和政治合作的前兆。加拿大在 1867 年成为一个独立的自治领（自治，但仍与大英帝国联系在一起），并因此获得了在此类事件中的领导地位。

第十二章

从墨尔本到马德拉斯：印度、塞浦路斯、马耳他和加拿大的葡萄酒

在英语世界，大部分葡萄种植活动都发生在白人移民聚居的殖民地。在这些地方，在资本和传播文明的热情的推动下，葡萄种植业迅速而刻意地建立了起来。葡萄酒的新世界就是这样通过移民者的殖民主义（settler colonialism）创造出来的。好望角和澳大利亚是其中最大、最成功的两个，然后是新西兰。并不仅有这几个国家，加拿大也拥有小规模的葡萄酒产业，也许最令人惊讶的是，印度也发展出了小规模的葡萄酒产业。在大英帝国广阔的版图上，地中海地区也有几个产酒国，但它们无疑属于"旧世界"，因为他们生产葡萄酒供当地消费和出口的历史已经超过了一千年。其中包括两个生产葡萄酒的地中海岛国：塞浦路斯和马耳他。1860年，赛勒斯·雷丁写下了《甜美多汁的塞浦路斯》（The Lusciousness of Cyprus），说它生产的葡萄酒"在英国鲜为人知"。[1]但在1878年塞浦路斯成为英国领地后，这种情况发生了改变。从19世纪60年代到第一次世界大战之前，"获得"塞浦路斯是一个时期的象征，因为无论是在新领土的快速积累，还是在英国公众对帝国的热情方面，历史学家都认为这段时期是英国帝国主义的顶峰（严格来说，就土地面积和人口而言，大英帝国在20世纪20年代要更大一些，但到那个时候，几个主要殖民地已经演变成半独立的自治领。人们的情感也发生了改变）。正如我们看到的，殖民地的葡萄酒生产商相信英国会支持他们，祝福他们的努力，然后他们以为帝国做贡献的想象和理念来回报帝国的慷慨。

根据自身的感受，葡萄酒生产商将大英帝国视为一个复杂的关系网，他们与母国之间的情感，并不是对等的。货物、理念、资本和影响力不仅

在英国和各个殖民地之间流动，后来也在殖民地之间流动。对于葡萄酒产业，这种流动中一部分只涉及货物运输的过程，比如前往对跖点的船经过好望角，或在印度洋沿岸的其他殖民地停留，又或（在 1869 年之后）是通过苏伊士运河。但殖民地之间的贸易，也同样基于共通的亲切感和共同的利益。

1879 年，《印度时报》（*Times of India*）在一篇名为《在澳大利亚的英裔印度人》（*An Angro-Indian in Australia*）的文章中写道："在澳大利亚，移民者并不被视为流放者，而被认为是充满能量的人，是宝贵的资源……澳大利亚扩大与印度之间的葡萄酒贸易，应该是最有利可图的。"[2] 就像殖民地的葡萄酒生产商以在英国销售自己的葡萄酒为荣一样，他们也把其他英国殖民地的白人定居点视为葡萄酒的天然市场。其中最明显的就是印度。我们前面已经介绍过，东印度公司在 17 世纪如何将好望角葡萄酒运到了南亚。18 世纪，从现代印度的港口城市加尔各答和孟买开始，英国的统治逐渐向内陆地区渗透。到了 1857 年，这些在英国东印度公司控制下的地区，合并为统一的英国直辖殖民地，被称为"印度拉兹"（Indian Raj）。这些入侵行为一开始是为了开展贸易和获得威望，随后小型的英国社区也来到了这里。这些社区由商人、传教士、公务员、工程师和他们的家人组成。

随着贸易而来的是占领，有时人们会说是英国帝国主义的策略。随着贸易而来的还有葡萄酒。尽管已经是葡萄酒生产国，新西兰、澳大利亚和南非在 19 世纪下半叶仍在持续进口葡萄酒。1856 年，新西兰海关从葡萄酒进口贸易中收取了约 7000 英镑的关税，虽然远低于烈酒，但高于啤酒、茶或咖啡。[3] 新西兰财政部长认为，海关收入的增加是殖民地整体繁荣程度不断提高的一个象征，那些"曾经有啤酒就能满足的移民，现在可以享受奢华的葡萄酒了。"[4] 不仅如此，一位恼怒的英国帝国主义者甚至评论说，澳大利亚的葡萄酒消费水平很低，表明"当地缺乏爱国主义精神"。[5]

英国人在殖民地建设葡萄酒产业，推动葡萄酒交易，然后对葡萄酒征税，文明教化与资本主义在联手发挥作用。对于殖民地的葡萄酒产业来说，下一个目标是印度。

与马得拉白葡萄酒相似的克什米尔葡萄酒

与澳大利亚不同，将葡萄酒引入印度次大陆的并不是早期的现代欧洲人。起源于中亚和波斯的莫卧儿帝国，在16世纪至18世纪期间扩张到印度的大部分地区，并实现了对印度的统治。莫卧儿帝国拥有灿烂的文化，以其不朽的建筑和装饰艺术而闻名于世。虽然莫卧儿帝国信奉伊斯兰教，但精英阶层普遍有饮用葡萄酒的习惯。这一帝国还有酒诗的传统，酒和酒杯也经常出现在莫卧儿王朝的肖像中。[6]在莫卧儿帝国时期，德里和阿格拉等印度北部城市消费的葡萄酒通常是从现在的伊朗地区进口的"设拉子"，在荷兰商人把贸易版图扩大到印度洋之后，来自加那利群岛的葡萄酒也进入了印度市场。[7]

19世纪30年代，赛勒斯·雷丁宣称印度是生产葡萄酒的。在19世纪的英国葡萄酒文学作品中，雷丁的作品可能是最出名的，但受到读者欢迎并不能证明他写的都是真的，也无法证明其研究过程。尽管如此，他那源自东方学学者对古印度宗教和学术的迷恋的自信描述，确实很有趣："苏摩（Suradévi）是印度教的女酒神。如今（1834年），除了北方萨特利奇河和印度河之间靠近萨特里奇河的一小块地方，印度几乎不生产葡萄酒；事实上，印度南方气候炎热，土壤太肥沃，不适合种植葡萄……在萨特利奇河另外一边的拉合尔地区，也生产上好的葡萄酒。从这里一直到孔达哈尔，再往北到克什米尔地区，都种植葡萄并生产葡萄酒。克什米尔葡萄酒和马德拉葡萄酒很像。"[8]雷丁是怎么知道这些的？他说的都是真的吗？19世纪30年代，一名英国游客曾到过克什米尔，根据他的说法，当地人对一项曾广泛存在但新近被放弃的酿酒传统记忆犹新。[9]19世纪30年代，克什米尔并不处于英国占领之下，其传统的酿酒业对英国移民在印度的消费模式影响不大，移民的葡萄酒应该是通过进口获得的。

　　总的来说，贫穷、宗教禁令和没有大宗国内供应意味着大多数印度人通常不会喝葡萄酒。因此，对亚洲和非洲殖民地上的白人移民，葡萄酒消费影响着他们看待自己的方式，具有重要的社会和文化作用。通过消费葡萄酒这种"文明"的饮料，盎格鲁人可以加强与他们企图去统治且每天都要与之交涉的当地人之间的社会距离。面对令他们感到无所适从的异域文化，杯中的进口葡萄酒，是他们成功的象征，也是他们文明生活方式的象征。法国探险家杜蒙特·德维尔指出，在 19 世纪 30 年代穿越喜马拉雅山的旅程中，他发现在西姆拉避暑的加尔各答英国居民可以享受到"所有豪华生活所需的各种奢侈品"，其中包括"波特酒、雪利酒、波尔多（葡萄酒）、香槟、莱茵白葡萄酒和好望角葡萄酒"。[10]

　　1832 年，英国议会对东印度公司的事务进行了问询。东印度公司是一家有政府背景的私营公司，在英属印度享有垄断贸易权。在问询中，议会对印度进口葡萄酒及这一业务的发展潜力非常感兴趣。1814 年至 1820 年，该公司进口到印度的主要是金属、布料，以及"毯子、羊毛睡帽、马德拉白葡萄酒、红葡萄酒、波特酒、好望角葡萄酒和白兰地等物品"[11]（羊毛睡帽可能是服饰，而不是一种有助眠作用的睡前鸡尾酒）。一名公司官员的证词表述得很精确，"葡萄酒进口到印度始于 1808 年，起因是有人抱怨无法以合理的价格采购到优质葡萄酒"。[12] 也有证据表明，在 19 世纪 30 年代早期，葡萄酒是印度河上的主要航运货物之一，路线是从加尔各答运往北方邦的城市，如恒河上的法鲁哈巴德和亚穆纳河上的阿格拉。[13] 这些葡萄酒有的是东印度公司进口的，有的是法国船只运来的。一名官员认为，葡萄酒贸易扩张的时机已经成熟，部分原因是印度人本身就有需求，尤其是在加尔各答。因为当地人"与欧洲人的关系更密切，比起其他地方的人，更大程度上摆脱了偏见和习惯"，所以，尽管葡萄酒不是传统饮品，他们也愿意消费。[14] 对这位官员来说，对葡萄酒的消费接受度是一个文明的连续集，"欧洲"和"本土"处于集合的两个端点上。

　　最有趣的是，议会问询记录显示，1829 年左右，英国官员在孟买授予了一位名叫朱塞佩·穆蒂（Giuseppe Mutti）的意大利人一块土地，以试验生产丝绸、摩卡咖啡和葡萄酒。他将自己的"种植园"命名为卡托尔巴格，后来的一位作家认为它应该位于普纳附近，[15] 处在孟买贸易圈的范围内。由于他曾长期在意大利从事丝绸贸易，他在丝绸贸易方面有一些成功经验。当然，一千年来，印度的丝绸工业一直十分繁荣。到 1830 年，他的葡萄酒实验还没有得出结果，因为葡萄"是一种需要一段时间才能做出判断的植物"，但他声称自己每天都在忙着照料一个"大葡萄园"。[16]

仅有这样一个孤立的证据，不足以说明英国在印度有酿造葡萄酒的传统，不过它确实重复了我们在其他地方看到的模式：允许有技能的外国人试验生产一些在出口贸易中有利可图的奢侈品，同时这些产品在文化上对殖民地定居者的文明生活也至关重要。但在官方鼓励酿酒葡萄种植业方面，我还没有发现英国官员在印度积极推动葡萄种植的证据。原因可能是虽然印度是英国的殖民地，但并没有大量的白人移居于此。在英国的统治下，确实有成千上万的欧洲人生活在印度，但在这个幅员辽阔的国家里，他们只是极少数。与澳大利亚或新西兰不同，在英国官方心中，印度不是一个人口稀少、适合白人来传播文明的地方，因此也没有在这个国家栽培葡萄的未来愿景。在印度的大多数英国居民也并不打算长久地留下来，用哈利奥特·达弗林（Hariot Dufferin）夫人的话来说，他们"只是候鸟"。哈利奥特·都芬林出生于北爱尔兰，是一位在印度工作的勤劳的女管家。[17] 与在对跖点和好望角的移民不同，在印度的欧洲人通常只打算从事服务工作或发大财，然后返回祖国。

19 世纪末和 20 世纪初，当白人定居的殖民地开始要求成立代议制政府（面向欧洲后裔）并转变为帝国的独立自治领时，殖民地在英国官方心中的分类变得更加明确。1867 年，加拿大首先联邦化，随后是 1901 年的澳大利亚联邦、1907 年的新西兰联邦和 1910 年的南非联邦。自 19 世纪80 年代，印度国民大会（Indian National Congress）等组织就开始委婉地提出印度成立代议制政府的要求，但遭到了许多英国官员的拒绝和嘲笑。一场极具计划性的反殖民运动在 20 世纪蓬勃发展，印度在 1947 年成为一个独立的国家。各个殖民地实现自治的速度充分体现了这一点：是否有大量白人定居决定了英国对殖民地的看法。对葡萄种植业的投资水平和兴趣，也反映了这一点。

不过，澳大利亚进军印度葡萄酒市场时的宣传，再次强调了整个帝国的白人是团结一体的，再次肯定了白人移民在帝国和经济中扮演着重要角色。19 世纪末和 20 世纪初，英国人办的印度报纸上刊登了许多关于澳大利亚葡萄酒贸易的新闻。这些名为新闻实为社论的文章，促进了澳大利亚与印度之间葡萄酒贸易的发展。《印度每日新闻》(Indian Daily News) 曾指出，澳大利亚移民在积极努力地向印度推销他们的葡萄酒，他们"致力于澳大利亚葡萄酒的推广，澳大利亚葡萄酒现在在整个殖民地都很流行，最近还在波尔多葡萄酒展上获得了很高的评价。"[18] 其潜在的含义不仅仅是，在印度的英国人应该购买澳大利亚的葡萄酒，还解释应该这样做的原因是，澳大利亚定居者身上体现出了殖民的好处。

面向在印度的英国妇女的家庭管理指南和烹饪书表明，葡萄酒被认为是家庭中的重要饮品，是兼具社交与医疗用途的必备产品。19 世纪 40 年代，加尔各答艺术家穆罕默德·阿米尔（Muhammad Amir）创作了一系列以仆人为主题的水彩画，其中包括一名斟酒的男子。照片中的仆人穿着白色的长围裙，双手分别拿着一个瓶子和一个玻璃杯。[19] 弗洛拉·斯蒂尔（Flora Steel）和格蕾丝·加德纳（Grace Gardiner）的经典著作《印度管家与厨师》(Indian Housekeeper and Cook) 于 1888 年首次出版，在其"印度斯坦"基本词汇（"常见一般消费品"）[20] 中列出了"葡萄酒"和"葡萄烈酒"，并建议女主人用红葡萄酒和霍克潘趣酒招待客人。但在这样的指南中，我还没有发现具体说明该用哪一种葡萄酒，也没发现一定要使用产自欧洲的葡萄酒的例子。殖民地葡萄酒确实在一定程度是受歧视的，这可能反映了其低劣的质量。1846 年，澳大利亚的葡萄酒生产还处于早期阶段，一位澳大利亚记者担忧地表示，"只有历史悠久的葡萄园才能出产真正的好葡萄酒，这是一个得到充分确认的事实"，并奉承他的读者说，年轻的澳大利亚葡萄酒可能"是一种太过单调的混合物，不适合喜欢咖喱的英裔印度人的口味"。[21] 但是，将葡萄酒混合成潘趣酒是一种很好地利用廉价葡萄酒并提升葡萄酒口感的方式，因此殖民地葡萄酒显然非常适合制作这种在殖民时期的印度非常流行的饮品。另一位伦敦记者在1849年写到，尽管"到目前为止，我们对殖民地葡萄酒的体验并不是很愉快"，但殖民地葡萄酒的品质一直在提升，澳大利亚新近生产的类似莱茵白葡萄酒的葡萄酒达到了"一般水平……非常适合东印度群岛市场"[22]。一些记者声称，澳大利亚将最便宜、质量最差的葡萄酒送到了印度，而不是英国，这破坏了澳大利亚人的名声，浪费了一个庞大的潜在市场。[23]虽然这只是传闻，但它反映了一种观点，即印度市场的竞争不激烈，那里的消费者没有太多选择。

从理论上讲，好望角和对跖点殖民地向印度出口葡萄酒也要比向英国出口容易得多。在印度，来自欧洲葡萄酒的竞争会减少，运输成本也会降低。好望角可以利用正在前往印度途中的船只，他们自17世纪60年代以来就一直是这么做的，而澳大利亚到印度的距离比到英国近得多。早在1825年，詹姆斯·巴斯比就提出了这一理论，他在写到将澳大利亚葡萄酒运往印度的可能性时说："（从英国到澳大利亚）载有罪犯和移民的船只由此返航时可以装载一些货物；或者，他们在前往印度寻找回程装载的货物时，可以装上一船葡萄酒来代替压仓物"。[24]雷丁在1860年出版的书中，表达了更加积极的感受。他写道："澳大利亚葡萄酒在加尔各答的市场上每打能卖到32先令，澳大利亚的葡萄酒酿造得如此成功，真是令人欣喜。"[25]19世纪70年代，詹姆斯·法伦为了证明他的葡萄酒质量很好并经得起海上运输，向他希望进入的特定市场的各类葡萄酒专家征求了书面证明和证书，然后他将这些证明集合起来，发表了一本名为《澳大利亚的葡萄与葡萄酒》（*Australian Vines and Wines*）的书。其中包括一份来自"加尔各答著名品酒师约翰·戴维斯先生及其公司"的质量证书，证明他们品尝过他的各种葡萄酒，且这些葡萄酒"酒体纯净、品质优良，可与欧洲葡萄酒媲美"。[26]

在19世纪60年代和70年代，澳大利亚的葡萄酒产业得到了相当大的发展，澳大利亚的葡萄酒代理商因此一直在寻找这样的机会。温德姆家族拥有澳大利亚猎人谷的达尔伍德葡萄园。附近港口城市纽卡斯尔的一个代理商与该家族合作，负责葡萄酒在海外的运输和销售。1872 年，代理商在给温德姆的信中激动地谈到了一份来自英属锡兰（今斯里兰卡）的订单："锡兰的一些朋友委托我挑选一些葡萄酒供他们品尝，如果您能告诉我您认为哪种葡萄酒最好，我将非常高兴。我的两个朋友一共要八打，具体的事都交给我。他们更喜欢白葡萄酒，而不是红葡萄酒。"[27] 不过，他经常受到航运物流的影响。约翰·温德姆的货运代理在马德拉斯（今金奈）、孟买和加尔各答为他找到了许多客户，并尝试小批量、频繁发送货物。他在满足这些印度订单时经常遇到困难："本周，除了加利福尼亚，没有任何到其他港口的船只。因为货物太少，船只都滞留在港口……已经五周没有开往印度的船了。"

只有两艘开往中国的船……现在有十八艘船被派往加利福尼亚，全都是美国人的船。如果有更多的英国船停泊在港口，驶往加利福尼亚以外的任何地方，我也不会感到这样难过。[28] 在另一个场合，他再次哀叹道："目前没有船开往马德拉斯，很难说什么时候能有船去往那个地方。'里亚尔托号'将于 9 月 14 日从墨尔本出发前往马德拉斯……还有一种办法，可以从这里装船运到锡兰，然后再从那里搭乘往来于锡兰和马德拉斯之间的轮船。下个星期本港就有一艘船去锡兰，但这条运输路线成本是最昂贵的，我当然建议从墨尔本直接装运。"[29] 从墨尔本港装运比听起来难得多，因为当时维多利亚州和新南威尔士州是两个不同的殖民地，并且从悉尼到墨尔本的航程超过 600 海里①。

尽管如此，澳大利亚的酿酒师们始终在为打开印度市场而努力。维多利亚州、新南威尔士州、南澳大利亚州和塔斯马尼亚州，澳大利亚的四个殖民地都参加了 1883 年的加尔各答博览会，数十家葡萄酒生产商提交了他们的产品，参加了展示和比赛。参与者认为参加博览会是一项严肃的事务，可以为澳大利亚带来巨大的贸易额，并为澳大利亚赢得尊重。澳大利亚各殖民地都建立了官方委员会，并投入资金来建设引人注目的展位。

---

① 1 海里 =1852 米。——编者注

维多利亚州的委员会进行了一项调查，调查结果显示了向印度出口澳大利亚葡萄酒的潜力和挑战。总的来说，委员会认为这有可能成为一项"利润丰厚的业务"，但需要两个前提。首先，澳大利亚葡萄酒代理必须在印度建立自己的葡萄酒仓库，以确保进口到印度的澳大利亚葡萄酒得到谨慎处理，然后以适当的方式进行营销和销售。仅仅把它们卖给历史悠久的酒商是不行的，因为这些酒商没有什么动力建立与澳大利亚的贸易关系，澳大利亚葡萄酒的市场会越来越小。委员会的第二项建议显示了对澳大利亚葡萄酒命名方式的深刻见解。参展的葡萄酒都是以酿酒时用到的主要葡萄品种命名的："包括了多塞特、马尔贝克、玛塔罗、佩德罗·西梅内斯、古埃、亚历山大麝香葡萄、设拉子、奥卡罗、解百纳、歌海娜、露喜龙和苏维翁等令人眼花缭乱的名字。"普通的印度消费者极少有人会仅仅根据标签选择上述任何一种葡萄酒，原因很简单，他们对标签代表的东西一无所知。[30] 即使是当时的葡萄酒爱好者，也会对其中一些名字感到困惑，并对澳大利亚种植了如此多种不同的葡萄感到惊讶。古埃和奥卡罗两个品种，[31] 现在已经无从查证了；玛塔罗现在被称为莫纳斯特莱或慕合怀特，在澳大利亚通常被混在设拉子葡萄中，但在成酒中并不标出。不过，在 1884 年，并没有人提议澳大利亚生产商应该把自己的葡萄酒贴上更知名的葡萄酒品种的标签。该委员会认为，出口商应该使用这样的技巧：坚称"我们有六种知名的葡萄酒品种，例如，波尔多和霍克、托考伊和马德拉、波特酒和雪利酒。"[32] 这是一种营销策略，而不是对种植者的指导。以此类推，德·卡斯特利亚和罗恩送展的获奖葡萄酒"1879 年的苏维翁红葡萄酒，拉菲堡型（原文如此）"，[33] 应该简单地贴上干红葡萄酒的标签。因为风格很容易分辨，而大多数葡萄品种则很难辨别。

加尔各答国际博览会也让印度葡萄酒第二次获得了国际关注。查谟和克什米尔的大君兰比尔·辛格（Ranbir Singh）是一位著名的英国盟友，他曾将法国葡萄藤进口到克什米尔，但后来这些葡萄树感染了根瘤蚜，需要用美国葡萄根茎作为砧木来替换。在博览会上，他向观众展示了自己酿造的红葡萄酒和白葡萄酒，其中白葡萄酒还赢得了一枚奖牌。但关于这些酒所用的葡萄、产量和风格，都没有细节信息。1898 年，一名克什米尔的导游说，这些葡萄酒是在戈普卡酿造的，使用的是生长在"奇什马·夏希（Chishma Shahi）附近"的葡萄，售价如下："红葡萄酒每打 14 卢比；白葡萄酒每打 12 卢比。干邑 3 卢比一瓶，一级白兰地 2 卢比一瓶，二级白兰地 1 卢比一瓶。"[34] 一位名叫马里昂·道蒂（Marion Doughty）的英国女士曾在 1900 年访问过克什米尔，她写道，在一位意大利酿酒师的指导下，那里的葡萄园生产了"大量的巴尔萨克和梅多克葡萄酒"，"虽然味道仍然有点粗糙，但它们已经算是很好的加度葡萄酒，如果按照一瓶约 1 卢比的价格出售，将会大受欢迎"。[35] 在新兴葡萄酒行业，我们对这样的说辞已经耳熟能详，它们颂扬殖民地葡萄酒的实力和廉价，并表示有光明的未来。然而，考虑到克什米尔与主要市场在地理上的相对隔绝，运输是一个大问题。

加尔各答的官方报告指出："印度作为一个葡萄酒生产国进入市场的想法似乎让大多数人感到可笑，一些殖民地参展商甚至对此持有强烈的怀疑态度。"[36] 作为博览会上的主要葡萄酒参展商，澳大利亚人知道酿造葡萄酒有多么困难，他们可能一直对印度的气候和印度人的能力持怀疑态度。但他们也可能是因为着眼于印度市场，不希望有潜在的竞争者。

澳大利亚和印度之间的葡萄酒贸易有多成功？在某种程度上，这是一个方法论的问题。帝国和殖民史研究已经重新把注意力集中在了殖民地之间的联系上，但 19 世纪的资料反映出了官方对于核心和边缘事务的区分标准。例如，有关殖民地生产和贸易的统计数据中，最容易获得的往往是由伦敦议会委托统计的，分别记录了每个殖民地，或每个殖民地与英国的贸易数量，但我一直无法找到 19 世纪澳大利亚出口到印度的葡萄酒数量的精确数据。这本身就可以表明，这是一个几乎可以忽略不计的数字，而考虑到 19 世纪航运业所面临的挑战，这种情况也不难理解。尽管产品一直遭到排斥，为什么殖民地的葡萄酒生产商还能坚持不懈地努力？很多关于帝国时代商品的文章很自然地将其归因为英国人对殖民地商品的贪婪胃口、广阔的市场、巨大的财富和充分的流动性。实际上，澳大利亚人在印度为自己的葡萄酒找到了一个明确的市场，但为占领这个市场所做的努力遇到了障碍。这让人想起了历史学家安德鲁·汤普森（Andrew Thompson）和加里·马吉（Gary Magee）的观点，即殖民地市场可能很难渗透，我们不应该认为在白人定居的殖民地之间，贸易能够自然而顺利地发生。

也就是说，在殖民地之间明确存在完全绕过了英国本身的国际交流网络。根据 19 世纪一位法国地理学家的说法，法国的殖民地新喀里多尼亚不能生产葡萄酒供自己消费，"不得不从澳大利亚和新西兰购买大量的海外葡萄酒"，[37] 仅 1883 年一年进口总额就达 160 万法国法郎，比该殖民地进口的谷物、水果、蔬菜、糖和动物的总额还要高。与英国移民不同，葡萄酒是法国移民不可或缺的生活必需品。在新西兰大多数葡萄酒市场上，澳大利亚葡萄酒也比欧洲葡萄酒便宜得多。在惠灵顿，欧洲葡萄酒的价格是澳大利亚葡萄酒的两倍，[38] 这使澳大利亚葡萄酒获得了竞争优势，也获得了一个相对容易进入的市场。达尔伍德葡萄园的葡萄酒是在海外销售的，记录显示，葡萄酒在一周内被运往中国香港、毛里求斯、孟买、巴达维亚、新加坡、伦敦和新西兰等多个目的地。[39] 达尔伍德是一个较大的葡萄园，在一位着有良好销售网络的代理的帮助下，它的产品得以在整个大英帝国销售；而在大规模出口的同时，它也小规模地在本地销售。

应该多喝一些

1844 年，著名的英国诗人伊丽莎白·巴雷特·勃朗宁（Elizabeth Barrett Browning）写了一首充满热情（或许还有点醉意）的诗《塞浦路斯的葡萄酒》（Cyprus Wine），在这首诗中，诗人将饮用这种酒比喻为阅读华丽的古希腊诗歌。[40] 她在第二节中写道："真的，当酒是如此美妙的时候，就应该多喝一些。"[41] 亨利·乔治·基恩（Henry George Keene）是东印度公司的一个基层管理者，后来成为作家，出版了一本书，名为《写在印度的诗》（Poems Written in India）。在书中，他的一首诗赞扬了塞浦路斯葡萄酒。在诗中，他请求赫柏，即在加尔各答国际博览会澳大利亚葡萄酒展位上布置的古代女酒神，能"面带微笑地为我斟满一杯，因为所有的神都诞生在塞浦路斯的葡萄酒中"。[42]

塞浦路斯是一个地中海岛屿，居民说希腊语和土耳其语。在 1878 年之前，它一直处于奥斯曼帝国的统治之下。1878 年，英国和奥斯曼帝国之间的一项秘密协议使它成为英国的受保护地（严格来说，它仍然是奥斯曼帝国的领地，作为一种防止俄国入侵的战略，受到英国统治）。既然澳大利亚人和南非人可以把他们的葡萄酒卖到印度，那么地中海岛屿的人是否也可以把他们的葡萄酒卖到英国呢？19 世纪 70 年代末的殖民统治者的回答是肯定的：应该多喝一点葡萄酒，也就意味着应该鼓励塞浦路斯和马耳他制造和销售更多的葡萄酒，并为此多交一些税。塞浦路斯比马耳他大得多，它所产的葡萄酒在英国市场上也比马耳他葡萄酒更有名气。

就像好望角有康斯坦提亚一样，塞浦路斯也有一种著名的传奇葡萄酒，叫作卡曼达蕾雅酒，一种餐后甜酒。这款酒与其出产的土地同名，声称是源自中世纪的古老品种。于康斯坦提亚类似，"卡曼达蕾雅"也在 18 世纪和 19 世纪的英国流行文化时有出现中，但频率较低。它被认为是一种女士专用酒，[43]据德鲁伊特医生说，它可以被开给"哺乳期的母亲、康复期的儿童等"。[44]19 世纪 70 年代，一位爱尔兰记者甚至将一种产白南澳大利亚州高勒地区的由芳蒂娜和麝香葡萄酿造的白葡萄酒描述为"一种甜白葡萄酒，酒香和味道与塞浦路斯葡萄酒很相似"。[45]伦敦的一份报纸在 1824 年宣称，卡曼达蕾雅酒是"最优质的甜葡萄酒"，而塞浦路斯是一个具有巨大葡萄种植潜力的地方。一位记者说："如果种植得当，仅坎迪亚（克里特岛）和塞浦路斯就能满足我们对各种葡萄酒的需求。"[46]在没有英国人监督的情况下，能放心让当地人自己耕种吗？

附近的马耳他在葡萄种植方面也缺乏必要的技术。虽然马耳他人已经有几千年的葡萄酒酿造史，但并没有以此牟利，这在一位英国官员看来是一种表现不佳的象征。地中海诸岛生产葡萄酒已经有几千年的历史了，使用的是当地的葡萄品种，比如格露莎和吉尔根蒂娜。[47]1800 年，马耳他成为英国属地，开始向英国少量出口葡萄酒。19 世纪，英国地方报纸的订阅者偶尔能读到有关船只从马耳他将葡萄酒运往法尔茅斯和普利茅斯等南部港口的报道。这些葡萄酒的原产地不一定是马耳他，有可能是从地中海其他岛屿（如西西里岛）转运的葡萄酒。事实上，到了 19 世纪末，葡萄酒已经是马耳他的主要进口商品之一。例如，1896 年，马耳他从意大利、希腊和土耳其等过进口了价值 13.8 万英镑的葡萄酒。对于一个总人口只有约 16 万（其中大部分是穷人）的群岛来说，这是一笔不小的数目。但这些葡萄酒不一定都是当地人消费的。马耳他不仅拥有中等规模的旅游业，并且它还可以将商品转口到其他目的地。[48] 不过同一年，马耳他只出口了价值 2000 英镑的葡萄酒。[49] 几十年来，在马耳他港口从事葡萄酒贸易的码头工人的工资一直在下降，是同类工人中最低的。[50]

马耳他的葡萄酒产业在商业上并不成功，但也没有证据表明英国官方有过促进这一产业赢利的打算。这一奇怪现象可能与人口和地理条件有关。在好望角和对跖点，殖民者认为那里有大量土地可供他们占领，而马耳他不一样，即使在最野心勃勃的官方想象中，它也不是无主之地。这个小群岛上的居民已经非常密集，几乎没有进一步发展农业的空间。把现有的农民从他们的土地上赶出去也是个大问题，因为没有边疆或内陆可以把他们流放出去。此外，他们是欧洲人，拥有英国官方认可并多少还会有所尊重的机构，比如天主教会。英国人在其他殖民地实行的"种植园 + 出口"的政策并没有延伸到马耳他的葡萄种植业上来。

马耳他葡萄酒进入英国立法记录，是因为关于公平税率和酒类销售执照收费的讨论。一方面，人们认识到了马耳他的贫穷，它实际上无法产生多少经济收入；另一方面，它是英国的殖民地，应该为公共财政贡献自己的份额。19 世纪 70 年代，有人进行了调查并向议会提交了报告，指出葡萄酒是常规消费品。不过，当地天主教会的一名发言人反对提高葡萄酒关税，因为对马耳他工人来说，"葡萄酒几乎是和面包一样的必需品"。[51] 一名当地专业人士也在议会作证，反对对葡萄酒征税。他认为，虽然对英国人来说"葡萄酒是奢侈品，但在马耳他，它是必需品"，而且是劳动人民重要的热量来源。[52] 事实上，一份更加深入的研究报告认为，这个帝国的小殖民地应该降低向普通马耳他农民出售葡萄酒的小杂货店的许可证费用，相反应该打击"烈酒店"，因为这些店的经营者"品行不良，以出售掺假和不卫生的酒而出名"。[53] 维多利亚时代对掺假的耿耿于怀，以及对"有益健康"的葡萄酒和"有害健康"的烈性酒的区别对待，也延伸到了小小的马耳他。

相比马耳他，塞浦路斯岛面积更大，被认为有更大的工业潜力，甚至是（英国）迫切需要的。一位前高级专员向皇家地理学会解释说："塞浦路斯农业的繁荣是政府最感兴趣的事情，因为财政收入完全取决于农业发展。"酿酒葡萄是岛上主要的农产品之一，岛上生产的葡萄酒 80% 出口到了国外（主要是埃及和土耳其），但他认为这个行业不可持续。这在一定程度上是由于平均分配遗产的习俗。按照这种习俗，在父母去世后，土地会被平均地分给子女，导致一些土地变得太小，实际上无法使用。此外，他厌恶地写道，这里的葡萄种植方式是"最原始的"，"葡萄酒也是用最粗鲁的方式制造的"。[54]

与马耳他一样，英国官方资料中关于塞浦路斯葡萄酒的很多讨论归根结底是在讨论正确的征税方法和征税水平。奥斯曼帝国的统治者曾向葡萄种植者征收什一税，但英国的税收人员发现，在这个劳动密集型的行业征收什一税很容易被欺骗，于是转而对酒类征收消费税。皇家殖民研究所（Royal Colonial Institute）认为，缺乏投资阻碍了贸易发展；一些人认为塞浦路斯已经获得了足够的政府补贴，另一些人则反驳说，塞浦路斯需要政府赠款形式的刺激，以升级港口设施和吸引投资者。[55]（19 世纪 70 年代末，一群"英国绅士"在英国报纸上登广告，为塞浦路斯的葡萄酒出口业务寻找投资者，这本身就表明，传统的投资者对该岛的前景有所怀疑。）[56] 不过，双方都对塞浦路斯由英国托管了近 20 年后没有变得更"发达"、更繁荣感到遗憾和沮丧。英国政府对当地居民也明显缺乏亲近感，在英国官方资料中，他们被称为"农民"，而这似乎是对投资和拨款进行讨论的基础。澳大利亚和好望角的葡萄酒生产商在寻求援助时强调了他们的忠诚和他们源于英国的特点，而在涉及塞浦路斯葡萄酒时，这种论调在官方领域是不会出现的。

神并不是从塞浦路斯的葡萄酒中诞生的。这让热心的官僚感到失望，而其中有些酒甚至是有毒的。英国统治塞浦路斯初期曾爆发过一个小丑闻，当地出口法国的一批葡萄酒被发现掺入苯胺染料，这可能是为了让酒的颜色更好看[57]（深陷根瘤蚜危机的法国迫切需要廉价的葡萄酒，不过还没到喝这种酒的地步。这些酒被丢弃在了马赛港）。掺假——维多利亚时代消费者的痛苦之源，再次来袭。

在 19 世纪末的报纸上，偶尔会提到塞浦路斯的葡萄酒，但通常都是地产销售和拍卖的广告，而不是酒商的直销广告。唯一的例外是英国报纸上刊登的一款塞浦路斯红酒的广告，该红酒以佩拉酒庄的品牌出售，在 19 世纪 90 年代具有"特殊价值"。[58]詹姆斯·丹曼（James Denman）是一名专门经营南非葡萄酒的酒商，他有时会为一系列希腊葡萄酒做广告，说"这些葡萄酒绝对纯净，没有加入烈酒来增强口感"，其中就包括一款塞浦路斯葡萄酒。[59]但总的来说，在 19 世纪的最后几十年里，塞浦路斯向英国出口的葡萄酒数量非常少，甚至连塞浦路斯的议会账目中都没有列出这一条目。[60]

加拿大

19 世纪的加拿大葡萄酒产业基地，位于安大略省靠近汉密尔顿和圣凯瑟琳的南部地区。该地区位于多伦多西南，紧靠安大略湖。这主要是一个生产谷物的地区，并拥有配套的碾磨工业。在 1873 年的一本地名辞典中，对圣凯瑟琳的描述中并没有包含葡萄酒产业。[61]然而，有一个"加拿大葡萄种植者协会"（Canada Vine Growers' Association），总部设在汉密尔顿。它实际上不是一个合作或游说组织，而是一家私人公司。该公司是合法成立的，因为议会在发布法令时援引了"鼓励在（加拿大）自治领种植葡萄和制造葡萄酒"的普遍愿景。[62] 该公司在 1878 年曾向巴黎博览会申请葡萄酒展位，但最终没有出现在展览目录中[63]。它也遵循先例，寻求利用医学意见来证明其葡萄酒的卓越质量。在《加拿大医学科学杂志》（*Canadian Journal of Medical Science*）发表的一篇毫无价值的文章中，该公司发现两名大学教授已经准备好宣布其葡萄酒"非常纯净"，甚至"与法国许多最好的葡萄酒相提并论"，因此它们适合用于医学治疗。[64] 葡萄种植者协会在 1883 年安大略省农业展览会上包揽了所有"商业化葡萄酒"的奖项，包括干葡萄酒、甜葡萄酒、起泡葡萄酒和"加拿大红葡萄酒"。此外，还有一个专门的奖项，用于奖励使用"耐寒"葡萄（如康科德等本土葡萄）的业余酿酒师。不过，专业和业余两种类别的参赛产品总共只有 33 种。[65]

　　官方对安大略葡萄酒行业的前景也颇为好奇，一份官方报告宣称，19 世纪 80 年代初葡萄酒行业"稳步增长"，并将很快变得"相当重要"。[66] 加拿大农业专员从 1881 年的墨尔本国际展博览会上采购了葡萄酒（和谷物），[67] 显示他们有兴趣了解澳大利亚在这些领域的做出的更多努力。[68] 安大略立法机构收集了各种农产品的信息，以了解其市场潜力，葡萄就是其中一种。1883 年，种植者被要求到安大略省果农协会（Fruit-Growers' Association of Ontario）作证，证明这里能种出最好的葡萄，并且产量足以对外销售。种植者们不太合作，因为很少有人对产量做过精确的记录，很多人抱怨像蓟马这样的害虫会吃葡萄叶，还有一些人对官方机构对他们的业余行为感兴趣表示了惊讶。他们大多自称种植的是康科德、伊莎贝拉和特拉华等鲜食葡萄，而不是欧洲酿酒葡萄（"农民想要纯正的本土葡萄……并不想要外国品种"）。[69] 少数从事酿酒业的人描述说，必须在葡萄汁中添加糖和水。一位酿酒师夸口说，一位曾在波尔图居住过的英国游客品尝了他的加拿大波特酒，说它非常好。还有人比较了他们改造家庭设备的技术。

　　哈斯金斯先生（Mr Haskins）：用非常粗糙的筛子压榨葡萄不是比用香

肠机更好吗？

斯威策先生（Mr Switzer）：这样也许也可以，但我们是把机器放在浴缸上，通过它把葡萄磨碎。[70]

的确，19 世纪英国有一种被称为"肉酒"的产品，在酒中加入肉类提取物以增加酒的营养价值（据说），[71] 但它并不需要香肠机。斯威策先生继续说道："如果你让它放上四五年，你就会得到一款让你大吃一惊的葡萄酒。"[72] 这无疑是真的。

对于其他殖民地用来描述葡萄酒产业的语言，这里人也不陌生，包括对光明未来的承诺，大胆地宣称殖民地葡萄酒与其他欧洲产品一样优质健康，官方对整个计划的赢利能力的好奇心等。一位为官方提供证词的酿酒师甚至提出，他的酒有助于戒酒。虽然他没有详细说明，但他可能指的是引导人们远离烈酒，而烈酒当时在加拿大很流行。尽管有相同的说辞，但安大略式的葡萄栽培项目的规模要比同时代的澳大利亚、好望角甚至新西兰小得多，也业余得多。这样的产品当然不适合出口。不过，这件事并不紧迫，因为加拿大已经确立了自己作为帝国主要粮食供应国的地位，不需要出口葡萄酒。每个自治领和殖民地都要为整体尽自己的一份力。当帝国发现自己陷入一场全球战争时，这一点变得更加明确。

第三部分

市场：1910—1950 年

第十三章

廉价劣质酒殖民地葡萄酒与第一次世界大战

1914年夏天，精心培育的欧洲联盟体系像纸牌屋一样崩塌了，英国与德国开战。

杰拉德·阿基里斯·伯戈因少校（Major Gerald Achilles Burgoyne）是葡萄酒进口商彼得·邦德·伯戈因的次子。杰拉德出生于1874年，而19世纪80年代他的父亲正在殖民地构建自己的葡萄酒王国。当他还是个孩子时，就曾陪着父亲去澳大利亚购买葡萄酒。杰拉德没有进入家族企业，而是成了一名职业军人，负责指挥了一个皇家爱尔兰团，并在1914年被派往法国与比利时南部边境附近的西部前线。在战争的前一年半，他认真地写日记，毫无保留地记录了艰苦的军旅生活。[1]

死亡、疾病、无聊、缺乏交流、没有热水、被浪费得毫无味道的口粮、在泥泞的田野里被断肢绊倒，伯戈因少校笔下的战争图景无比惨淡凄凉。在士兵中弥漫着焦虑和绝望的情绪，伯戈因麾下的一名士兵甚至在他们的船离开英国水域前往法国之前就试图自杀。虽然伯戈因认为严格的纪律是防止全面混乱的必要条件，但他对在绝境中惊慌失措的战士们仍保有一些同情。

他为在英国的家人记录了自己在前线的经历，这与他父亲的世界大不相同。他父亲的世界，是由储存葡萄酒、鉴定葡萄酒、葡萄酒跨国运输和为了更有利的关税政策进行的游说活动组成的。杰拉德在军队中身居高位，著名摄影师巴萨诺（Bassano）为他拍摄的肖像现在仍挂在（英国）国家肖像美术馆（National Portrait Gallery）。这些表明，借助父亲殖民地葡萄酒进口生意的成功，他的家族得以跻身社会名流。葡萄酒行业的地位并不是特别高，因为它不需要正式的资格证书或学位，却需要大量的体力劳动，并且与酗酒和造假有某种因果联系。然而，伯戈因在商业上的成功，给他带来了财富，也给他带来了可以传给下一代的社会地位。彼得·邦德·伯戈因有四个儿子和四个女儿。他有三个儿子在第一次世界大战期间加入了军队，军衔为少校或中尉，他的四个女婿也是如此。他的儿子卡斯伯特·伯戈因（Cuthbert Burgoyne）是个例外。卡斯伯特居住在英格兰，接管了家族的葡萄酒生意。在澳大利亚第一任工党总理、战时驻英国高级专员安德鲁·费舍尔（Andrew Fisher）的推荐下，卡斯伯特得以免服兵役的，因为"他的工作对澳大利亚的葡萄酒行业非常重要"。[2] 澳大利亚媒体自豪地指出，这是一个特例。英国实行的是强制征兵制度，企业主通常不会被免除兵役。忠心的媒体相信，这无疑表明了即使是在战争期间，殖民地葡萄酒也十分重要。

第一次世界大战是帝国主义和殖民主义的战争。首先，这是一场欧洲帝国列强之间爆发的战争，关系到各自殖民地的命运。这场战争的直接催化剂是奥匈帝国的继承人弗朗茨·斐迪南大公（Archduke Franz Ferdinand）在塞尔维亚被一名反殖民的民族主义者刺杀。当其他欧洲大国动员起来应对这一事件时，他们不仅仅是在遵守欧洲的外交均势协议，还因为他们注意到了当一个帝国失去对其殖民地和附属国家的控制时所产生的权力真空和创造的扩张机会。俄国盯上了巴尔干半岛上的奥匈帝国领陆，法国和英国在几年前因德国对摩洛哥的野心发生了冲突。战争的结果是几个帝国在战争中崩溃，获胜的帝国吞并了他们之前占领的殖民地。第一次世界大战对欧洲战胜国法国和英国的政治和人口产生了巨大影响，其中包括他们夺取了之前属于德国和奥斯曼帝国的领土。其结果是，在获得美索不达米亚和巴勒斯坦等新领陆后，大英帝国的土地面积和人口在 20 世纪 20 年代达到了历史顶峰。

这场战争也是一场殖民地战争，因为当帝国主义列强开战时，无论愿不愿意，他们的殖民地和海外领地也会被动员起来。尽管白人自治领此时控制了大部分内政，但其从属地位意味着英国保留了对外交政策的控制权。因此，除了大约 600 万英国人（略高于总人口的 10%），英国从全球各地的殖民地调集了 250 万人。白人自治领加拿大、澳大利亚、新西兰和南非贡献了大约 100 万军队。考虑到它们大约 1400 万的人口规模，这是一个相当大的数字。[3]特别是对澳大利亚人来说，众所周知的澳新军团是民族自豪感的源泉，并因为加里波利战役成为一个传奇。总人口超过英国的印度派出了 150 万军队。在某种程度上，南亚人很少因牺牲受到赞扬和认可。战争期间，白人自治领参与了英国内阁的决策。战后，前德国殖民地被授予了一些自治权，它们就仿佛是帝国的学徒一样，在后者承认其行为已经成熟之后，被赋予了更多的责任。例如，之前属于德国的西南非洲（German South West Africa）成为南非的领土，并一直保持到 20 世纪 60 年代。相反，印度期望自己在民主参与和自治方面取得的重大进展得到承认，但对结果非常失望。

因为深陷帝国贸易和运输网络之中，各殖民地也受到了战争的影响，这直接削弱了葡萄酒产业。不过，影响不是即时的，各地受到的影响程度也不同。在第一次世界大战期间，许多欧洲葡萄园被暂时关闭，随后又遭到破坏，这实际上在短期内促进了殖民地葡萄酒产业的发展。西线战场与香槟地区的葡萄园距离很近，国际报纸报道说，军队会在葡萄园中行军，工人则在炮火声中采摘成熟的葡萄。[4]许多农业工人离开工作岗位去参军，这造成了葡萄园工人短缺。尽管澳大利亚的葡萄园没有发生真正的战斗，但和法国一样，出现了工人短缺问题。战前在英国很受欢迎的德国葡萄酒在某种程度上成了禁忌。

他们的损失就是我们的收获

在第一次世界大战之前的十年里，英国进口的葡萄酒只有 8% 来自大英帝国的殖民地。它们主要来自澳大利亚，还有一小部分来自好望角、马耳他和塞浦路斯，其余的则来自欧洲葡萄酒生产国，主要是法国、德国、西班牙和葡萄牙。正如我们所看到的，这与 19 世纪中期相比是一个重大的转变，当时英国一半的葡萄酒来自葡萄牙，好望角葡萄酒比法国葡萄酒更受欢迎，而澳大利亚葡萄酒还没有进入英国市场。

到 1915 年，英国进口葡萄酒总量下降了约 20%，但来自英国殖民地的葡萄酒占进口总量的比例却上升到了 10% 以上。占比上的增长并不大，而且总体数量比战前还少，但这意味着因为战争对竞争的影响，殖民地生产者（主要是澳大利亚人）保住了自己的地位，甚至享受了相对的市场增长。

在整个战争期间，英国葡萄酒进口量持续下降，部分原因是生产和贸易条件受到破坏，但也受到了英国酒类购买限制政策的影响。1918 年年底战争结束后，欧洲葡萄园重新开始生产并出口战前和战时年份的葡萄酒，英国的葡萄酒进口量飙升。对殖民地葡萄酒的进口总量也有所上升，但它们短暂的战时优势消失了。直到十年后，殖民地葡萄酒才重新夺回了市场份额，我们将在接下来的几章中看到这一过程。

在英国，人们非常担心饮酒会削弱为战争所做的努力，分散工人的注意力或降低他们的效率。约瑟夫·约曼斯（Joseph Yeomans）曾描述过："在第一次世界大战期间，饮酒成了接近歇斯底里的边缘行为",[5] 国家政客、军队将领和基督教传教士都加入了戒酒协会，并发出可怕的警告说，饮酒可能会让英国在战争中付出代价。饮酒被认为是一种不道德的浪费，因为这一行为与战争一样直接消耗资源，既包括个人口袋里的钱，也包括本来可以用作食物却被用于在国内生产啤酒的粮食。战争期间，政府实行了价格管制制度，还实行了食品配给制度，尽管许多家庭已经学会了用更少的收入生活，然而生活成本仍在不断上涨。

随着近 500 万年轻男性应征入伍（在整个战争期间，英国总人口为4400 万），农业和工业生产工作越来越多地交给了女性。工人阶级妇女在战前也会从事有偿劳动（大多数英国妇女都是工人阶级），但特殊的战时计划赋予了妇女新的角色。女子陆军部队从城镇招募年轻女性到人手不足的农场工作，还有完全由年轻女性工人组成的军工厂。一份意在鼓舞士气的政府海报宣传说："现在有妇女参与的 500 种不同的军需生产工作，有三分之二在一年前从未由妇女执行过。"[6] 总体来说，有 150 万妇女正式进入了劳动力市场，其中大多数没有获得育儿服务。战争这条线，将女性工人与英国经济紧紧地绑在了一起，如果这些女工受到酒精的诱惑，这一切会分崩离析吗？

并非所有的英国精英都支持禁酒运动。杰拉尔德·伯戈因写道，在西线战场上，酒是很难买到的，他对军队中那些囤积新朗姆酒的人非常不满，因为他们不同意将酒均分给队伍里的所有人。他经常在前线埋葬士兵，他认为在黑暗、潮湿和危险的前线，少量的酒精可以起到振奋士气和安慰心灵的作用。他写道："在我们的茶中加入一滴朗姆酒就能产生神奇的效果。"他还抱怨道："对于朗姆酒对军队的影响这一话题，维克多·霍斯利爵士（Sir Victor Horsley）和所有对饮酒持反对意见的人说什么都可以。但如果他们不是在舒适的房间里写作，而是在战壕里待上几天，我相信他们会改变主意。"[7] 霍斯利爵士是一位神经系统科学方面的先驱，也是一位备受瞩目的戒酒运动倡导者。事实上，尽管年近五十，他还是参加了第一次世界大战，在西部前线和中东部前线服役。他去世时正在美索不达米亚担任战地外科医生。[8] 但是，据我们所知，参战并没有改变他对禁酒的态度。

在战争的第一年，英国人的戒酒行为带有爱国主义色彩，由英国教堂和戒酒团体（以及个人，其中很多是女性，承诺在战争期间戒酒）发起了一场自愿宣誓运动。[9] 1915 年 5 月，政府更进一步，通过《王国防卫法案》（the Defense of the Realm Act）成立了中央控制委员会（CCB）。中央控制委员会被授权以"国家效益"的名义颁布对酒类的限制令，它首先限制了对战争至关重要的城市和地区（主要是港口和主要军工厂所在地）的酒类销售时间。这意味着，在很多情况下，酒吧只能在每天特定的 5 个小时内出售酒，而在战前可以连续 18 个小时售酒。随之而来的是对酒类零售的限制，这影响了酒商和百货公司的食品大厅。P.B. 伯戈因在伦敦的一家报纸上撰文表示反对，这篇文章被澳大利亚的报纸转载。他提出了人们熟悉的文明论点，即虽然廉价烈酒引起的酗酒肯定应该受到限制，但殖民地葡萄酒不应该受到限制，因为它们是"得到已故的 W.E. 格莱斯顿先生强烈推荐和喜爱的纯葡萄酒"，是"纯洁而有价值"的帝国工业的产品。[10] 他的抗议在英国没有取得任何效果，不过他的重点也不在英国。他的目标受众可能是他的澳大利亚生产商和合作伙伴，目的是激励他们，保持他们的忠诚，也保住生意。战争期间葡萄酒销售商的商业档案中保留下来的与供应商的通信显示，由于进口限制，他们暂停或修改了他们无法满足的合同。[11]

尽管中央控制委员会的苛责似乎已被广泛接受，但中央控制委员会也因过多地针对工薪阶层而受到批评："出台了这类规定的人，根本不需要去酒吧休闲。"[12] 这当然是真的。对饮用葡萄酒的英国精英来说，储备充足的酒窖缓冲了战争的影响，使中央控制委员会的限制变得无足轻重。国王学院是剑桥大学下的一个学院，它为自己的常驻学者和学生在酒窖中存储了大量葡萄酒。酒窖既给官方的学院宴会和活动供酒，也通过内部特许出售给学生。1912 年，国王学院的藏酒有：1604 瓶法国波尔多红酒、1272 瓶法国香槟、576 瓶吕德斯海姆酒（来自德国北部莱茵高的白葡萄酒，几乎可以确定是雷司令）、846 瓶雪利酒、少量的威士忌和马德拉白葡萄酒。最让人感到安慰的是，学院还藏有 12 种不同类型的波特酒，总共有 7858 瓶。[13] 这么多的藏酒，是为几百名师生准备的。在这个富有而挑剔的地方，没有一瓶殖民地的葡萄酒。

作为一项资产，国王学院酒窖藏酒的总价值在战争期间损失了约 10% 的，并且因为葡萄酒价格在战时飞涨，藏酒数量下降的比例肯定高于 10%。但这一损失可以忽略不计，而且持续时间很短。到 1920 年，学院藏酒价值已经有所增长，并且出于爱国主义，购买了更多波特酒。这是 111 打"胜利波特"，一款 1916 年的年份酒，于 1919 年装瓶。[14] 经济学家、战后谈判专家约翰·梅纳德·凯恩斯（John Maynard Keynes）此时担任国王学院的研究员和财务主管，他在 1920 年花了 35 英镑购买葡萄酒，为刺激欧洲经济尽了自己的一分力量。究竟是哪种葡萄酒，我们不得而知，但他喜欢波尔多红酒。在 1920 年，35 英镑可以购买 20 多瓶波尔多红酒。也许他举办了一个聚会。[15]

对普通消费者来说，战争的开始甚至似乎让购买葡萄酒更划算了。怀特利百货是伦敦西区一家面向中产阶级客户的大型百货公司，曾做广告销售它在 1915 年 1 月的拍卖中获得的特价商品，其中包括："法国红葡萄酒，价位从 12 英镑到 39 英镑一打……瑞士和澳大利亚的霍克酒、法国白葡萄酒和勃艮第葡萄酒。"这些葡萄酒和烈酒中，有一些本来是为殖民地市场准备的，因为无法运输而被拍卖。其中一款特价商品是"高地微风"，这是一种原本打算销售给澳大利亚的苏格兰威士忌，但因战争爆发而取消了，原价为 60 英镑一打，现价 48 英镑一打。[16]

尽管英国国内限制酒类消费，但葡萄酒依然在英语世界流通。这一时期，详细的记录不仅表明葡萄酒贸易并没有中断，也展示了国际葡萄酒贸易的风险。第一次世界大战有多条战线，其中包括在北大西洋，那里的船只经常因为海战而转向或沉没。例如，一艘在战争中沉没的英国船只的保险记录显示，1916 年一批随船沉没的葡萄酒获得了 160 英镑的赔偿（按2018 年的价格计算约为 1.1 万英镑）。[17]

到了 1915 年，战争对英国市场葡萄酒销售的短期提振效果消失了，人们预测战争将在 1914 年圣诞节前结束的热情也被浇灭了。1915 年年底，怀特利百货的广告基调从欢快转变为朴素节俭。它在 1915 年 10 月为法国红葡萄酒做广告时建议说："在经济不景气的今天，没有比这种美妙又有益健康的葡萄酒更好的饮品了。"[18]

1915 年，澳大利亚人对葡萄酒行业的前途命运，有着各种预测。除了战争对贸易、销售和劳动力的直接影响外，环境问题也困扰着一些酿酒师。南澳大利亚州 1914 年和 1915 年的葡萄遭到了霜冻和干旱的破坏。阿德莱德的一份报纸警告说，结果很糟糕，葡萄酒产量将只有一两年前的四分之一左右。该报采访了一位专家，他分析说："葡萄酒出口的前景肯定不太乐观。一方面，由于战争限制了与英国之间的贸易，这对伦敦商人来说意味着，一时的供应量减少并不是十分严重的事情；而另一方面，展望未来，我们必须预见英国的局势变化，战争一结束，贸易额就会大幅增长。"这位专家以一种严肃的爱国主义口吻高调总结道："我对（澳大利亚）联邦伟大的葡萄酒产业的未来非常乐观。甚至现在伦敦的商人们都在为保住曾经落入敌手的英国葡萄酒贸易竭尽全力。"[19] 这里提到的"敌人"指的是德国葡萄酒。在这里，这位专家认为，南澳大利亚州有望成为出口大户，因为它生产的一些白葡萄酒与德国白葡萄酒十分类似。[20] 伊纯加霍克酒最终会迎来自己的高光时刻吗？

不过，考虑到阿德莱德报业请来的这位名为达伯利·伯尼（D'arbley Burney）专家是伯戈因葡萄酒公司在澳大利亚的业务经理，我们就不会对他的言论感到惊讶了。因此，他不仅对澳大利亚出口葡萄酒在英国的市场有很好的了解，而且出于自身利益在推广澳大利亚葡萄酒，甚至夸大其潜力方面有明显的动机。但他并不是唯一一个如此一厢情愿的人。《满吉卫报》（Mudgee Guardian）写道，满吉镇应该在 1915 年增加葡萄产量，因为"随着法国的葡萄酒贸易被战争破坏……现在似乎有一个扩大农村部门产能的特殊机遇，这应该是有利可图的"（罗宾逊和约翰逊称，满吉的葡萄酒行业历史悠久的，但在 20 世纪 70 年代之前一直"默默无闻"，[21] 所以这在短期内不会发生）。然而，在战争的剩余时间里，澳大利亚的葡萄酒销售商面临着与法国和英国类似的问题。和法国一样，澳大利亚也有成千上万的农业劳工离开澳大利亚去服兵役，其中许多人再也没有回来。与英国一样，澳大利亚联邦也对有执照的营业场所，尤其是对酒店酒吧的营业时间进行了限制。这种以减少醉酒、促进战时团结的名义开展的行动，招致了工业团体的强烈批评。一个名为"公民保护联盟"（Citizens' Defense League）的组织在悉尼发起了抗议。该组织认为，酒店酒吧提前关闭只会助长非法的黑市交易，让街头儿童接触到有毒的酒，并使以下岗位面临风险："旅馆雇员、酒保、酒吧服务员、酿酒师、车夫、桶匠、工程师、火车司机、消防队员、油漆工、钳工、建筑师、装瓶工、制砖工、砖瓦工、劳工、抹灰工和一般建筑工、吹玻璃工、生产商人、车匠、马车工人、铁匠、马鞍和马具制造商、烟草商、火腿和牛肉售卖者、商店、鱼和牡蛎沙龙从业人员……这也会影响到葡萄园、葡萄园员工以及澳大利亚庞大的酿酒产业。"[22] 关于葡萄酒生产和消费是如何与许多其他行业紧密联系在一起的，我在之前的章节中已经强调过。然而，抗议并没有打动殖民地立法者，尤其是在一个许多国家都限制饮酒的时代。同时代的挪威、俄国、加拿大、爱沙尼亚、瑞典以及 1919 年的美国都颁布了禁酒令。其中一些是因为战争，另一些则是源自禁酒运动和道德恐慌的力量。这些举措受到了禁酒活动人士的称赞，却遭到酿酒商的谴责。[23] 我们很难用金钱来衡量这些限制措施（如果有的话）对殖民地葡萄酒产业造成的损失。当谈到禁酒问题时，新西兰是所有殖民地生产者中最严格的。可独立办理酒类经营许可证的地区可以取缔之前颁发的酒类经营许可，奥克兰周围的几个葡萄酒生产区在第一次世界大战前夕就这样做了。这创造了一个迷宫般的"仓储"系统，许多葡萄园主无法自己生产和销售葡萄酒，但可以（以高昂的成本，克服很多困难）将他们的葡萄运输到其他地方的酿酒厂。[24] 此外，新西兰在 1911 年和 1919 年的两次全民公决中差点就颁布禁酒令。

不过，一些新西兰酿酒师在战争期间遇到了一个更为紧迫的问题：达尔马提亚移民——被认为是"奥地利人"。虽然他们确实是从奥匈帝国移民到新西兰的，但他们之所以移民就是因为他们并不忠于奥地利。在宣战时，一些人曾示威支持塞尔维亚分离主义，并为新西兰（以及英国）参战努力组织筹款活动[25]。然而，这些新西兰居民现在被认为是敌对的外国人。由于不是英国人后裔，他们被迫在集中营里"服兵役"，还有几十人被拘留，因为他们被认为对盎格鲁社会构成了"威胁"[26]。他们酿造的葡萄酒被新西兰战时总理 W.F. 梅西（W.F. Massey）称为"奥地利葡萄酒"。他把这种酒描述为一种危险而有威胁性的饮料，就像它的创造者一样，威胁着新西兰社会的健康和稳定。

白葡萄酒

总的来说，第一次世界大战对殖民地的葡萄酒产业是不利的。然而，人们经常认为在"一战"中产生了一个与葡萄酒有关的新词，这个词在今天的英国和对跖点仍被广泛使用。"plonk"这个词似乎是在战争期间产生的，意为廉价或劣质的葡萄酒。许多人认为，这个词是法语"vin blanc"（意为白葡萄酒）的英译。一些人说这个词源于澳大利亚军队，另一些人认为这个词的发明者是"英国人"或"英国士兵"。[27] 不过，真实的历史比传说更丰富，也更有趣。

《澳大利亚方言》（*The Digger Dialects*）是一本战时俚语词典。这本书的作者是大英帝国澳大利亚部队的一名老兵，曾跟随部队在欧洲和中东前线作战。在这本 1919 年出版的书中说，白葡萄酒被称为是 vin blank 和 von blink，而 von-bliked 是形容词，意为"喝醉了"（红葡萄酒则被称为 vin roush）。Plonk 的另外一个意思是"火炮弹药柱"。[28] 1917 年新西兰的一篇文章提到了"嗖嗖响的 Plonk"，这里指的并非香槟，而是指炮弹从空中落下的声音。[29] 根据澳大利亚和新西兰的战时资料，plonk 一般来说是指突然而响亮的声音，尤指由爆炸或弹药引起的声音。[30] 它显然也被用作一句脏话，或者作为一个脏话的新闻委婉语。在 1925 年由澳大利亚法院审理的一个案件描述，一名醉汉在殴打房东太太前，就曾大喊"Plonk you！"。[31]

当然，这些并不能说明澳新军团的士兵使用这些俚语是因为他们之前没有见过葡萄酒。更确切地说，他们是在尝试说法语，以便在战争间歇时在法国餐厅点酒。有大量证据表明，普通的澳大利亚人在国内就能接触到葡萄酒，如果澳新军团中有士兵在出征前没有喝过葡萄酒，那也是因为没兴趣，而不是没有机会。伯戈因的战争日记记录了他和他的部队驻扎在法国和比利时普通农舍里的情况。军官睡在主屋，普通士兵在征用来的谷仓里住宿。士兵有时会被派到村庄去获取补给或打探消息，这为他们提供了一个定期光顾村庄商店和咖啡馆的机会，在有酒出售的时候，还可以喝上一杯。

如果"plonk"曾被士兵用来表示"葡萄酒"，那么它似乎经过几年时间才得到普遍应用。在 1937 年，这个词已经明确被用来指代糟糕的葡萄酒，当时一家澳大利亚报纸形容它是无家可归的流浪汉才喝的酒，并说其中一种"plonk"是"含有甲醇的烈酒、姜汁啤酒和靴油"的混合物。[32]

1944 年，墨尔本面包和奶酪俱乐部的一份带有讽刺意味的菜单上出现了"plonk"这个词，与其他菜品保持了一致的风格，用双关语调侃了战时的物资短缺，例如，"鱼：靴底（凭优惠券向靴子部门的经理申请）"。[33] 这里两次都提到靴子完全是巧合。1936 年，一份新西兰报纸报道称，澳大利亚酒商对他们的葡萄酒被形容为 plonk 或"小手指"（"pinkie"）感到愤怒，[34] 而第二种称呼可能是从 von blink 这个词衍生出来的。在 1937 年的一篇耸人听闻的文章中，记者提到在悉尼随处可见廉价的"葡萄酒"，便宜到孩子们也能买得起一瓶，结果喝下去"昏迷不醒"了。记者指出，"pinkie"指的是廉价的波尔多红酒或波特酒，"paint"指的是一种喝起来有铅味儿的黏糊糊的糖浆状红酒。然而，plonk 是"真正会让人头痛的瓶装酒，与 paint 一样呈糖浆状，后劲儿特别大。"这个词来源于"饮酒者摔倒在地板上时发出独特的'砰'一声"。[35]

在第二次世界大战期间，这个词似乎在军队中重新流行了起来。一名澳新军团的老兵描述说，1941 年击败意大利军队后，他在利比亚的托布鲁克发现了葡萄酒、香烟和罐头食品。"我们把这种意大利酒叫作'plonk'，"工兵威廉·耶茨（William Yates）解释说："你喝多了之后，就'plonk'了！"[36] 这并不是指葡萄酒的质量一定很差，而是指它的酒劲儿很大。这些窖藏的葡萄酒能产生这样的效果，可能是由于受到了温暖的沙漠气候的影响，再加上士兵处于脱水、疲惫或兴奋的状态。当然，也许这是一批真正的劣质酒。

这个词进入普通英国方言的原因和途径，目前还不清楚。《牛津英语词典》将其描述为"一个来自澳大利亚的单词，应用于英国和其他一些地方，但很少有人知道它的起源"，并给出了 20 世纪 60 年代它在英国的用法。[37] 事实上，葡萄酒作家们对这个词的起源是有所了解的，它逐渐演变并成为葡萄酒专业词汇的过程跨越了两次世界大战，并不仅仅是第一次世界大战。它在现代英国语言中的突出地位，是英国和澳大利亚酒文化之间存在长期联系，以及在第一次世界大战期间，乃至整个 20 世纪，英国与殖民地和自治领之间保持着紧密关系的一个明证。

第十四章

强化：各自治领和两次世界大战之间的时期

第一次世界大战在很多方面都是大英帝国历史上的分水岭。整个帝国至少有 125 万人死于战争，超过 200 万人受伤，[1] 并且这些数字中还不包括数百万因战争而在心理上受到创伤、难以重新适应日常生活的人，也不包括 1918 年死于西班牙流感的人。除了这些人员伤亡之外，大英帝国的疆域再次发生了变化，因为奥斯曼帝国和德意志帝国的殖民地被重新分配给了欧洲战胜国，其结果是大英帝国的面积和人口都达到了历史最高水平。

然而，对生产葡萄酒的白人聚居的殖民地来说，战争发生时，他们地位已经发生了重大变化。加拿大于 1867 年成为一个独立的联邦。澳大利亚紧随其后，于 1901 年合并成为联邦，新西兰则于 1907 年获得自治权。这些进程是和平和民主的，不过只有白人男性定居者完全参与了民主进程。1900 年，在南非东部矿产丰富的平原上，英国为了制服南非阿非利加民族主义者而进行了一场战争。1910 年，好望角成为更大的南非联盟的一部分。对英国来说，这是一场令人尴尬且代价高昂的胜利。战争持续的时间比帝国军队一开始所想象的更长，付出的代价也更大。对南非本地人来说，这是一场致命的失败，他们没有从这个新国家得到任何东西，而从长远来看，这是白人至上主义的胜利。

在获得自治权后，这些殖民地成了自治领。这意味着尽管他们在国内政策上是独立的，但他们仍然忠于英国并听命于英国。其中包括与英国一致的外交政策，保留英国的象征，如在货币上保留君主的侧面像等。以上这四个国家都是对母国充满热情的自治领；而爱尔兰则不一样，但在经历了四年残酷的反殖民战争后，爱尔兰自由州（Irish Free State）也在1923 年成为一个自治领，这令它的领导人万分懊恼。由于所有这些自治领的建立，一个新术语出现了——大英帝国和英联邦（the British Empire and Commonwealth），用来描述英国既有殖民地又有独立的伙伴的事实，并反映出这些国家是为了共同福祉而联合在一起的。1931 年，《威斯敏斯特条例》（Statute of Westminster）承认自治领实际上是自治的国家。

自治领开始慢慢地、小心翼翼地试探他们新身份的边界。它们的经济与英国紧密相连，彼此之间也紧密相连，在这方面变化不大。但是自治领在通过多种方式强化自己。其中之一是他们在殖民地贸易谈判中建立了新的自信，另一种方式是它们改变了生产的葡萄酒的类型。在 20 世纪 20 年代，许多殖民地生产商重新致力于白兰地生产，既直接作为白兰地出售，也作为佐餐酒的强化剂，用于生产雪利酒和波特酒。这样做是为了应对供应问题，尤其是南非的供应问题，但也反映了英国消费者口味的变化。这些自治领仍然非常需要英国市场，而 20 世纪中期这类酒在英国变得越来越受欢迎。

南非

尽管殖民地葡萄酒，尤其是澳大利亚葡萄酒，在战争初期一度大受欢迎，但在 1918 年 11 月停战后的庆祝活动中，它们就已经被抛在了一边。[2] 到了 1921 年，一旦新年份的葡萄酒上市，法国和德国生产的葡萄酒立刻就被零售商抢购一空。而从始至终，南非葡萄酒行业一直在艰难地应对自己的生存和出口危机。1905 年，园艺理事会（the Board of Horticulture）成立了一个委员会，调查并报告了开普敦葡萄酒行业的状况。根据该报告，当时该行业处于"令人担忧的萧条状态"。[3] 造成这一状态的原因很多，其中最明显的是应对根瘤蚜的成本和 1904 年的生产过剩。然而，该委员会希望将责任从农民身上转移到具体的政策问题上，比如消费税的水平。

19 世纪末 20 世纪初，好望角的葡萄酒产业遭受到了三重打击：恶劣的天气条件、葡萄病虫害，以及由工业扩张和钻石开采业对工人的吸引力大增造成的葡萄园劳动力的减少。应该做点什么呢？好望角的葡萄酒生产商知道，在这场斗争中，他们并不孤单。保罗·纽金特解释说，在20世纪初，大多数酒农"几乎可以说都是当地人"，[4] 但他们可以"通过南非荷兰语媒体了解国际事件"。[5] 并且，当法国的葡萄酒工人罢工时，当地英语媒体详细报道了事态的发展情况。虽然葡萄酒酒农的个人关系和旅行经历可能比较有限，但他们能接触到大量关于国际葡萄酒市场的实时动态。

开普敦的报纸十分关注并热情转载来自法国香槟地区的新闻。1911年，法国香槟地区的葡萄酒产业也陷入危机，葡萄种植者和香槟生产商之间爆发了一场"战争"。在一些村庄发生了骚乱，军队介入之后才得到平息。之后，政府以葡萄的确切产区为基础制定了香槟生产规范，保护葡萄种植者免受从其他地区进口更便宜的葡萄的影响。

好望角葡萄酒不像香槟地区的产品那样以质量著称。事实上，在法国葡萄根瘤蚜危机期间，将低质量的好望角葡萄酒与法国葡萄酒混合在一起的欺诈行为曾遭到指控。[6] 以法国为榜样，并不能给好望角带来什么希望。尽管好望角的葡萄种植业受到害虫、霉菌和真菌等多种问题的影响，但1905年成立委员会的催化剂实际上是好望角葡萄酒产量过剩，而不是农作物歉收。

葡萄酒产量过剩是一个违反直觉但又普遍存在的问题。例如，我们知道南非非常热衷于促进其葡萄酒出口，所以可能会认为，某一年的大丰收对出口商来说是一个福音。但事实恰恰相反，产量过剩对葡萄酒生产商来说可能是毁灭性的。正如我们所看到的，许多殖民地的生产者在生产葡萄酒时承担着很大的财务风险：葡萄树需要三到五年才能结果，加上在劳动力、储存、设备等方面的财务支出，葡萄酒生产商可能需要数年时间才能通过售出葡萄酒来换取收入。世界上所有葡萄酒产地都是如此。不过，对以英国市场为目标的殖民地葡萄酒酿造者来说，超长的运输距离带来了额外的麻烦。为赚取利润，葡萄酒生产商也会对自己生产的葡萄酒的价格有一定预期。但按照基本的供求规律，如果市场上的葡萄酒突然供大于求会压低价格，这意味着所有的葡萄酒生产商从他们的葡萄酒中获得的收益都会减少。对那些已经背负着贷款或债务并指望卖出葡萄酒来加以偿还的葡萄酒生产商来说，产品价格的大幅下跌可能会在财务上给他们带来毁灭性的打击。

种植葡萄的巨大好处，让它成为一种看似有利实则有害的产业。南非的一份 1905 年的报告显示：葡萄藤可以生长在不适合其他农业的地方，让农民在贫瘠的土地上获利。但是，在机械和葡萄藤上投入了资金之后，一旦葡萄市场跌到了谷底，葡萄园不可能快速转换为其他有利可图的农业项目。[7] 农场主投入了资金，却陷入了困境。

对精明的葡萄酒生产商来说，一个显而易见的解决方案是将葡萄酒召回并封存起来，在未来某一年销售。这种情况在好望角通常不会发生，有如下几种原因。其中一个原因是，许多葡萄酒生产商需要资金，不可能等待一年或更久之后再出售他们的葡萄酒。当他们看到别人争相抛售葡萄酒时，因为担心价格可能会变得更低，也会跟着抛售。另一个显著的原因是，大多数好望角葡萄酒的品质不适合窖藏和储存。所有的葡萄酒都会随着陈化而发生变化，但大多数葡萄酒不会随着陈化而变得品质更好。好望角的葡萄酒生产商担心，如果他们的葡萄酒不趁新鲜时出售，留在手里就会变成果醋。为挽救过量生产的葡萄酒，一种应对措施是生产白兰地。由于白兰地的酒精含量更高，所以它比劣质葡萄酒的保存时间更长，蒸馏过程也能掩盖原酒的缺陷。好望角一直生产白兰地，既是有意为之，也是为劣质葡萄酒保留了一条退路。然而，正如我们所看到的，在 19 世纪出口的好望角葡萄酒是以（据说）未加度的佐餐酒标榜自身的。

1905 年，该委员会指出，好望角的葡萄酒质量普遍很差，建议商人暂停出口业务，由政府帮助酿酒师提高技术，使他们的葡萄酒"更符合欧洲口味"。[8] 与此同时，委员会还提出了一个巧妙的计划来处理劣质葡萄酒——卖给当地人。"允许在这一阶层的居民中销售殖民地（原文如此）的葡萄酒"将有助于"酒农快速纾困"。从中可以很明显地看出国家优先考虑的是谁的生计。[9] 委员会认为，酒农是"道德经济"中的主要雇主和慷慨的贵族，它称赞葡萄种植者具有"优越的社会地位、舒适的工作环境和良好的教育品位，以及在所有与农业发展相关的问题上的先进思想"。[10] 这个委员会代表着葡萄种植者的利益，它呼应了将殖民地的土地改造为葡萄园有利于文明教化的基本观点。它并没有考虑到原住民的权利、健康或愿望。对于酒类法规的实际建议最终没有被政府采纳，黑市交易仍然被认定属于犯罪行为。

委员会提出的另一项建议是建立合作社，"作为确保好望角葡萄酒和白兰地质量统一的一种手段"。这一建议最终变成了现实。在各个葡萄酒产区，葡萄种植者将部分或全部葡萄卖给葡萄酒生产商的现象并不罕见。19 世纪的南澳大利亚州几位葡萄酒生产商的记录显示，他们会外购葡萄来补充自身种植量的不足。19 世纪，农业合作运动在整个欧洲和面积更为广阔的英语世界流行起来。合作社在新西兰成功地组织奶农出口黄油，在爱尔兰农村也吸引了许多追随者。就葡萄酒产业而言，合作社的设想是种植者将他们的葡萄卖给合作社，条件是获得一个公平或固定的价格。这将给种植者带来一些稳定性和合理的收入预期。从理论上讲，这将带来更好的葡萄酒，因为通过横向整合行业，从业者得以专精于一个领域。例如，种植者仅需研究怎样种植葡萄，不再需要学习酿酒专业知识。委员会认为大多数种植者目前并没有掌握足够的酿酒知识。

在欧洲，合作社运动与社会主义，[11] 甚至与"空想乌托邦主义"[12] 有着松散的联系，但在好望角的葡萄酒行业，合作社运动旨在巩固精英的权力和维护种族秩序。好望角葡萄酒合作社是在葡萄酒生产商 C.W. 科勒（C.W. Kohler）的领导下创立的，他是 20 世纪早期好望角葡萄酒游说团体的主要代言人之一。为解决他眼中的行业弊病，进而解决好望角社会的弊病，科勒提出了一个具有多个层面的战略。第一，葡萄酒生产商应该组成一个合作社，以确保他们能够平安度过供应过剩和供应不足的年份。第二，合作社应该设立价格控制机制，以确保价格不会跌至成本以下。第三，合作社应该积极开发蒸馏业务，既可以通过加度来保存葡萄酒，又可以避免损失全部收成，还可以挽救可能无法销售的葡萄酒。通过蒸馏业务，合作社生产出了大量的好望角白兰地、好望角雪利酒和好望角波特酒。这个合作社成立于 1918 年，被称为南非葡萄种植者联合合作社（Koöperatieve Wynbouwers Vereniging van Suid-Afrika，KWV）。科勒成为该合作社第一任主席。

人们通常认为，在 20 世纪的大部分时间里，南非根本没有出口多少葡萄酒：它的出口市场在 19 世纪末已经枯竭，农民和商人都把他们的注意力转向了南非的国内市场，从 1918 年到 20 世纪 90 年代初，"海外的货架上几乎没有来自开普敦的葡萄酒。"[13] 许多学者认为这是理所当然的。根据这个假设，他们强调南非葡萄种植者联合合作社的工作动能来自本地。而从这个观点来看，南非葡萄种植者联合合作社对蒸馏业务的强调似乎是在供应过剩和本地压力下的下意识反应。

虽然南非葡萄种植者联合合作社确实希望扩大本地市场，也确实增加了白兰地和加度葡萄酒的产量，但仔细研究出口数据会发现情况与假设的完全不同。虽然开普敦葡萄酒出口在 20 世纪早期确实经历了一些艰难岁月，但它很快就恢复了，并在 20 世纪 20 年代和 30 年代实现了稳步提升。1900 年至 1922 年，南非葡萄酒出口量在 20 万至 50 万英制加仑之间波动，之后则稳步攀升；1938 年达到 350 万加仑（见图 14-1 和图 14-2）。并且，出口的葡萄酒中，加度的越来越多。

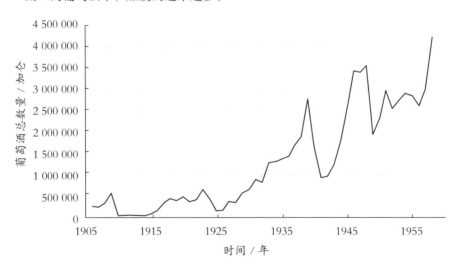

图 14-1　1906—1961 年南非出口葡萄酒总数量图

20 世纪的南非葡萄酒产业实际上是以出口为导向的，大部分葡萄酒都是出口到英国和英国的海外领土。

资料来源：《南非海关统计局年度贸易和航运统计表，1906—1961（开普敦）》。

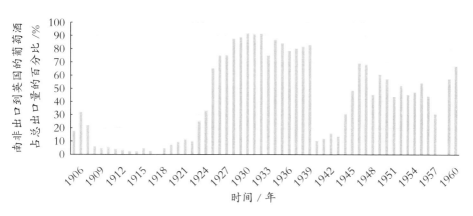

图 14-2 1906—1961 年南非出口到英国的葡萄酒占总出口量的百分比

随着 20 世纪 20 年代末英国关税政策的调整，销往英国的葡萄酒的比例直线上升。第二次世界大战对这种贸易关系产生了巨大影响。

资料来源：《帝国经济委员会报告，第二十三号报告：葡萄酒》[伦敦：英国文书局（HMSO），1932 年]，附录 4，表 A。

在第一次世界大战之前，南非近一半的出口产品是未加度的，它们被称为"淡"（light）酒，在官方文件中则被描述为"红葡萄酒"。[14] 酒精度超过 20% 的会被归类为"浓"（heavy）酒，雪利酒或波特酒都被算作加度葡萄酒。但这也意味着一半的南非葡萄酒没有经过加度。在 20 世纪 20 年代，淡葡萄酒的比例急剧下降；到了 30 年代初，南非出口的葡萄酒中只有 15% 是淡葡萄酒，剩下的 85% 都是加度葡萄酒。直到 20 世纪 20 年代末，人们才把南非与加度葡萄酒自然地联系在一起。

这与另一个重要趋势，即南非葡萄酒出口的主要目的地的变化是相符的。从 1906 年到 1926 年，南非葡萄酒最大的出口目的地是毛里求斯。毛里求斯和好望角一样，之前是荷兰的殖民地，后来成为法国的殖民地，最后在 1814 年正式成为英国殖民地。运往毛里求斯的数十万加仑的葡萄酒可能不是在当地消费的。印度洋上的这个大岛是一个重要的航运中转点，葡萄酒可以从这里运往东方（这是大多数出口数据中存在的问题：数据能够告诉我们葡萄酒离开南非后会运往哪里，但不会说明最终的目的地）。按照进口数量，紧随毛里求斯之后的是新西兰、英国和非洲的几个欧洲殖民地，包括比属刚果、南非（德国和英国）和英国东非。好望角葡萄酒主要销往英国殖民地，其次是其他欧洲国家在非洲的定居点。这是殖民地为自己生产的产品。

一个棘手的问题是，南非葡萄酒的出口比例是多少？将海关的官方出口数据与最近公布的一些生产数据进行比较，可以发现：南非葡萄酒在 1918 年的出口比例不到四分之一，而到了 20 世纪 30 年代，这一比例稳步攀升至 50%。[15] 尽管在数据来源和样本获取方面的空缺导致了一些不确定性，但分析结果与人们对南非葡萄酒出口比例的传统看法确实大相径庭。[16] 不过，这是说得通的。20 世纪 20 年代初，南非葡萄酒在英国仍然具有微弱而独特的文化意义。1920 年，《金融时报》（*Financial Times*）报道称，南非的葡萄酒行业在经历了几年的萧条之后开始"蓬勃发展"。[17] 科勒本人非常了解国际市场。1921 年，他与南非联盟贸易委员会（Union of South Africa Trade Commission）一起访问了英国，用他的话来说，"这为好望角葡萄酒和烈酒的贸易大幅增长奠定了基础"，[18] 而被称为"帝国优惠制"时代的英国新关税时代的到来，极大地增强了他的工作成效。

在一段时间里，关于殖民地货物的关税问题始终是一个热点。这个问题得到了英国普通选民的共鸣，因为人们明白了关税与物价直接相关。在 1906 年的英国大选中，自由党获得了令人震惊的胜利。之所以它能够获得胜利，部分是因为它以自由贸易为竞选纲领，承诺了"大面包"，而不是保守党保护主义的"小面包"。然而，在涉及关税问题时，有少量物品一直是被单独处理的，其中就包括酒类。尽管英国一直致力于发展"自由贸易"，但从《谷物法》颁布到 20 世纪 20 年代，葡萄酒一直是征税对象。对葡萄酒生产商来说，英国从来不是真正的自由贸易经济；而对殖民地葡萄酒生产商来说，说客的存在是他们不能一直享受比法国或西班牙更低关税税率（"优惠"关税）的原因。

不过，战争让人们习惯了政府对经济的监管。英国在战争期间实行定量配给制和酒类限制措施，公众普遍遵守了规定。战后，国家承担了更多的社会服务责任，例如，士兵及其家属的养老金，这些都需要通过税收来筹措资金。最重要的是，英国人似乎也越来越意识到殖民地在战争中所发挥的作用，再加上帝国面临的一些生存威胁，包括爱尔兰的独立（它曾经是英国不可分割的一部分），还有亚洲和非洲殖民地越来越强烈的自治呼声等，保护帝国和帝国经济的紧迫性似乎让很多民众转变了观念，支持政府对经济进行更多干预。除此之外，还有全球经济衰退。在20 世纪 20 年代，战后经济经历了短暂繁荣，但到了 1925 年，麻烦开始显现。首先，英国工人大罢工一直持续到 1926 年，阻碍了经济发展。英国在战争期间将其货币与黄金挂钩，但在战争结束后，由于英镑估值过高，英国在 1925 年放弃了金本位制度。然后，在 1929 年，美国发生了臭名昭著的股市大崩盘，这给全世界经济造成了冲击。虽然英国的经济基础比一些国家要好，但 20 世纪二三十年代的经济不景气肯定也让英国人深有感触。

由于全球经济衰退，殖民地贸易变得更加困难，这让帝国感到既沮丧又难堪。1929 年，一个贸易咨询委员会在安特卫普的一个大型贸易博览会上，在谈到英国殖民地和自治领的参展情况时警告说，当时"英国正面临着各种各样的激烈竞争"，"这个展览会提供了一个维护我们国家威望的机会，忽视这个机会是不明智的"。[19] 此外，正如英国殖民地事务大臣在 1934 年所写的那样，国际贸易协议变得越来越复杂，"在过去的一段时间里，殖民地生产商在某些外国市场销售其产品变得越来越困难"。他对政府的同事们说，这事关英国自身利益，因为殖民地是英国商品的重要买家。如果殖民地售出的商品减少，殖民地人民的收入就会减少；而殖民地购买力下降将会引起对英国商品需求的减少，并引发对英国商品优惠待遇的怨恨。[20] "帝国殖民地的谈判优势是……很弱的"，而"相对于绝大多数国家，英国的谈判优势是非常强的"。[21] 如果自治领和殖民地不能改善自己的状况，那么英国就必须直接帮助它们。

然而，这些自治领并没有坐等来自母国的帮助，而是在积极地维护自己的需求。在 1923 年的帝国经济会议上，他们游说政府降低食品关税。这一建议得到了批准，但采取了一种不同寻常的实施方式——不是直接削减关税，而是通过创建一个推广机构——帝国营销委员会（The Empire Marketing Board，EMB）——来实现的。1926 年成立以后，帝国营销委员会获得了一笔整体拨款，用于在英国推广帝国商品和资助研发工作。这一创造性的折中方案得以诞生，是因为保守党政府在议会中没有足够的力量来促成关税削减，但又希望能解决其领导人斯坦利·鲍德温（Stanley Baldwin）所说的紧迫问题（"维护一个如此广阔而分散，且多样化的国家联合体的道德和政治团结"）。[22]

1927 年，为了让殖民地生产商满意，英国政府对葡萄酒关税政策也进行了调整。当时，鼓励生产和消费低酒精含量葡萄酒的计划仍在执行，但由于认识到"殖民地葡萄酒会自然产生更高的酒精强度"，因此为它们设定了宽松的标准。[23]外国葡萄酒的关税税率为：25 度——14.3%（ABV）——以下的葡萄酒每加仑缴纳 3 先令，超过 25 度则为每加仑 8 先令。对于帝国葡萄酒，酒精度在 27 度——15.43%（ABV）——葡萄酒的税率为每加仑 2 先令，27 度到 42 度的帝国葡萄酒的税率为每加仑 4 先令。因此，这是一种双重优惠关税政策，既允许帝国葡萄酒有更高的酒精度，同时对同等酒精度的葡萄酒收取更少的关税。

这种调整正是法伦等葡萄酒生产商在 50 年前一直在呼吁的：认识到他们的葡萄酒的高酒精度是天然形成的，它们仅仅是烈日和成熟度更高的水果的产物，不应该被认为是经过了人工加度。这种新关税制度更有利于加度葡萄酒出口，对葡萄牙和西班牙来说是个坏消息，因为英国殖民地生产的波特酒和雪利酒只需支付原产地正品一半的关税。

此后，澳大利亚和南非开始生产和出口更多的加度葡萄酒也就不奇怪了。正如我们之前看到的，19 世纪大多数殖民地葡萄酒都不是加度葡萄酒，而是佐餐葡萄酒。这种转变在南非的葡萄酒出口中表现得十分明显。1927 年后，加度葡萄酒出口量和向英国市场的出口量日益增加。直到 1926 年，即使有毛里求斯作为主要出口地，南非葡萄酒的出口目的地仍十分分散，但在 1927 年之后，英国成为南非葡萄酒的主要贸易对象。1925 年，只有大约三分之一的南非葡萄酒销往英国；到 1932 年，超过

90% 的南非葡萄酒被出口到英国（见图 14-3）。换句话说，英国的新关税制度从根本上改变了南非出口葡萄酒的类型、数量和目的地，大量加度葡萄酒被直接出口到英国（顺便说一句，大部分葡萄酒都是散装葡萄酒，而不是瓶装葡萄酒）。仔细观察这些数据，我们可以清楚地看到，在英国，南非是如何与加度葡萄酒联系在一起的，尤其是波特酒和雪利酒。社会学家约阿希姆·尤尔特（Joachim Ewert）总结说，正是南非葡萄种植者合作协会的价格垄断、严格的生产配额和"准出口垄断"，使南非在 20 世纪以低质量的加度葡萄酒和白兰地而闻名于世。因此，他总结道："除了极少数例外，来自好望角的葡萄酒都是一种毫无特色的产品，在海外的货架上

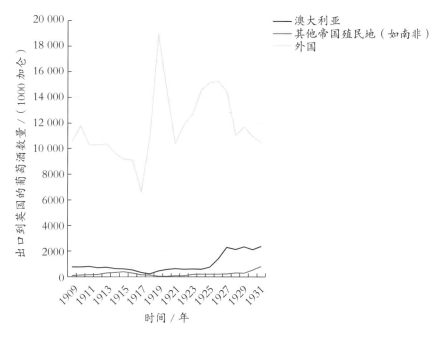

图 14-3 1909 年至 1931 年澳大利亚、其他帝国殖民地和外国（欧洲）出口到英国的葡萄酒数量对比表

第一次世界大战对欧洲葡萄酒供应能力的影响，以及 20 世纪 20 年代对殖民地葡萄酒关税的调整，使得殖民地葡萄酒在 1931 年占了英国进口总量的四分之一。

资料来源：《帝国经济委员会报告，第二十三号报告：葡萄酒（伦敦：HMSO，1932）》，附录 4，表 A，《英国：供英国国内消费的葡萄酒》。

很难见到。"他说得并没有错，但这种策略正是英国市场造成的。事实上，从南非葡萄酒出口的趋势来看，南非葡萄酒行业显然受到了国际事件的严重影响。在第一次和第二次世界大战期间，出口都曾大幅下降。20 世纪20 年代末，随着英国新的优惠关税政策的出台，南非葡萄酒出口量急剧上升。在 1948 年和 1960 年前后有两次下降，这可能是由于种族隔离政策的宣布和沙佩斯维尔大屠杀让英国消费者一时对购买南非葡萄酒是否合乎道德产生了怀疑。[24]

1927 年的关税政策旨在鼓励帝国在一个不稳定和不确定的时代进行内部贸易。就殖民地葡萄酒而言，他们取得了巨大成功。20 世纪 20 年代末，英国进口的葡萄酒中，来自殖民地和自治领的比例上升到 20% 以上，达到历史最高水平。帝国营销委员会在一份内部报告中夸口称，英国从殖民地进口的葡萄酒在 1924 年至 1931 年增长了 94%。[25] 帝国营销委员会特别满意地指出，它履行了自己的使命，因为葡萄酒是一种"一般来说，顾客在零售商店可以确定原产国的产品"。[26] 人们已经意识到自己购买殖民地葡萄酒的行为是在支持帝国的经济。

到 1931 年，英国国内消费的葡萄酒有 23% 来自大英帝国各地，其中最大的供应商是澳大利亚（17%）。这也意味着，与 19 世纪时一样，南非的贸易是非常不对称的：南非葡萄酒对英国市场不是很重要，但英国葡萄酒市场对南非至关重要。关税政策使殖民地葡萄酒进口商在面对总体经济挑战时表现得很乐观。毕竟，此时与第一次世界大战时一样，殖民地葡萄酒也在从欧洲葡萄酒生产商的损失中获益。1936 年，英国最大的葡萄酒和烈酒经销商之一维多利亚葡萄酒公司（Victoria Wine Company）的董事长指出，"世界政治的不稳定性给我们带来了一定程度的焦虑，尤其是在从欧洲大陆国家购买散装葡萄酒方面"。然而，"我很高兴地告诉大家，对帝国葡萄酒的需求在不断增加，我们的代理人与澳大利亚主要承运人使我们能够提供极为物有所值的葡萄酒"。[27]

1932 年，当为商讨帝国贸易协定，在渥太华召开帝国经济会议时，这些自治领已经做好了准备并在殖民地商品优先权方面赢得了长期的让步。为了准备这次会议，帝国经济委员会准备了一系列关于殖民地不同商品的长篇研究报告。其中，第 23 份报告是关于葡萄酒的，足足有 92 页。葡萄酒作为一种殖民地商品，受到了格外重视，有关其贸易发展轨迹的决定将越来越多地基于数据，而不是传闻或情感。

历史学家弗兰克·特伦特曼（Frank Trentmann）认为，渥太华贸易协定标志着在英国公众心中"自由贸易的概念作为一种世俗宗教的最终衰落"[28]。在 20 世纪 20 年代和 30 年代初，关税和贸易政策是英国政党政治中存在巨大分歧的问题，却越来越难引起英国消费者的兴趣。这一贸易协定让殖民地的葡萄酒生产商和他们的拥护者非常兴奋，正如我们在下文中将会看到的，它们为英国的新型消费者带来了新的品味。

第十五章

粗制的魔药：帝国葡萄酒的英国市场

1928 年，《金融时报》的一位专栏作家写道："塞浦路斯的葡萄酒在长达十个世纪的历史中一直闻名于世，直到中世纪土耳其人占领了这个岛，摧毁了当地的酿酒行业。"真不害臊！感谢英国的积极运作："50 年前，它被复兴了，但直到最近 5 年，才开始尝试恢复它曾经的海外知名度。"[1] 这位记者讲述了英国的帝国特惠关税制度如何刺激了塞浦路斯出口商和伦敦进口商的胃口，并开始寻找一种"适合英国人品味"的波特酒。[2]

那是谁的品味，这种品味需要什么？这个问题吸引了两次世界大战期间的酒商和现代历史学家。当然，品味是被塑造出来的：就像零售商试图销售消费者想要的葡萄酒一样，消费者也在通过广告、尝试新事物和社会影响来了解自己想要的是什么。公共交通和媒体的发展为零售商创造了许多机会向英国公众推广他们的葡萄酒，并说服他们葡萄酒应该是他们生活的一部分。

在两次世界大战之间，中产阶级（喝葡萄酒时）的口味越来越重，正如我们所见，他们越来越喜欢殖民地的加度葡萄酒。1922 年出版的一本英国葡萄酒指南呼应了关于好酒对社会有益的古老建议，称赞南非葡萄酒："它们不完全是给鉴赏家的葡萄酒，还是给中等收入公民的无害的健康饮料。"[3] 此外，1922 年伦敦《泰晤士报》一篇关于南非葡萄酒的专题文章略带势利地总结道，这个年轻的国家有生产优质葡萄酒的巨大潜力，但目前这是一种"食堂贸易"（canteen trade），如果生产商想要在英国市场销售葡萄酒，就必须提高质量。[4] 很明显，这两位作家是在为不同的读者群而评价南非葡萄酒。对于那些普通英国人，他们需要一种"健康"的葡萄酒，需要一种他们能够从中获得社会利益的代表了体面和节俭的葡萄酒。殖民地葡萄酒对他们绝对是合适的，但那些品位高雅的人会对这样的酒嗤之以鼻。事实上，《泰晤士报》作为一份对自己的高雅品位相当自信的报纸，有嘲笑殖民地葡萄酒的习惯（见图 15-1）。在回顾 1928 年的一次艺术展时，该报的文化记者评论说，在从美丽的画作转向一些艺术水平较低的画作时，感觉"就像在喝了托考伊白葡萄酒之后喝到了帝国葡萄酒一样"。[5] 直到第二次世界大战时期，澳大利亚和南非的葡萄酒仍被英国媒体称为"殖民地葡萄酒"。进口商和广告商更喜欢用"帝国葡萄酒"这个更有气势的词，也许他们觉得"殖民"有贬义，政府官方文件也经常使用"帝国葡萄酒"这个词来顺应民众"用消费支持帝国"的情感，以团结民众。

图 15-1　"欢乐的葡萄"

伯戈因公司葡萄酒的广告，强调了葡萄酒的欧洲风格、能给人带来欢乐和经济实惠。《伯戈因的南非葡萄酒》，《星期日泰晤士报》，1927 年 4 月 10 日。

在两次世界大战之间，殖民地葡萄酒在英国的市场发生了变化。考虑到英国社会在第一次世界大战中受到的深刻冲击，这种变化并不奇怪。许多年轻人在战争中丧生或终身残疾，许多家庭变得十分贫困。从积极的方面看，选举制度发生了变化，在 1918 年，所有男性获得了选举权；在

1918 年和 1928 年，女性分阶段获得了选举权。尽管全球经济紧缩，但 20 世纪 20 年代的信贷成本很低，使更多的英国中产阶级得以通过抵押贷款购买房屋，享受新时代的家庭生活。[6] 被动员参加战时工作的妇女大多数又回归了家庭。其中有些人回家时是带着遗憾和沮丧的，但有些人则是松了一口气，因为现实情况是，大多数有报酬的工作并未实现性别平等，仅为女性提供了一些没有晋升机会、没有育儿或家政服务补贴的体力劳动。

不过，在一些办公室岗位和专业领域，还是有部分年轻女性留了下来。她们比上一代人更独立，也有更多接受高等教育的机会。这也意味着，她们也成了有决定权的消费者，而葡萄酒营销也开始考虑她们的兴趣。神秘小说作家多萝西·塞耶斯（Dorothy Sayers）书中就有这样一个角色，一个名叫安·多兰现代女性。她是一个放荡不羁的伦敦人，有自己的工作，习惯在派对上喝"难喝的基安蒂红葡萄酒"。当她与侦探英雄彼得·温西勋爵共进晚餐时，他用罗曼尼·康帝葡萄酒（Romani-Contée）来招待她，但她觉得这个酒"难喝但不稀薄"。[7] 她的品味没有受过培养，但她是一个敢于尝试新事物的女人。

罗曼尼·康帝是勃艮第最有名的葡萄酒之一，对于多兰的评价，彼得勋爵委婉地进行了批判。与他同阶级的人也感到了同样的烦恼和困惑。非常受欢迎的中产阶级小报《每日镜报》（*Daily Mirror*）的漫画家 W.K. 哈泽尔登（W.K. Haselden），以一幅名为《美好的俱乐部时光结束了吗？》的漫画温和地讽刺了不断变化的社会环境。在他的漫画中，一位贵族男性坐着吃午餐，面对女服务员漫不经心地递过来的葡萄酒，而不是男管家正式呈上的葡萄酒，表现出了震惊。[8]《潘趣》（*Punch*）杂志调侃道："一位在葡萄酒午餐会上发言的人建议，给妻子买葡萄酒的钱和服装津贴将会有很大帮助，这样她们就可以用葡萄酒安抚她们的丈夫。"《潘趣》杂志认为这个想法很荒谬。那些在两次世界大战之间感受到人口和社会变化威胁的作家，倾向于将"俱乐部的好日子"浪漫化和夸大化。这两位记者问道，还有什么比把选酒这样重要的事情交给女性更荒谬的呢？这段摘自《潘趣》杂志的话作为一个提示，不仅表明了葡萄酒专业知识一度只与男性相关，还表明在两次世界大战之间的时代，许多中上阶层英国女性经济上并不独立。[9]

然而，葡萄酒从来不是有俱乐部会员资格的富有英国白人的专属品。这一阶层的人可能与葡萄酒有密切的联系，可能比其他社会阶层的人消费得更频繁，但他们并没有形成对葡萄酒的垄断权。在 18 世纪，波特酒是与中产阶级的男性紧密联系在一起的，[10] 但女人（和孩子！）也喝葡萄酒。通过 19 世纪的史料，我们已经看到了当时殖民地葡萄酒成为价格合理的选择，因此对中产阶级饮酒者特别有吸引力。20 世纪 20 年代末，殖民地葡萄酒在英国葡萄酒消费中所占比例越来越大，殖民地葡萄酒的这种阶层特征也变得更加明显。在两次世界大战之间，人们对公共场所饮酒的参与度也在不断扩大。大卫·古茨克（David Gutzke）认为，两次世界大战之间的"改良酒吧"（提供座位、毛毯和休息区的酒吧）是为了吸引更多的女性顾客，中产阶级女性和他所谓的"体面的工人阶级"也越来越频繁地光顾这些酒吧。[11] 越来越多的人认为饮用葡萄酒是一种体面的行为，为更高的国内消费量奠定了基础。

对外售酒执照

事实上，为迎合普通收入人群，英国颁发了更多的对外售酒执照。这些企业得到许可，可以在营业场所外售酒，这与"内部售酒执照"不同，"内部售酒执照"指的是餐馆、酒吧和酒店可以提供在现场消费的酒精饮品。

在两次世界大战之间，大多数家庭消费的食品仍然是通过一系列专门的经销商购买的，如蔬菜水果商、屠夫、有"对外售酒执照"的酒商等。如果一个历史学家只看著名的高端葡萄酒经销商的销售记录，他们会错误地得出这样的结论：在两次世界大战之间，没有人喝殖民地的葡萄酒。贝瑞兄弟和拉德（Berry Brothers and Rudd）是英国历史最悠久的酒商之一，拥有储藏丰富的酒窖，存放的都是欧洲生产的上等葡萄酒。食品店的销售记录则讲述了一个完全不同的故事。比起在小型酒商那里买酒，在食品店或全国性的大型连锁酒商那里买酒会更少受到他人的影响。对不太熟悉葡萄酒的消费者而言，这可能更有吸引力——不用担心销售人员对自己做出评价，也不会对价格感到尴尬，或许自己能独立参观浏览也是一个因素。百货公司的葡萄酒都是明码标价的。哈罗德百货公司（Harrods）在 20 世纪 20 年代还不像后来那样出名，当时它正在大力宣传来自澳大利亚的香槟！1924 年，它在《泰晤士报》上的广告称，"这是一个以特别低的价格为圣诞庆祝活动购买优质帝国葡萄酒的独一无二的机会"。[12] 这些酒之所以价格低廉，是因为哈罗德百货公司是在参加温布利帝国展览（Wembley Imperial Exhibition）之后采购了这款葡萄酒；而对生产商罗马洛（Romalo）来说，将展品低价出售可能比运送回国更划算。

怀特利百货位于伦敦西区的贝斯沃特（Bayswater），作为一家拥有食品大厅的大型百货商店，它迎合了维多利亚晚期和爱德华时代去贵族化的社区里客户多样化的趋势。艺术历史学家莎拉·张（Sarah Cheang）研究了怀特利的家具和东方物品的营销策略，展示了这家百货公司迎合中产阶级和工薪阶层客户的方式。这些客户希望自己的房子有一点异国情调，但又需要以一种安全的、不令人生畏的方式呈现。[13] 怀特利的葡萄酒广告也是如此，既热情又沉稳，还能消除人们的疑虑。在两次世界大战之间（实际上一直到 20 世纪 70 年代），关于葡萄酒的文章通常都很模糊，很少描述葡萄酒的实际味道。用来描述葡萄酒的词汇通常有：果香、甜、干、淡和浓。除此之外，消费者会被告知葡萄酒是美味的、美丽的或优质的，并没有对酒的香气或酒体结构的讨论。这表明零售商认为消费者缺少葡萄酒知识，而消费者则希望在选择上得到保证。怀特利百货在这一时期的广告中描述得最清晰的产品之一是 1920 年的格雷夫斯高级葡萄酒，称其为"最挑剔的人都会喜欢的饱满圆润的葡萄酒"。[14] 我们可以很容易地想象，这样的描述一定会引起一位焦虑的葡萄酒买家的共鸣，因为他马上要招待客人。这个顾客不需要知道格雷夫斯有柑橘的味道和平衡的酸度，他只需要知道，这款葡萄酒会得到他挑剔的丈母娘的认可，而他的丈母娘也可能是饱满圆润的。

总的来说，这个时代的酒单（商家提供的标有葡萄酒名称和价格的传单）对葡萄酒本身的描述很少。它们几乎都是按地区划分，并且在 20 世纪 20 年代，大多数酒单通常会将殖民地列为一个单独的地区。通常有以下几种殖民地葡萄酒可供选择：霍克酒、勃艮第酒、红葡萄酒、波特酒（红色、白色和茶色）和雪利酒。尽管一些殖民地葡萄酒有自己的名字，比如伯戈因出售的是"袋鼠勃艮第"和"婷塔娜"，但零售商和贸易商的酒单上能够体现的东西很少，没有酒精含量，没有原产葡萄园，当然也没有年份。"澳大利亚勃艮第"这类名称是最为常见的，除了价格，这是消费者能了解到的所有信息。

欧洲风格仍然是葡萄酒风格的标准，而且很多风格就是用欧洲地名命名的，不过业内很多人都曾想自立门户。此时，法国也开始维护自己对地名的所有权，但在未来几十年都没能成功捍卫这一权利。[15] 英联邦实验室主任珀西·威尔金森（Percy Wilkinson）对澳大利亚葡萄酒继续使用法国地名的知识产权问题感到担忧，他认为这显然是"对错误思想的迷恋"。[16] 澳大利亚葡萄酒与欧洲葡萄酒具有不同的特征，它们的名字应该反映出这一点。他建议澳大利亚用自己的名字替代原有的名字，并对版权加以保护。这些名字都以 ia 结尾，明确彰显其澳大利亚特色，但也能体现出其灵感来自欧洲葡萄酒风格。比如，澳大利亚的勃艮第变成了"勃艮利亚"（"Burgalia"），霍克变为"霍克利亚"（"Hokalia"），埃米塔日变成埃米利亚（"Hermalia"）。奇怪的是，或许是为了品牌的一致性，他认为设拉子应该改名为设拉利亚（"Shiralia"）。这很令人惊讶，因为设拉子这个词指的是葡萄品种，而不是一个地方，而把它称为设拉子显然也不是法语。[17] 更奇怪的是，也许应该说是令人失望的是，威尔金森的建议方案从未流行起来。

酒单上的另一个共同点是，殖民地葡萄酒通常不是最便宜的，而是酒单上第二便宜的。对那些对葡萄酒一窍不通又手头拮据的消费者来说，选择第二便宜的葡萄酒似乎是个聪明的策略。也许零售商也知道这一点，才采取了这样的定价方式，让买家不是因为便宜才决定购买，而是因为感到放心。20 世纪 30 年代初，陆军和海军商店（Army and Navy Stores）推出了一款帝国葡萄酒圣诞礼品篮，比标准的全欧洲葡萄酒礼品篮便宜得多。[18]陆军和海军商店位于伦敦的高消费地区维多利亚区，对公众开放。它最初是作为一个合作社成立的，目的是为军人家庭提供负担得起的商品，因此这一礼品篮结合了体面和实惠两种需求。怀特利百货在 1934 年的圣诞产品中有一款名为"英国女王"的自有品牌起泡酒，（据说）这是一种用法国葡萄酿制的麝香白葡萄酒，在其广告页中紧挨在帝国葡萄酒下面。[19]

关于殖民地葡萄酒，物有所值确实是两次世界大战之间葡萄酒商人试图传达的主要信息之一；另一个他们想要传达的信息是，选择殖民地葡萄酒暗含了爱国主义的意味，这是为了让买家相信他们的选择是明智的。"你可以把爱国主义和经济结合起来，"一位英国葡萄酒作家在 1924 年写道，"购买帝国葡萄酒时，你会感受到额外的满足感，因为你知道你的钱付给了自己的同胞"。[20]

这一理念的主要支持者之一是维多利亚葡萄酒公司。这是一家成立于19 世纪 60 年代的大型对外售酒连锁企业，目标是"让不富有的人也能品尝到口感丰富的葡萄酒"。维多利亚葡萄酒公司在其店铺内最早采用了两种新的销售技术（如免费品尝酒），也是澳大利亚葡萄酒的早期引进者。[21] 它的总部位于伦敦东区的怀特查佩尔地区，到 1924 年已经有 104家商店，大部分在大伦敦地区，这使它成为英国葡萄酒零售业最重要的角色之一。[22] 得益于其强大的购买力和只收现金的销售方式，它的主要卖点之一是价格低廉。与个体酒商根据自己的口味推荐特定的葡萄酒不同，维多利亚葡萄酒公司与每个供应商签订了单独的合同，具体规定了这些葡萄酒的营销方式。伯戈因与该公司有一份高级合同。按照合同，他向维多利亚葡萄酒公司供应十种不同的葡萄酒，并保证他的葡萄酒在价格清单上位于前列，而且在橱窗和商店内的醒目位置拥有一张展示卡（不小于 12 英寸 × 10 英寸）。[23]

维多利亚葡萄酒公司认为其大多数客户没有酒窖，购买葡萄酒是为了近期饮用，所以它也出售单瓶葡萄酒。这是一种不同于酒商的模式，酒商与成箱或成桶购买葡萄酒来窖藏的客户有着更个性化和更长期的关系。"我们的分公司就是您的酒窖"——这是 1924 年维多利亚葡萄酒公司的广告语。公司董事会主席向他的同事表示，公司"正在为现代生活中的一种非常真实的需要服务"。[24]1938 年，董事长解释了为什么需要购买更多的汽车来送货："过去，我们的客户会成打地购买所需的葡萄酒，而今天，他们经常需要每天都送货上门，因为他们没有酒窖来储酒。"[25]

每天配送意味着每天消费，但单瓶销售策略也吸引了那些一次买不起一箱酒的顾客。事实上，维多利亚葡萄酒公司和怀特利百货公司一样，都提供瓶装和半瓶装的葡萄酒，而且出售的澳大利亚葡萄酒也提供整壶和半壶装的葡萄酒。酒瓶的大小直到 19 世纪 70 年代才得以标准化（因为大多数葡萄酒都是散装销售的，这对许多消费者来说没有什么差别），当时一个酒瓶的容积被设定为 1/6 加仑，或 26.67 盎司①。这相当于 760 毫升，比现在标准的 750 毫升酒瓶略大。酒壶的容积更大一些，为两英制品脱或 40 盎司，相当于一瓶半。因此，半壶就是一品脱，或 20 盎司。壶装酒对消费者来说更加实惠，因为这相当于比瓶装酒每盎司便宜了 15% 到 20%。阿瑟公司（Arthur and Co.）是一家拥有对外售酒执照的独立酒商，位于北肯辛顿相对贫穷的拉德布罗克格鲁夫地区，它也出售瓶装和壶装的殖民地葡萄酒。[26]

20 世纪 20 年代早期，伯戈因公司在英国的报纸上刊登了一则关于这种酒壶的广告，声称其可敬的创始人为澳大利亚的好酒发明了这种酒壶。广告文案称，这个独特设计的基础是在伦敦大火的考古遗迹中发现的一个瓶子。也许因为它的设计源自伦敦，"这种特殊的酒壶形制在打破保守民族对新酒的偏见方面发挥了极大作用"，这也是伯戈因成为帝国葡萄酒产业的缔造者的原因之一。伯戈因公司的营销策略是直白而不加掩饰的，他

---

① 1 盎司 =2.8413 厘升。——编者注

利用了伦敦历史上一个令人感动的戏剧性时刻，宣扬帝国的自豪感，赞扬伯戈因的勤奋，并将其与健康联系在一起。是的，伯戈因的壶装酒是健康而文明的："生长在铁质土壤上的婷塔娜勃艮第葡萄酒，是已知的最卓越的天然滋补品——它既是一种疗养饮品，也是一种晚餐饮品。" [27] 葡萄酒中确实含有少量的铁元素，不过红酒中的单宁可能会阻止铁的吸收，而且富含铁的土壤是否会导致葡萄酒富含铁元素还有待商榷。但这些并不重要。当时，营养科学在英国大行其道，维生素刚刚被发现并正在被推广，所以，虽然这则广告延续了一个世纪前的传统，宣传殖民地葡萄酒有益健康，但它对营养学知识的运用在 1923 年看来还是很现代的。[28]

许多英国人喝殖民地葡萄酒并不是为了获得营养价值。惠特布莱德酿酒公司（Whitbread Brewers）是伦敦众多酒吧的主要所有者之一，1947年，该公司的一位买家在他的笔记中提到一款南非葡萄酒时写道："甜得令人恶心，尝起来味道辛辣，闻起来也很刺鼻。毫无疑问，它很受下层阶级的欢迎。" [29] 这一评价当然是势利眼的表现，但它也反映了殖民地葡萄酒低廉的价格让它们受到了那些希望以低价购买烈性酒的人的欢迎。在1939 年一篇关于格拉斯哥的图片报道中，《图片邮报》（Picture Post）说，在格拉斯哥的工人阶级酒吧和工人俱乐部，"'红毕蒂'（一种产于英国殖民地的含甲醇的烈性葡萄酒）曾经很流行，现在却被禁售了。" [30] 也许伯戈因的广告是为了让他的葡萄酒重获体面，让中产阶级消费者在购买时不会感到尴尬。

购买帝国商品

20 世纪 30 年代，伦敦地铁在其环线上引进了新的列车，车厢内安装的绒面座椅与车厢等长。在拥挤的高峰时段，无座的乘客会抓住天花板上的扶手，尽量不撞到其他乘客。他们可以通过阅读窗户上方的广告来打发时间，如"享用立顿茶……到英国汽车学校学习驾驶……费伦大街霍本站高架桥 EC1，有 250 年历史的葡萄酒经销商。"[31]

不仅是地铁上，在报纸上、电车上、火车站和公共汽车站，伯戈因的广告在英国随处可见。[32]城市持续发展，公共交通也在发展，随之而来的是广告机会。20 世纪 20 年代末和 30 年代，帝国营销委员会发起的"购买帝国商品"活动在公共交通工具上张贴了大量色彩鲜艳的具有象征性的海报。伦敦地铁系统邀请旅客乘坐地铁参观，介绍各个站点与帝国的联系。活动海报上印有殖民地和自治领的名称，上面装饰着动植物。涉及南非和澳大利亚的部分，印着成排的藤蔓和葡萄。[33]帝国营销委员会也制作了几幅色彩丰富的海报，内容是葡萄园和葡萄酒的静物油画。

帝国营销委员会和相关的政府机构致力于帝国贸易，也留下了大量的文献，我们从中可以了解到当年他们为推广葡萄酒所付出的努力。一份受政府委托制作的报告得出结论称，对殖民地葡萄酒关税的降低使英国对澳大利亚和南非葡萄酒的需求量增加了一倍，这直接打击了欧洲葡萄酒的市场份额。[34]然而，两次世界大战之间的殖民地葡萄酒广告和营销策略表明，殖民地葡萄酒面向的不是传统的精英阶层饮酒者，而是那些平时不喝葡萄酒的人。如果说降低殖民地葡萄酒的价格促进了销售，那不是因为饮用上等法国葡萄酒的人受到鼓励从而改变了他们的偏好，而是因为将殖民地葡萄酒介绍给了新的葡萄酒饮用者。

到了 20 世纪 30 年代中期，殖民地葡萄酒明显取得了成功（见图 15-2），这引起了一些恐慌。感到恐慌的不是欧洲葡萄酒进口商，而是英国国内的啤酒酿造商。1936 年，一家大型啤酒厂的董事长发出警告，称低关税正在损害他的销量："帝国特惠关税如此之轻……考虑到它们所含的酒精比例很高，殖民地葡萄酒是目前大众能买到的最便宜的酒精饮料。它们正在取代啤酒和苹果酒等饮料。"[35]在英国，葡萄酒想要取代啤酒的地位还有很长的路要走，因为英国在很大程度上还是一个喝啤酒的国家，但葡萄酒在工薪阶层和中产阶级消费者中受欢迎的程度，已经足以让啤酒酿酒商感到担忧。

作为对帝国营销委员会工作的补充（虽然完全独立于帝国营销委员

图 15-2 韦伦加（Waerenga）葡萄酒，1934 年

"新西兰韦伦加葡萄酒，由农业部生产和装瓶。由詹姆斯·J.乔伊斯（James J. Joyce）经销……奥克兰。"1934 年 11 月 1 日，惠灵顿露台酒店，致 W. 菲尔德先生（Mr.W. Field）的信。新西兰，与酒精和含酒精饮料有关的四分之一开大小的设计作品。亚历山大·特恩布尔图书馆，惠灵顿，新西兰。

会），澳大利亚于 1929 年成立了海外葡萄酒营销委员会，专注于在英国市场销售更多的葡萄酒。1936 年，该委员会更名为澳大利亚葡萄酒委员会。它在伦敦设立了一个办事处，协商确定了两种葡萄酒（"甜红"和"甜白"）的最低价格，并为报纸广告和联系葡萄酒零售商提供资金支持。

1936 年，它排演剧目，在很多英国学校举办了"帝国盛典"。该委员会对
20 世纪 30 年代末的英国市场状况非常满意："随着国家恢复繁荣，失业
率下降导致消费更加自由，公众自然又开始购买更多的葡萄酒。"[36] 然而，
加拿大市场对澳大利亚出口商品的满意程度要低得多，并且我们"很难确
定原因"。如果酒类进口商向加拿大总理提出的诸多抱怨都是可信的，那
么原因就是加拿大对进口酒类商品征收了很高的关税，还征收了销售税，
这两种做法都对帝国生产商造成了损害。[37]

帝国营销委员会的工作与农业研究相辅相成。帝国研究所所长、中将
威廉·弗斯爵士（Lieutenant-General Sir William Furse）将其描述为"一个
关于各种（动物、植物或矿物）原材料经济用途的验证之地"。葡萄酒属
于植物类产品。该研究所拥有能够为种植者和政府答疑解惑的科学家，以
及测试样品的实验室。弗斯报告说，它收到过关于葡萄酒的咨询。[38] 负责
对水果产品进行研究的是位于肯特郡东马林（肯特郡东南部的一个郡，被
称为"英格兰花园"）的一个研究所的科学家们。虽然除了一份《葡萄栽
培研究备忘录》（A Memorandum on Viticultural Research）和一份篇幅更长
的《酿酒化学：葡萄酒研究报告》（Chemistry of Wine Making: A Report on
Oenological Research），帝国营销委员会没有资助与葡萄酒质量或生产相
关的重大项目，但葡萄种植技术研究得到了该研究所的赞助。在某种程度
上，这表明与水果和谷物产品相比，葡萄酒在帝国贸易中处于相对边缘
的地位。不过，即使是在一个葡萄酒消费量很高的国家，情况也是如此：
如今的法国，世界上最大的葡萄酒生产国之一，仍然只有 3% 的农业用
地是葡萄园。[39] 如果说有什么问题，那就是英国的研究所建立得太晚了，
而且可能有些多余，因为那时各自治领已经拥有了自己的研究站和葡萄
栽培专家。

这并没有挡住一位公务员的热情，帝国营销委员会主席斯蒂芬·塔伦
茨（Stephen Tallents）在 1928 年开展了一项小规模实验。他解释说："我
们有一个规定，每当我们以委员会的名义举办正式的娱乐活动时，必须用
来自澳大利亚的霍克淡葡萄酒或来自南非的帕尔·安泊（Paarl Amber）等

作为招待用酒。"但他注意到，他的许多同事不愿意喝这些"相当粗糙的帝国药剂"。[40] 在与一位化学家短暂交谈后，塔伦茨相信，将殖民地的葡萄酒装入质量更好的玻璃瓶中，可以提高其成熟度，并延长其保存时间。为了给帝国尽一份力，塔伦茨组建了一个由化学家和葡萄酒专家组成的八人团队，其中包括作家安德烈·西蒙，贝瑞兄弟中的弗朗西斯·贝瑞，以及陆军和海军商店的葡萄酒买家阿尔弗雷德·希斯（Alfred Heath）。但由于一位委员会成员，这项实验在官方记录中被刻意掩盖了。塔伦茨回忆说："如果我没记错的话，他是苏格兰人，曾以禁酒为由提出过异议。"[41] 这位委员会成员设法骗取了 1230 英镑的资金，当时这笔钱可以在陆军和海军商店买到大约 2700 瓶最好的波尔多红酒（杜霍酒庄生产的 1924 年玛尔戈红葡萄酒）。[42]

实验涉及了三种红酒（一种法国红酒、一种澳大利亚红酒和一种南非红酒）和三种由不同质量的玻璃制成的瓶子。每种葡萄酒都被灌入不同类型的瓶子里，然后放在伦敦市中心查理十字车站附近的一个酒窖里。六个月后，这些葡萄酒被"严肃地"品尝，但没有一个专家能察觉出葡萄酒有什么不同。帝国营销委员会于 1933 年解散后，其部分职责移交给了帝国经济委员会（Imperial Economic Committee），塔伦茨希望该委员会能接手定期品酒的重任。[43] 这当然是不可能的。直到 1944 年，当大多数公务员都在忙于其他事情时，塔伦茨还没有放弃这个梦想，他写信给委员会，告诉他们陆军和海军商店应在必要时举办一次品鉴会。[44]

帝国营销委员会主席对殖民地葡萄酒的热情既令人感动又令人悲哀。这一实验并没有产生任何对殖民地葡萄酒产业有影响的信息或结果。就像这些产业本身的基础一样，这个计划的基础是理想主义的帝国原则而不是经济现实。1936 年，英国诗人 W.H. 奥登（W.H. Auden）曾打趣说，有些人可能喜欢帝国葡萄酒，这表明这些人的品味非常可疑。不过，还有可能是因为这些人对帝国有超乎寻常的热爱。[45]

第十六章

空袭破坏了我们的酒窖：第二次世界大战期间的葡萄酒

一位名叫亨利·马丁（Henry Martin）的南澳大利亚州酿酒师在 1938 年对英国进行了一次深度访问。[1] 他于 4 月 10 日乘船离开阿德莱德，5 月 20 日抵达了开普敦。在开普敦，他下船参观了几天葡萄园。在此期间，他参加了一场橄榄球比赛；开心地拍摄了帕尔地区的很多照片，直到用完了胶卷；他还参观了斯泰伦布什的一个葡萄栽培站，那里正在进行关于葡萄抵抗力的实验。他对葡萄酒的印象好坏参半：有些酒"太酸了"；但在格鲁特·德拉肯斯坦出产的葡萄酒中，"两款 1930 年（年份）的干白，一款淡勃艮第和三款（淡）红酒"得到了他的赞赏。[2]6 月 16 日，他终于在英国的南安普敦靠岸。（"25 年来，往返的航程几乎没有缩短，这确实是一个非常令人沮丧的事实，"温斯顿·丘吉尔在 1926 年曾抱怨道，"澳大利亚仍然像上世纪末一样深陷于大海的深渊。"）[3] 马丁对他在英格兰南部的见闻很感兴趣。这里有整洁的村庄、漂亮的房子和修剪整齐的公园。他这次旅行的亮点之一是观看了皇家空军在亨顿机场举行的一场盛大表演。他对这次表演的描述比对所有本职工作的描述都要详细。"最壮观的事件之一是（飞机拉烟形成的）天空文字。"他惊叹道，并在日记中记下了飞机编队的形状。[4]

仅仅一年后，这些飞机就被动员起来，加入了第二次世界大战。这场战争是在陆地和海上同时进行的。第一次世界大战结束仅 21 年后，英国及其所有殖民地和自治领再次与德国开战。许多参加战争的男女都是在第一次世界大战期间或刚刚结束时出生的，他们是父母团聚的产物。在英国，大多数成年人对"一战"仍记忆犹新，一些人此时仍没从创伤中恢复，许多平民对又一场战争感到极度厌恶。[5] 这就是为什么当英国首相内维尔·张伯伦在 1938 年宣布他与德国总理阿道夫·希特勒成功达成妥协时，许多英国人欢呼雀跃的原因。这种向德国领导人部分投降以维持和平的策略被称为"绥靖"政策。1939 年 9 月，因为希特勒入侵波兰，战争宣告爆发，这一策略失败了，避免战争的希望也破灭了。

绥靖政策一直备受争议。事后看来，张伯伦对德国领导人的信任似乎是一个不可原谅的错误。事实上，张伯伦并没有认清形势，他领导下的英国公众也很少对战争有不切实际的幻想。一些历史学家认为，绥靖政策是为了争取时间，以增强英国军队的实力。殖民地葡萄酒也起到了一定作用。当时，用一瓶帝国葡萄酒为新军舰洗礼已经成为一种仪式，具体做法是在舰体上隆重地砸碎葡萄酒。[6]1932 年，英国海军大臣在普利茅斯推出了一艘新船，一瓶未说明具体情况的殖民地葡萄酒被交给了他的妻子，来为这艘船洗礼。殖民地的葡萄酒瓶也证明了自己有多么结实："当时风很大……艾里斯 – 蒙塞尔夫人试图打破那瓶绑着鲜花的殖民地葡萄酒……摔了三次才最终成功。"[7]

这场战争的前九个月在英国被称为"虚假战争"或"无聊战争"（Bore War）——这是与 40 年前布尔战争① 有关的一个语言游戏。在紧张的备战之后，最初有限的军事行动却给人以奇怪的虎头蛇尾的感觉。这种情况在 1940 年春末发生了变化，德军快速占领了荷兰、比利时和法国北部。巴黎落入德国人之手，一个卖国政府在法国建立，抵抗组织"自由法国"领导者逃到了伦敦和法国领土阿尔及利亚。1940 年夏天，英国和德国的飞机互相轰炸了对方的城市，导致数万平民死亡，房屋、企业和基础设施遭到大规模破坏。在 1940 年的不列颠战役中，也就是众所周知的闪电战中，英国各地的人民忍受了长达 6 个月的空袭，其中包括对伦敦东区连续 76 个夜晚的轰炸。成千上万的平民死亡，更多的人失去了家园。由于一枚降落伞地雷和一枚高爆炸弹，维多利亚葡萄酒公司位于奥尔德盖特

---

① 布尔战争的英文也为 Bore War。——译者注

高街附近的奥斯本街的总部和仓库也发生了小规模损毁。[8]维多利亚葡萄酒公司受到了惊吓，但并没有被吓倒，它将总部迁到了伦敦北部，并安慰股东："就我们的零售分支机构而言，几乎没有受到明显的影响。"[9]奥斯本街的部分地区至今仍保持着当时被轰炸后的状态。

第二次世界大战在某些方面与第一次世界大战非常相似，但也有一些方面非常不同。就相似之处而言，这同样是一场帝国主义和殖民主义的战争，同盟国（包括英国）动员起来保护自己的帝国财产，轴心国则在寻求满足自己的帝国野心。英国动员了数以百万计的臣民为盟军的事业而战，同时还控制了人民的经济生活，因为为英国食品生产保障供应对于国家十分重要。政府中断了贸易并实行了食品定量配给制。

这一次，战争的地理分布更加广泛，涉及了欧洲、北非、南亚、大西洋和太平洋，并且在陆地、海上和空中同时展开。比起第一次世界大战，第二次世界大战持续的时间也多了两年，从 1939 年开始，到 1945 年年中才分阶段结束。第一次世界大战给许多参与者留下了一种徒劳和浪费的感觉：数以百万计的人死亡，胜利者却收获甚微。第二次世界大战与意识形态的联系则更为明显。在战时，盟军的公民可以相信他们正在与法西斯主义斗争；而在战后，德军死亡集中营的曝光更使他们确信，他们一直在进行一场正义的战争。

如何保持民众的士气是英国和各自治领领导人十分关心的问题，尤其是在战争延长、伤亡惨重的情况下。与第一次世界大战时不同，尽管酒变得越来越贵，越来越难买到，但在英国并没有对其进行配给或限制。酒吧被认为是能够振奋精神的社交场所，政府认为，对于富有自我牺牲精神的英国人，酒精饮料是一种正当的兴奋剂（在战争的大部分时间里，英国首相都是醉醺醺的，但这并没有影响其工作）。尽管有时酒水、玻璃器皿和工作人员会出现短缺，但酒吧一直在营业。酒吧甚至成为将帝国军队凝聚在一起的情感纽带。在《每日邮报》（Daily Post）1941 年刊登的一幅漫画中，一名澳大利亚士兵正在一家酒吧里倒立。他的英国同事正常坐着，并向酒吧女服务员解释说："当他想家的时候，他就会倒立行走，就像南半球的人一样。"[10]

一些人认为，不限制营业时间实际上鼓励了适量饮酒。一份澳大利亚报纸援引一位伦敦酒馆老板的话称："我们极力避免出现上次战争中发生的情况。酒店经常一连关闭好几天，当它们重新开门时，人们只用了半小时就把存酒喝干了。"[11] 漫画家大卫·洛（David Low）用黑色幽默的方式画了一个被抛向空中的人，周围都是飞来飞去的酒瓶，[12] 他开玩笑说："即使在空袭期间，也要遵守酒吧的关门时间。"

劳工问题

挤在酒吧里的人越多，在殖民地酿酒厂里工作的人就越少。第二次世界大战对全球葡萄酒贸易产生了巨大影响。一些葡萄园立刻受到了影响，大英帝国的儿女纷纷离开了他们在葡萄园的工作岗位，走上了战场。新西兰媒体指出，因为葡萄产量很大，工人却很少，"采摘遇到了劳动力（短缺）问题"。[13] 居住在诺诗兰地区旺阿雷的一名新西兰酿酒师成功地申请将儿子服兵役的时间推迟到了酿酒葡萄收获之后。[14] 1942 年，因为适龄人员大多被征召入伍，新西兰一家报纸上刊登了一则绝望的广告称："葡萄园急招退休人员或青少年。"[15]

国际贸易也受到了干扰，商船和水手被征召执行军事任务，一些航线变得太过危险，不再适合进行商品运输。运输网络的中断，也影响了重要农产品的供应。在酿酒过程中用作发酵催化剂的糖有时也因供应不足，只能定量配给。但是，因为确保粮食供应的需求在战争开始后很快变得非常迫切，整个帝国的粮食生产披上了爱国主义的色彩，成千上万的妇女被动员到田地和农场工作。1940 年，英国信息部的一部电影（如果在英国电影院放映的话，这应该是一部预告片）赞扬了自治领食品生产商努力为英国的家庭主妇提供各种食品的行动。[16] 在那个时代，许多英国年轻人每周至少去一次电影院，这些短片吸引了大量观众。它们似乎旨在激起帝国自豪感和兄弟情谊，同时也想表现英国在战争中的核心领导作用。殖民地和自治领调整了他们的食品生产结构来满足英国的需求，根据英国消费者的生活状况，这种做法是有效的。历史学家莉齐·科林汉姆写道："如果英国平民因为进口浓缩的高能量食物政策而吃得饱饱的"，比如新西兰奶酪和加拿大培根，"那是因为这个国家能够利用移民聚居的殖民地上的农场，这些农场将英国的耕地扩展到了全世界的广阔土地上。"[17]

虽然英国确实是政府军事决策的指挥中心，生活在英国的平民经历了帝国其他地区未曾经历的战斗和轰炸，但殖民地的作用只是骄傲地为英国人提供食品的说法是不真实的。这种说法有时甚至会招致怨恨。1942 年，一位名叫 J.G. 克劳福德的澳大利亚公务员认为，"削减当地（澳大利亚）平民消费……必须与英国平民的利益相平衡。"换句话说，澳大利亚人不应该遭受比英国人更大的损失，澳大利亚人的需求不应该被排在最后。但他认为，当务之急是英联邦国家共同努力，为战时生产和贸易制定现实的目标和战略，以确保"在纳入'国家'（即英联邦）计划之前，生产目标和涉及人力的提案都经过了认真讨论"。[18]在内阁的闭门讨论中（日本参战前），人们注意到日本是澳大利亚和南非羊毛与印度棉花的大买家，鉴于英国为切断对德国和苏联的供应而控制对日贸易的战略意图，必须考虑这些生产商可能受到的影响。[19]自治领依靠贸易来维持它们的经济运行，它们十分担心英国的战争战略会忽视它们的需求。

事实上，南非作为英联邦的一员加入了这场战争，它的人民却因这场战争而严重分裂。其政府由国内的少数白人控制，但许多南非白人（阿非利加人）感到自己在血统和语言上与德国有亲缘关系，总理扬·斯穆茨（Jan Smuts）带领南非加入了战争，从而分裂了自己的政党。尽管在战争期间对那些从事低技能制造业工作者的需求上升了，但对大多数黑人来说，本就恶劣的生活条件进一步恶化。南非政府广泛开展了宣传活动，鼓励民众支持战争，强调南非在海上航线上的关键战略地位，并将战争志愿者比作祖鲁战士和民族大迁徙中的阿非利加英雄。[20]

"二战"期间，澳大利亚人对德国后裔的担忧比上一次战争时要小得多。1938 年，多家澳大利亚报纸报道说，当时的大多数人"彻底与英国人愉快地混在一起"，试图平息人们对德裔澳大利亚人会被纳粹招募的恐惧。[21] 尽管如此，集中营还被重建起来。一些拥有德国和意大利血统的澳大利亚人因为被怀疑是"第五纵队"，或者是从内部破坏澳大利亚的轴心国秘密支持者而遭到拘留。澳大利亚的集中营主要用来关押来自欧洲的战俘。克里斯汀·温特（Christine Winter）认为，澳大利亚的参与强化了它的历史——"建立在澳大利亚作为流放地、收容被英国遗弃的人的基础上"；这同时维护了它的未来——"作为帝国的重要成员和自治领"，[22] 努力为战争做出更大贡献。

当然，即使是谈到集中营的话题，也能找到与葡萄酒相关的视角。在新南威尔士州的考兰和立顿集中营，被关押的意大利裔澳大利亚人，会被要求从事照料葡萄园和酿造葡萄酒的工作。[23] 欧洲战俘的关押条件也并不恶劣，他们良好的表现和合作的态度使得澳大利亚政府逐步将他们释放，以缓解农业劳动力严重短缺的问题。战俘们在昆士兰州的"葡萄园、菠萝和烟草种植园、奶制品和混合农场"工作。在那里，第一次释放了 600 名囚犯，但收到了来自农民的 1000 多份申请。[24]

一窖高贵的存货

就像在阳光下晾晒的葡萄一样，英国的葡萄酒市场在"二战"期间急剧萎缩，比第一次世界大战期间的情况更为严重。这对许多依赖英国市场的殖民地葡萄酒生产商来说是毁灭性的打击。早在 1940 年秋天，南澳大利亚州的酿酒师就向葡萄酒委员会请愿，要求其考虑关闭伦敦办事处，利用这些资源在其他市场为葡萄酒做推广。[25]

1941 年，英国食品部颁布了一项部分禁止葡萄酒进口的命令，并为英国酒商出售给客户的葡萄酒数量设定了配额，这导致了南澳大利亚州的葡萄酒供应过剩。据《阿德莱德纪事报》（the Adelaide Chronicle）报道，人们拼命争夺新市场，因为"本土市场无论如何都无法取代失去的英国市场"。[26] "加拿大、马来群岛、中南半岛、新喀里多尼亚，这些国家以前从法国大量进口葡萄酒，现在都转向把澳大利亚作为替代供应来源。"尽管如此，葡萄酒产量还是过剩，却没有储存空间或劳动力来进行处理。《阿德莱德纪事报》的社论指出，政府应该购买过剩的葡萄酒，将其蒸馏成酒精供工业使用，既可以帮助酒农，也能缓解汽油短缺的问题。[27] 这并不是一个完全原创的想法：南非葡萄种植者联合合作社在第一次世界大战期间就曾用葡萄酒生产了大量工业酒精，以至于在第二次世界大战开始时还有一些储存在仓库中。[28]

在此期间，英国市场对南非的葡萄酒需求也大幅下降。南非葡萄酒出口在 20 世纪 30 年代实现了稳步增长，主要出口目的地是英国，但在 1942 年出现大幅下降。在"二战"即将结束时，出口量又开始上升，到 1946 年在数量上超过了战前的最高水平。[29] 在两次世界大战之间，南非实际上已经从 19 世纪后期的危机中恢复过来，但由于南非生产的葡萄酒和白兰地严重依赖英国市场，因此，在经济上仍然很容易受到影响。

战争期间海上葡萄酒贸易的萎缩并不意味着英国人完全就没有葡萄酒喝了。有些人会用自家果园里的水果和采来的浆果酿制"英国葡萄酒"。不过，与第一次世界大战时一样，喝到真正的葡萄酒的秘诀在于随时把酒窖装满。1942 年，维多利亚葡萄酒公司的董事长向他的股东们保证，生意没有问题，因为"尽管禁止进口外国和帝国葡萄酒，但我们广泛采购国内生产的啤酒、葡萄酒和烈酒，加上我们之前的库存，让我们度过了艰难的一年"。[30]

热爱葡萄酒的精英们也没有受到任何影响。塞恩茨伯里俱乐部是一个设在伦敦的协会，由备受尊敬的文学评论家、葡萄酒鉴赏家、《酒窖笔记》的作者乔治·塞恩茨伯里等五十多名会员组成。其中包括高产的葡萄酒作家安德烈·西蒙，爱尔兰大律师、以葡萄酒为主题的书《与酒相伴》（*Stay Me with Flagons*）的作者莫里斯·希利（Maurice Healy），作家莱尔·比洛克（Hilaire Beloc）和亚历克·沃（Alec Waugh），漫画家大卫·罗，以及哈维（Harvey）和贝里葡萄酒零售家族的成员。他们酒窖里没有一瓶殖民地葡萄酒。事实上，他们只储备波尔多、勃艮第、香槟、摩泽尔莱茵（产自法国，但有德国风格）、波特和马德拉。战争也没有给庆祝活动造成影响，他们的年度晚宴有很多道菜，配以精致的葡萄酒。1942 年的晚宴做了一点调整：由于战时物资短缺，宴会没有提供奶酪和奶酪蛋糕，所以"在上波特酒和马德拉白葡萄酒（分别产自 1909 年和 1848 年）之前，我们端上了一个干得像木棉枕头的蛋糕"。[31] 确实，他们也做出了"牺牲"。

剑桥大学国王学院的酒窖经受住了第一次世界大战的考验，也为第二次世界大战做了充分准备。20 世纪 20 年代和 30 年代的记录显示，国王学院的教职工饮用的葡萄酒价格相当昂贵，而且全部是欧洲产的葡萄酒。波尔多和勃艮第的红葡萄酒，以及德国和法国东部的白葡萄酒尤其受欢迎。1939 年 12 月，它的高级葡萄酒库存（为学术人员或研究人员预留的）包括 3588 瓶红葡萄酒，600 瓶勃艮第（主要是红葡萄酒），1776 瓶霍克（德国白葡萄酒），以及少量其他白葡萄酒。此外，还包括近 8000 瓶波特酒，564 瓶雪利酒，以及其他少量加度葡萄酒和烈酒（包括威士忌、马德拉白葡萄酒、马萨拉白葡萄酒、杜松子酒和苦艾酒）。[32] 国王学院又一次做好了准备。

在战争期间，国王学院的常驻人员数量变化颇大。由于学生和年轻的研究人员都被征召入伍，住校学生的人数在 100 至 170 人之间，研究人员的人数可能在 30 至 50 人之间。当伦敦大学玛丽女王学院的学者决定从伦敦东区校区撤离时，国王学院将他们迎到了校园。它还把一些皇家空军的成员安置在了空置的学生宿舍里。由于人员和食品短缺，学院对军队的支持常常遭到反对。

因为对酒类的消费频繁而规律，国王学院的酒窖记录很好地反映了英国人的口味和饮品供应情况随时间的变化。对葡萄酒史学家来说，它也是一个极好的研究案例，因为它在很长一段时间内都保存了详细的记录。学院有一个固定的宴会时间表，需要用到葡萄酒，并且酒窖每天都会向研究人员和学生（当时都是男性）出售葡萄酒和烈酒。在 20 世纪二三十年代，该学院的窖藏全部来自欧洲。与圣茨伯里俱乐部一样，该学院优先选择法国高档产区出产的葡萄酒，如波尔多、勃艮第、香槟和摩泽尔，也有德国葡萄酒，如波特酒、雪利酒、威士忌、杜松子酒和朗姆酒等。战争开始时，国王学院有 4200 瓶法国红酒（主要是波尔多红葡萄酒）和 2028 瓶白葡萄酒（主要是德国白葡萄酒），还有 7670 瓶波特酒和少量其他种类的加度葡萄酒和烈酒。[33] 它与圣茨伯里俱乐部的主要区别在于，虽然学院确实有适合特殊场合的好酒，但它也有一些便宜的葡萄酒供学生购买和日常饮用。但是，如圣茨伯里俱乐部和像贝瑞兄弟这样的上流社会酒商一样，在两次世界大战之间，他们都没有储存殖民地葡萄酒。殖民地出产的葡萄酒显然是维多利亚葡萄酒公司等大众零售商的专属领地。

1941 年年底，《潘趣》杂志上刊登了一首打油诗，哀叹葡萄酒越来越少：

当从香槟到波特，
什么酒都短缺时，
谁存下了几箱酒，
谁就是幸福的人。
无论是红还是白，
都是珍贵的宝藏。[34]

国王学院存酒很多，但数量也是有限的。酒窖的账目显示，研究人员慢慢地喝光了学院窖藏的拉菲和波马特。但到了 1943 年 12 月，战争仍没有结束的迹象，酒窖里的酒也被喝光了。在四年的时间里，学院大约损失了一半的窖藏，包括 3600 瓶波特酒、2000 瓶红葡萄酒、348 瓶香槟和 1380 瓶霍克酒。[35] 这些德国葡萄酒已经买了，也付了钱，所以，喝掉它们显然没有什么坏处。

在战争期间，这所反应灵敏、交游广阔的学院曾向十家不同的供应商订购过商品。尽管有着精明的进货策略，该学院的酒类消费仍出现了明显变化。到 1943 年，该学院的烈酒购入量明显增加，而葡萄酒购入量明显下降。威士忌、杜松子酒、白兰地、苦艾酒、皮姆 1 号酒和朗姆酒都是按箱购买的，但没有香槟和上等法国葡萄酒。这可能完全是由酒的供应情况造成的，但在经济困难时期，烈酒不失为一种经济实惠的产品，因为它们既可以单独饮用，也可以混合饮用，并且因为酒精含量比葡萄酒高，开瓶后保存的时间也更长。真正的转折点出现在 1943 年 12 月，国王学院向酒商威廉姆斯·斯坦德林（Williams Standring）有限公司下了一份订单：包括 96 瓶威士忌，96 瓶杜松子酒，皮姆酒、白兰地、朗姆酒和苦艾酒各几瓶，以及 192 瓶阿尔及利亚葡萄酒。阿尔及利亚葡萄酒是第一批进入国王学院酒窖的非欧洲葡萄酒，而且每打 77 先令 6 便士的价格并不便宜。在 10 年前，这笔钱可以在怀特利百货的酒窖买到 12 瓶法国上等波尔多葡萄酒或 24 瓶澳大利亚葡萄酒。[36] 阿尔及利亚葡萄酒虽然是殖民地葡萄酒，但不是来自英国殖民地。阿尔及利亚在 1830 年被法国占领，在 19 世纪晚期爆发葡萄根瘤病危机时，已经发展成为一个重要的葡萄酒产区，能为法国巴黎提供味道浓郁的红葡萄酒。现在，当另一场危机发生时，它也开始为英国供货。

堡垒已经被攻破了，闸门已经被打开。1944 年 6 月、1944 年 9 月和 1945 年 1 月，学院又订购了更多的阿尔及利亚葡萄酒。每次订购的量都很少，似乎只为渡过难关，现在每打葡萄酒的价格涨到了令人流泪的 96 先令。1944 年 10 月，国王学院购入了第一款南非红葡萄酒，随后是南非雪利酒。1945 年 1 月，它一次购入了 48 瓶南非红葡萄酒（90 先令一打）和 36 瓶南非白葡萄酒（96 先令一打）。[37] 然后，这些酒被放在一个被称为"配餐室"（拥有对外售酒执照）的地方，出售给学院的研究人员和学生。研究人员多少起到了推波助澜的作用，古代历史学家、战时密码学者弗兰克·阿德科克（Frank Adcock）教授于 1943 年 12 月到这里买下了第一瓶阿尔及利亚红酒；其他人也紧随其后，配餐室在 1944 年每周都可以卖出一两瓶酒。霍克酒和波尔多红酒仍然有售，但它们的价格大约是南非葡萄酒的两倍。[38]

大部分殖民地葡萄酒都是研究人员购买的，而不是学生。[39] 安东尼·贝里（Anthony Berry）在 20 世纪 30 年代是邻近的三一学院（Trinity Hall）的学生，贝瑞兄弟和拉德酒业的家族子弟。他回忆说，自己的父亲一直"慷慨地"为他提供雪利酒和波特酒，"但除偶尔在自己的房间里举办派对外，我很少喝红葡萄酒和白葡萄酒，尽管我已经知道自己注定要从事葡萄酒贸易。"他解释说，学生们通常更喜欢啤酒，因为它价格便宜、供应充足。[40] 殖民地葡萄酒是次优选择。在"二战"期间的最后两年，没有学生购买非殖民地非起泡酒的记录，他们购买的是阿尔及利亚、南非或澳大利亚生产的葡萄酒。

战争结束后，欧洲葡萄酒的供应并没有立即恢复正常，这对殖民地生产商来说是一个持续的利好。1946 年，惠特布莱德酿酒公司（Whitbread Brewers）——该公司在英国拥有一家大型连锁酒吧——的葡萄酒买家品尝了三款塞浦路斯葡萄酒。雪利酒和红宝石波特酒被认为质量很差，但塞浦路斯白波特酒（风格）相对更好，被认为"只要短缺还在持续，就值得购买"。[41] 国王学院开始抓紧采购它的旧时最爱——法国葡萄酒，但它也在继续购入殖民地的葡萄酒。1945 年 6 月 12 日，英国宣布在欧洲取得胜利的几天后，国王学院订购了一些极好的法国葡萄酒（碧尚男爵庄园和拉菲堡，都是 1934 年的年份酒，都来自波亚克）。但它也订购了南非雪利酒。[42] 1946 年年底，学院订购了 17 打圣朱利安红葡萄酒和 4 打勃艮第葡萄酒，以及 4 打"斯泰伦博斯白葡萄酒"和 24 打"斯泰伦博斯红葡萄酒"。[43]

直到 20 世纪 50 年代早期，学生和年轻人还在继续购买殖民地葡萄酒。1946 年 6 月，当时还是博士生的历史学家埃瑞克·霍布斯鲍姆（Eric Hobsbawm）买了两瓶阿尔及利亚红酒。1947 年，博学多才的计算机科学家、密码学家艾伦·图灵买了两瓶南非斯泰伦博斯（不知道是红葡萄酒还是白葡萄酒）。1948 年夏天，小说家、国王学院荣誉研究员 E.M. 福斯特（E.M. Forster）买了 15 瓶同样的酒，也许是为了招待学生，因为这些酒都记录在学生的酒账上。[44] 这种斯泰伦博斯葡萄酒售出的最大一单是在 1948 年 7 月的一次殖民地晚宴。在此两个月前，南非国家党当选为执政党，承诺实施（然后实施了）种族隔离制度。

学生账目显示，尽管国王学院在战争期间售出了大量的澳大利亚波特酒，但在"二战"结束后它就开始失宠了，雪利酒的地位开始上升。1946年6月6日是诺曼底登陆两周年纪念日，也许这是一个庆祝的理由，国王学院的学生们购买了15瓶南非雪利酒、7瓶阿尔及利亚红酒、2瓶威士忌、3瓶澳大利亚波特酒和3瓶香槟（出处不详）。到了1950年，学生更喜欢喝雪利酒已经毋庸置疑。南非雪利酒是市面上最便宜的雪利酒，因此成为最受欢迎的品种。1947年11月，国王学院备餐处卖给了学生59瓶南非雪利酒，它比另一种"布里斯托牛奶雪利酒"便宜20%左右。1948年年底，阿尔及利亚红酒从购酒名单上消失了，取而代之的是南非葡萄酒和"澳大利亚勃艮第"。

两次世界大战之间的那段时期，殖民地葡萄酒在英国中产阶级和工人阶级消费者中颇受欢迎。国王学院这所完整经历了"二战"的精英学院，清晰勾画了这一时期殖民地葡萄酒的境遇：它是那些收入较低的学生和年轻人的饮品，也是那些较为成熟的葡萄酒爱好者在没有太多选择时也会屈就的替代品。"二战"期间，产自各自治领和殖民地的加度葡萄酒的消费量越来越高。这种葡萄酒于1927年进入英国市场，但其市场地位在"二战"期间和战后得到了强化。

最好的玻璃瓶

值得注意的是，尽管日常生活和国际贸易受到严重干扰，但与葡萄酒相关的官方讨论仍在继续。1944年5月，当盟军在英格兰南部组织起来准备登陆诺曼底时，斯蒂芬·塔伦斯为了他在1928年开始的殖民地葡萄酒和酒瓶实验，一直写信。这些信是写给帝国经济委员会的大卫·查德威克爵士（Sir David Chadwick）的，他在信中要求恢复实验，并解释说："希斯暂时同意在陆军和海军商店的品酒室里安排进一步的品酒，赫瑟林顿已经确定，国防工业部愿意同时进行化学实验室测试。"[45] 然而，一个月后，希斯得知存放实验酒瓶的地窖被毁，这些希望破灭了。[46] "我必须说这是轰炸机的罪过，因为是它把我们赶出了伦敦，"他为没有早点把这个消息告诉塔伦茨而道歉，并悲伤地解释说，"酒瓶实验无法再继续了"。[47]

　　虽然这项实验的程序从一开始就不符合最高的科学标准，但 16 年的耐心等待成了一场全面战争的牺牲品，其结局仍是令人伤感的。正如年轻的伊丽莎白公主（Princess Elizabeth）在白金汉宫的家被炸后发表的著名讲话一样，塔伦茨现在也可以正视伦敦东区了。在 1946 年的一次演讲中，塔伦茨满怀渴望，甚至可能是出于自我安慰，他指出："如果我们侥幸逃过了敌人的军事行动，那么在查理十字车站附近的某个地方，一定还有一些无人认领的上好葡萄酒和用最好的玻璃制作的酒瓶。"[48] 虽然最近在伦敦的考古发掘中人们发现了数千个 20 世纪早期的用来装皮卡利利酱和酸辣酱的玻璃瓶，但笔者尚未听说塔伦茨的殖民地葡萄酒酒瓶被发现的消息。[49] 有一个人还在盼着它们能重见天日。

第四部分

征服：1950—2020 年

第十七章

来一杯葡萄酒：战后的殖民地葡萄酒

1976 年，《金融时报》评论了吉姆·兰德（Jim Rand）在伦敦上演的一部名为《雪利酒与葡萄酒》（*Sherry and Wine*）的新剧。故事情节围绕着一个"善良的西印度群岛劳工"和他的妻子、女儿展开。这位劳工"白手起家，他把家人从布里克斯顿搬到了芬奇利的一所漂亮的房子里；但他还是很乐意穿着他的背带裤和长胶鞋，吃豌豆和米饭，喝啤酒"。另外，他的妻子"认为应该入乡随俗"，也就是说，当她的女儿带一个年轻男子回家吃饭时，"必须要用上等的雪利酒和葡萄酒来招待"。显然，这就是体面的英国人在芬奇利的常规做法。芬奇利是大伦敦的一个中产阶级社区。这部戏接下来表现了在白人社会和黑人社会之间、在移民父母和第一代子女之间"关于这种文化冲突的长时间争论"。[1] 这种事并不只发生在新兴中产阶级的移民家庭中。一位《爱尔兰时报》（*Irish Times*）的专栏作家回忆起当时一个廉价的法国葡萄酒品牌乐皮亚特所做的电视广告，描述"一个优雅、多疑的父亲被他女儿的追求者打动了，因为他来吃晚餐时带来了一瓶令人惊喜的乐皮亚特葡萄酒。"[2]

1945 年和 1976 年之间的文化距离很大，葡萄酒和雪利酒的故事充分体现了英国这三十年深刻社会变革。从人口统计上看，和当年数百万出生在英国的人去往前殖民地的白人定居点寻找前途一样，战后有数百万英国公民从殖民地和自治领回到英国定居。随着超市购物时代的到来和更多新食品出现，英国人的消费模式发生了变化。保守派评论员哀叹道，一个人际关系不再那么庄重的"放纵的社会"正在形成。

对于殖民地葡萄酒来说，这不是一个好的时代。如果葡萄酒生产商和进口商曾预期 20 世纪 30 年代和"二战"时期的葡萄酒销量的上升趋势会持续下去，那么他们肯定会感到失望，因为英国国内对殖民地葡萄酒的消费量在 1945 年之后出现了下滑，直到 20 世纪 80 年代才再次回升。殖民地葡萄酒与战争之间的关系可能对它的声誉造成了长期的损害。具有讽刺意味的是，殖民地葡萄酒得到欣赏的基础是在战后慢慢建立起来的。这种基础的建立有如下几种原因：生活水平和消费者购买力的提高，英联邦之间移民的增加，以及异国风情餐厅将许多新的食物和风味引入英国人的生活。

当然，殖民地葡萄酒在这一时期不再是真正的殖民地葡萄酒。虽然这些自治领仍然是英联邦的成员（除了南非，我们将在下一章看到），但它们已经明确地成为独立的主权国家。1947 年印度独立，1948 年巴勒斯坦独立，1960 年塞浦路斯独立，1964 年马耳他独立。不过，为了简单起见，我们将继续把它们称为殖民地葡萄酒，这在 20 世纪 60 年代是一个历史造成的时代错误。

六十七夸脱

战争结束后，一位漫画家预测，英国会有很多人到酒吧去休闲。在他的画中，一辆旅游巴士上的全部乘客都挤进一个安静的酒吧，他们点酒时喊道："老板，来 67 夸脱！"[3]葡萄酒贸易在慢慢恢复，但政府仍对个人购买葡萄酒实行配给制，以确保供应及时。正如安东尼·贝里多年后回忆的那样："1945 年年底，按照供需关系来说，出现了一个完全的'卖方市场'。从 1940 年到 1950 年，我们至少有十年没有公布任何类型的价格表就充分反映这一点。"[4]可供选择的种类太少，不足以列出一份清单，而想要葡萄酒的人又太多了。

不过，虽然消费支出有所回升，但英国并没有立即普遍繁荣起来，而即使后来普遍繁荣起来后，殖民地葡萄酒也没有获得任何好处。在战争期间，葡萄酒进口关税直线上升。1949 年，英国议会展开了一场关于葡萄酒关税的激烈辩论。工党政府正在考虑减少关税，以鼓励消费，增加税收收入，为新的（昂贵的）刺激性社会项目提供资金。就像 19 世纪 80 年代议会讨论关税时一样，虽然有一些议员试图把辩论的焦点拉回到大英帝国，但大多数讨论的主题是英国对法国和西班牙等欧洲盟友的责任。保守党议员哈里·克鲁克山克上尉（Captain Harry Crookshank）告诫他的同事们说："我完全可以肯定，近年来如果没有南非雪利酒，这里的聚会根本办不起来。"他的保守党同僚对此表示赞同，并重申了 140 年来曾多次出现过的"帝国特惠"的观点：如果希望殖民地葡萄酒能与欧洲国家的葡萄酒竞争，那么应给予他们比欧洲葡萄酒更优惠的关税政策，而不是相同的关税政策；这一政策对帝国葡萄酒生产有刺激作用，英国现在对帝国农民负有责任，应该对他们的出口产品多加照顾。切尔滕纳姆的保守党议员阿瑟·多兹-帕克（Arthur Dodds-Parker）认为，关税"差异保持不变，但消费者的付出成本增加了，酒的味道也没变，但殖民地葡萄酒产业会受到损害"。他接着说："在整个战争期间，帝国殖民地在为我们这个国家提供葡萄酒方面发挥了最大的作用，因为殖民地是我们唯一能买到葡萄酒的地方……在过去 10 年左右的时间里，这一行业受到了相当大的鼓励，但在目前的制度中，我没有发现有哪些政策能够促进在帝国中成长起来的葡萄酒产业的发展。"[5] 尽管保守党打着帝国的旗号支持殖民地的葡萄酒生产商，但他们对殖民地葡萄酒本身却贬多于褒。他们对生产商的保护似乎更多的是出于内疚和一种贵族责任感，而不是出于对他们作为企业主的尊重或对他们的葡萄酒的真正赞赏。"鼓励"只是一笔需要偿还的战争债务。

在政界也有这样一种理解，即葡萄酒行业是一个雇主，鼓励帝国贸易会对英国的就业产生影响（例如，一名保守党议员表示，帝国特惠关税政策"也会有助于英国国内装瓶业务的发展"）。[6] 当时许多葡萄酒仍然是装在大容量的木桶等容器中进口，然后在英国装瓶的。[7] 例如，南非酒农协会（South African Wine Farmers' Association）就是用联合城堡公司的轮船把南非葡萄酒进口到英国的。酒会被运到南安普顿，再用软管把葡萄酒泵进仓库装瓶。[8] 该组织在伦敦南部也有自己的货栈和仓库。[9] 这些工厂都会雇用当地工人，比如码头工人、装瓶工、仓库工人、司机和经理等。殖民地独立并没有破坏英国和殖民地之间的经济联系。

与啤酒告别

对子孙后代来说，战后的三十年常常被视为英国饮食史上的一个污点。英国的配给制一直持续到 1954 年，战争期间一些恶名远扬的加工食品持续的时间更长。蔬菜、水果和肉类都是罐头装的，与之搭配的还有蛋奶沙司粉、人造黄油和工业切片面包。这并不是说许多英国人不愿意吃美味的、高质量的家庭烹饪食品，但战后的趋势是对方便和加工食品的依赖日益严重。"一荤两素"，一起煮熟，这种淡而无味的饮食让英国在世界烹饪界声名狼藉。殖民地葡萄酒也因为与这个美食荒漠的关系而受到鄙视。在战争期间，它通常作为一种产地不明的无商标产品出售，而因为它相对便宜，在英国很受欢迎。澳大利亚勃艮第葡萄酒在人们心目中也成了罐头饮品。

战后，殖民地葡萄酒在英国文化中迅速被边缘化，以至于几乎完全被遗忘了。殖民地葡萄酒的受欢迎程度稳步下降，到 20 世纪 80 年代初，澳大利亚和南非葡萄酒在英国的市场份额比 19 世纪 80 年代还要低。我们在下文将会看到，当 20 世纪 80 年代它们在英国重新流行起来时，许多人认为它们是全新的产品。但它们在"二战"前和"二战"期间就曾广受欢迎，但后来被遗忘了。

事实上，在大众的想象中，殖民地葡萄酒甚至与不懂世故联系在了一起。在芭芭拉·皮姆（Barbara Pym）于 1950 年出版的讽刺小说《驯服的羚羊》（*Some Tame Gazelle*）中，倒霉的老姑娘贝琳达（Belinda）醒来时发现自己生病了，她怀疑这可能是因为"伊迪丝在橱柜后面发现的半瓶帝国波特酒，或者是因为穿着湿漉漉的薄鞋子走回家的原因"。她倾向于认为原因一定是后者，要不然自己怎么会得了感冒，涕泪交流，一点儿都不浪漫呢？[10] 在两次世界大战之间的英国，工人阶级的聚会上一定会准备澳大利亚的壶装酒，而剑桥大学的学生聚会上也有南非葡萄酒，而现在这些酒成了老姑婆和乡村牧师才会喝的酒。这些人的世界没有什么希望，只有湿羊毛的味道。

澳大利亚人非常在意这种坏名声，并想努力改变它。由于自 1939 年以来销量下降了 200 万加仑，酿酒业决定借助展览模式东山再起，并在 1955 年举办了"澳大利亚葡萄酒节"。它的目标市场是威尔士的纽波特镇（Newport，现在已经是一座城市），位于卡迪夫市以东的塞文河口。在英国所有可选的地点中，这似乎不是一个太好的选择，澳大利亚为什么不选择伦敦或伯明翰呢？纽波特这个工业港口在 20 世纪 30 年代曾遭遇了灾难性的失业，但当时经济正在反弹，澳大利亚已将它的工人阶级人口视为一个有很大增长潜力的市场。另一个原因是它与布里斯托尔隔河相望，而布里斯托尔长期以来一直是进口葡萄酒的港口，也是一些有代表性的英国酒商的总部所在地，比如哈维酒业和艾弗里酒业。伯戈因、鸸鹋、奔富、沙普等 9 家澳大利亚葡萄酒进口商参加了此次活动，行业媒体指出，他们对出席的人数感到很满意。

随后，英国莱斯特市也举行了类似的活动，"借助英国中东部天然气委员会地区（the East Midlands Gas Board area）'年度新娘'比赛的决赛"，有 1500 名与会者品尝了澳大利亚葡萄酒。[11] 虽然这一赛事听起来有些滑稽，但这实际上表明了澳大利亚对新客户群体有着敏锐的眼光。在战争期间，许多平民房屋被毁，住房问题成为最受关注的选举议题。在 20 世纪 50 年代，英国流行文化重新接纳了家庭生活。英国文化鼓励新婚夫妇建立自己独立的生活环境，年轻的新娘也被鼓励在家里招待客人。大多数女性在 20 岁出头就结婚了，[12] 葡萄酒零售商似乎认为自己有责任教育这些女性如何更好地打理家务和招待客人。葡萄酒比啤酒或苹果酒高级，以葡萄酒待客是一个年轻人走向成熟的标志，也是成年人生活的特征。1957 年，讽刺杂志《潘趣》就在这种气氛中发表了一篇语气幽默的《给那些即将告别啤酒的人的（葡萄酒）指南》[*Guide to (Wine for) Those About to Graduate from*

Beer]。[13]

怀特利百货的广告中也对这一人群有所反映。20 世纪 50 年代，该公司出版了一本名为《葡萄酒杯与潘趣酒》（*Wine Cups and Punches*）的小册子，鼓励在非正式招待活动中提供以葡萄酒为基础的冰饮，因为它们"最经济，而且很容易根据个人口味做出调整"。这些冰饮的名字透露出强烈的殖民地风情和异国情调，如丛林游侠、热带烟火和巴罗萨潘趣酒等。以下是一个可供 24 人饮用的配料表：

配料：勃艮第或红葡萄酒 2 瓶；1/2 品脱柠檬汁；1/2 品脱橙汁；1/2 杯糖；4 片桃子；1 片橙子；大约 2 打对切草莓或等量的覆盆子；菠萝片；3 品脱苏打水。

制作方法：将糖和酒混合，加入果汁，搅拌。在潘趣酒碗中倒入大块的碎冰。添加水果。在上桌之前倒入苏打水。将黄瓜片放在杯沿。[14]

怀特利百货有一系列专门为制作这种混合饮料精选的葡萄酒，要么是售价为 7 先令 9 便士一瓶的法国勃艮第，要么是售价为 11 先令 6 便士一壶的澳大利亚勃艮第（按照酒的含量来算，实际上与法国勃艮第单价是一样的）。也有其他配方使用的是南非雪利酒和澳大利亚茶色甜酒，它们被认为是比欧洲同类产品廉价的替代品。[15]

殖民地葡萄酒也回归了他们原来的广告策略，即宣传他们的葡萄酒对健康有好处。勃艮第酒庄宣传用它们的"丰收勃艮第酒"佐餐可以"助消化"。在伯戈因的众多报纸广告中，有一则广告是其独特的酒壶在说："和我一起享受健康！"[16]当时很多葡萄酒还是装在大木桶里进口，然后在英国装瓶的，这让英国的装瓶商可以按照自己的意愿来调配和设计葡萄酒。此时的勃艮第葡萄酒是由澳大利亚和南非的葡萄酒混合而成的。[17]通过将其葡萄酒作为佐餐酒来推广，伯戈因也可以避免人们将其产品与酗酒问题联系在一起，毕竟这一问题总是与廉价酒有关。

新闻和纸质读物也显示了葡萄酒在英国生活中的兴起。1969 年，《潘趣》

杂志上开始频繁出现葡萄酒广告（1968 年只有 4 个），到 1987 年的顶峰时期达到了一年 113 个。[18] 伯戈因还涉足了新媒体领域，于 1957 年在电视上做了广告。[19] 伯戈因的葡萄酒广告非常直白，他们会在报纸广告中列出零售价，而这些价格与怀特利百货广告中的澳大利亚壶装勃艮第葡萄酒价格一样。低价是它的卖点（见图 17-1）。同样，南非酒农协会在 20 世纪 50 年代和 60 年代也做了一些广告，强调其雪利酒的高品质（"南非人一直在提高他们葡萄酒的质量——尤其是雪利酒。这是他们的骄傲"）。[20] 但该协会也会强调价值和价格，尤其是在 20 世纪 60 年代后期，其宣传语是："南非雪利酒——你能买得起的奢侈品。"[21]

图 17-1　伯戈因公司的丰收勃艮第

这则广告宣传称，这是一款价格实惠的健康饮料，装在设计独特的酒壶里。《图片邮报》，1951 年 3 月 24 日。

不过，随着转售价格管理制度在 1964 年被废除，英国的葡萄酒定价方式发生了重大变化。[22] 转售或零售价格维持（resale or retail price maintenance，RPM）是生产者和零售商之间达成的协议，商品将以特定的价格销售——就葡萄酒而言，通常高于商定的最低价格。取消最低限价意味着，葡萄酒零售商可以以低于建议零售价格甚至低于成本的价格销售葡萄酒。大型零售商有能力以低于成本价的价格销售某些商品，以其作为"引流商品"，即降低某些商品的价格吸引顾客进入他们的商店，但可以期待顾客以零售价购买其他商品来补偿引流商品造成的损失。

许多小型零售商反对废除转售或零售价格维持，认为它只有利于大型零售商。[23]

小型独立酒商有理由这样担心，因为从长远来看，这种变化将给超市这种新型零售企业带来巨大好处。传统的英国食品零售方式是专门销售单一种类食品的小商店。战后，拥有开阔空间、宽敞过道和巨大冰柜的超级市场从美国传入英国，逐渐成为市场的主导。英国葡萄酒消费水平的上升通常被直接归功于超市的普及，但资料显示，真实情况要复杂得多。[24]

在英国，超市有资格申请对外售酒执照，所以从法律上讲，它们与百货公司销售葡萄酒的食品大厅没有什么不同。在 20 世纪 60 年代，先后颁布了两项酒类许可法案，1961 年的第一个法案和 1964 年的强化法案。通过延长对外售酒执照的时间（最多可达每天 15 个小时），英国实现了酒类销售自由化。[25]1921 年颁布的酒类销售许可法案将每天的销售时间限制在 9 个小时以内，[26] 而 1964 年的法案使酒类销售变得更加方便，对包括超市在内的所有零售商来说都有利可图。加上此时废除了转售或零售价格维持，在以促销价吸引大众方面，大型零售连锁店最具优势。

虽然到 20 世纪 80 年代，在英国销售的葡萄酒有一半是在超市销售的，而超市刚出现时并没有立即投入葡萄酒销售中。英国标志性的连锁百货店玛莎百货（Marks and Spencer）从 1931 年开始通过柜台销售食品，1950 年转向自助服务，并在战后成为一家重要的食品杂货零售商。它是高质量方便食品，特别是"即食食品"（预先包装的食物，只需要加热）的先驱。这种做法反映并推动了英国人饮食口味的变化，例如，1974 年第一次在英国推出了印度菜。但直到 1974 年，也就是酒类特许经营和转售或零售价格维持改革 10 年后，玛莎百货才开始销售葡萄酒。该公司十分慎重，一开始只出售两种葡萄酒，然后逐渐增加。尽管食品杂货店拥有采购议价能力和塑造口味的能力，但它们也不愿推出一个没有消费者愿意购买的产品系列。

虽然超市没有参与进来，葡萄酒的需求仍在增长。1961 年，英国的葡萄酒进口量约为人均两瓶半——酒瓶的容量为 750 毫升，因为人口统计中包括了儿童，所以成人的平均消费量会更高。到 1970 年，这个数字翻了一番，达到人均约 5 瓶；到 1980 年又翻了一番，达到每年人均 10 瓶。正如我们所看到的，普通百姓消费殖民地葡萄酒的历史已经有一个半世纪。尽管我们缺乏信息来源，无法精确追踪大量个人购买葡萄酒的记录，但仅从英国葡萄酒的销量就可以看出，它并不是精英阶层的专属。在英国社会中，富人的数量太少了，如果他们持续消耗这么多葡萄酒，那么一定会出现公共健康危机。

不过，虽然英国的葡萄酒消费量不断增长，但酒单显示这些葡萄酒主要来自欧洲，而非殖民地。战前的酒单上通常以法国酒为主，再加上一些德国酒和一些不加度的殖民地葡萄酒。而到了 20 世纪 60 年代，法国酒仍占据着主导地位，但出现了更多种类的欧洲萄酒。总部位于伦敦的奥古斯都·巴奈特（Augustus Barnett）是一家自称为"英国最畅销的独立葡萄酒和烈酒零售商"的连锁企业，它在 20 世纪 70 年代几乎只销售法国葡萄酒。例如，1972 年 3 月的一份宣传单上列出了 92 种无气葡萄酒，除两种意大利葡萄酒、两种德国葡萄酒、一种匈牙利葡萄酒和一种奥地利葡萄酒外，其余都是法国葡萄酒。在白葡萄酒中，阿尔萨斯甜葡萄位于最显眼的位置。[27]

另一家位于伦敦的对外售酒全国连锁企业奥德宾斯（Oddbins）也有类似的选择。奥德宾斯公司最初专门经营桶底（"bin ends"），即限量打折的葡萄酒。他们 20 世纪 60 年代和 70 年代的酒单上几乎都是法国葡萄酒，还有少量的希腊、土耳其和摩洛哥葡萄酒，并没有澳大利亚、南非、新西兰或塞浦路斯的葡萄酒。[28]

1974 年，玛莎百货在选定的几家门店对两款葡萄酒进行了试销，几个月后推出了全系列产品。最初包括十二款无气酒、两款起泡酒、三款雪利酒和两款苦艾酒，外加一些啤酒和烈性苹果酒。这些葡萄酒是按主题而不是按地域摆放的。"派对酒"指的是"三款按照英国人的口味，精心混合而成的可靠而迷人的葡萄酒，装在 1 升装的瓶子，供在与家人和朋友的非正式聚会上以欧洲大陆流行的方式饮用。"这些产地不明的混合葡萄酒是按升出售的，分别为"西班牙红葡萄酒"、法国"优质葡萄红酒"和"高级白葡萄酒"。[29] 在无气酒中，还有三瓶法国红葡萄酒和两瓶意大利红葡萄酒。干白包括意大利苏瓦韦白葡萄酒、法国梅肯和卢瓦尔白葡萄酒。甜白葡萄酒的种类更多，包括法国的莫泽尔雷司令、德国的莱茵白葡萄酒、一种"法国甜白葡萄酒"，以及 1974 年 11 月上市的南斯拉夫雷司令。其中南斯拉夫雷司令最便宜，售价为 75 便士一瓶（750 毫升），最贵的无气酒是 99 便士一瓶的古典康帝（1971 年 2 月，英国最终废除了英镑－先令－便士的原货币体系，采用十进制），其世界葡萄酒只有一款总来自南非的雪利酒。[30]

玛莎百货的早期酒单强调的是葡萄酒的功能性，这与怀特利早期酒单上的描述遥相呼应。酒单会描述某款葡萄酒与什么样的食物和社交活动最为相宜，意图展现饮用葡萄酒时的情境，而不是描述产品特有的味道或香气。西班牙红葡萄酒是"一款如阳光般浓烈的酒……搭配菜肴饮用时，依然能体现自己的风味，"而罗讷河谷则"将在寒冷的天气里为您的宴会带来一丝阳光。"[31] 这印证了约翰逊对专业葡萄酒作家的回忆，他们"（过去的描述）模糊得令人吃惊"。[32] 玛莎百货似乎瞄准了焦虑的女性消费者（"您喜欢葡萄酒，但在购买时总是感到无从下手吗？"）。他们向顾客保证，"顾客购买玛莎葡萄酒可以享受双重保障"，因为他们有些自有品牌的葡萄酒来自受保护的产地。[33] 不过，尽管玛莎百货的葡萄酒在 20 世纪 80 年代越来越受欢迎，种类越来越多，但仍有许多葡萄酒的产地不明。例如，一种酒精含量只有 9% 的 1 升装的"佐餐白葡萄酒"，标签上写着"一种果味中甜型淡葡萄酒，灌装于联邦德国"，原酒来自欧洲共同体不同国家。[34] 最引人注目的是这类酒所涉及的欧洲国家，有来自南斯拉夫、奥地利、保加利亚和德国葡萄酒，也有来自法国和西班牙的葡萄酒。[35] 玛莎百货在 1990 年甚至推出了一款黎巴嫩葡萄酒。[36] 到 1984 年，该店在售的有近 50 种不同的葡萄酒，年销售额达到 3500 万英镑。[37]

玛莎百货的顾客对"欧式用餐风格"产生好感可能有以下几个原因。一场是由外交官出身的作家伊丽莎白·大卫（Elizabeth David）发起的食物运动，她反对此时英国盛行的品味（或者说是没有品味），推崇地中海食材，尤其是橄榄油。她的新闻报道和书籍对法国乡村美食大加赞扬。和她的美国同行朱莉娅·查尔德（Julia Child）一样，大卫战时在情报部门的经历让她接触到了新的食物和烹饪方法，并将这些经验写成了书，向她的祖国介绍新的饮食方式。与查尔德充满激情的行文方式不同，大卫作品中的语气活像一个不高兴的女教师。许多现代英国厨师和烹饪作家都将她视为重要的灵感来源，并且可以肯定，她的语气对这些习惯在专业厨房工作的人没有造成任何困扰。大卫也喜欢葡萄酒，并认为它是一种寻常的佐餐饮品。她写了一本名为《一个煎蛋卷和一杯葡萄酒》（*An Omelette and a Glass of Wine*）的书，其中描述了她理想中的适合一个人享用的圣诞大餐。她还撰写了一些杂志专栏文章和关于用葡萄酒烹饪的小册子。在一份由酒商萨克内和斯皮德委托制作的报告中，她指出，"无论如何，在烹饪时，有廉价的葡萄酒总比没有好"，但纯粹的勃艮第或博若莱葡萄酒要比"浓烈的阿尔及利亚葡萄酒"更合适。[38]

也许比伊丽莎白·大卫作用更大的是欧洲大陆之旅。大陆之旅让英国人接触到了新的食物和烹饪方式，可能也让他们接触到了前葡萄酒生产国的廉价葡萄酒。如果说英国是孤独而沉闷的，那么 20 世纪六七十年代兴起的价格实惠的欧洲大陆一揽子旅游就是一剂解药。[39]1976 年，有超过 20% 的英国人去国外度假，到 1985 年这个比例翻了一番。[40]休·约翰逊是著名的葡萄酒作家，他在职业生涯早期实际上偶尔会写旅游新闻，为《英国星期日报》（*English Sunday*）推荐德国乡村酒店和性价比较高的法国渡轮。[41]

另一个对葡萄酒在英国文化中的价值产生影响的趋势是移民的增加。从第二次世界大战结束到 20 世纪 60 年代末，英国一直保持着相对开放的边境，并欢迎来自大英帝国和欧洲部分地区的移民。这对英国饮食业的影响体现在印度和意大利餐馆在英国城镇遍地开花。1962 年夏天，23 岁的休·约翰逊写了一篇题为《异国美食配什么饮料》(*What to Drink with Exotic Food*) 的文章。他对英国种类越来越多的餐厅充满了热情，他指出，"唯一的障碍是，我们饮用葡萄酒的方式太落伍了。那种小心翼翼地遵循着汤、鱼、肉的传统顺序，最后上波特酒和坚果方式已经是明日黄花了。"[42] 他推荐的大多是法国葡萄酒，对那些喜欢辛辣咖喱的人，他推荐的是健力士黑啤酒，因为"苦味的麦芽泡沫有一种冲刷口腔的作用，让味蕾露出来，来迎接下一口的美味"。[43] 健力士黑啤酒：对你有好处！同时代的新西兰酿酒商也推荐起泡酒："据说对消化问题有好处……（起泡酒）是唯一可以搭配咖喱、中餐和其他丰富菜肴的酒。"[44]

从文化上讲，新的饮食和饮酒习惯正在慢慢渗入英国人的休闲生活。欧洲大陆本身在政治上也在与英国靠近。1952 年，法国、联邦德国、意大利、比利时、荷兰和卢森堡建立了一个煤炭和钢铁自由贸易共同体。它们希望通过消除燃料和建材供应贸易壁垒来促进战后恢复，并通过经济合作确保长期和平。1957 年，《罗马条约》(*Treaty of Rome*) 将该共同体升级为对经济政策拥有广泛权限的欧洲经济共同体。1957 年，著名的《伦敦图片邮报》(*London Picture Post*) 刊登了一篇文章，支持英国加入欧洲关税联盟，认为这样可以扩大英国的市场，降低生产成本。然而，食品、饮料和烟草将受到豁免（于自由贸易政策）。"因此，英国和自治领的农民将继续得到帮助，这个国家将继续忠于她古老的'帝国特惠'传统。例如，南非和澳大利亚的葡萄酒，以及罗得西亚的烟草，仍将继续享受优惠关税。"[45]

英国人希望葡萄酒能享受关税优惠，同时也希望能喝到欧洲的葡萄酒，这成为一个问题。英国于 1961 年首次申请加入欧共体，两年后申请被拒绝。英国指责法国领导人戴高乐否决他们的申请是因为这会威胁到他自己的权力。戴高乐反驳说，与欧洲邻国相比，英国更加忠诚于其殖民帝国。英国再次提出申请，并在 1973 年与爱尔兰共和国和丹麦一起加入了欧共体（我个人将这一事件称为"培根加入"）。一位学者认为，这对澳大利亚（以及其他前殖民地）来说是"一种背叛"。[46] 自 1957 年以来，欧共体的主要变化之一是制定了共同农业政策，目的是确保农民的生计，并通过补贴计划增加粮食供应。这些政策，包括其中与葡萄酒有关的政策，始终备受争议，但在经历了战争的劫难之后，就不难理解为什么法国和德国农民认为它们至关重要了。对于向英国出口农产品的前英国殖民地，英国加入欧盟对它们进入英国市场的便利程度以及在欧洲市场的整体竞争力都是一个重大打击。受挫的澳大利亚人把目光投向了亚洲，希望与亚洲建立起更加广泛的贸易关系，并在 20 世纪 80 年代共同创立了凯恩斯集团（Cairns Group），以提高农产品出口商的谈判能力。[47]

就葡萄酒而言，帝国的捍卫者们对采用欧共体的"共同对外关税"（对进入欧共体的商品征收关税，以欧共体成员国身份废除英国现有的关税政策）一事发出了警告。据保守党议员罗纳德·拉塞尔爵士（Sir Ronald Russell）称，这"将对塞浦路斯的葡萄酒行业造成灾难性的影响，也将对南非的整个行业造成严重影响，并将伤害澳大利亚的对外贸易"。[48] 从中期来看这基本上是正确的。但欧共体成员国的身份促进了英国对葡萄酒的需求增长，从长远来看，殖民地葡萄酒将会从中获益。几十年前，是殖民地葡萄酒让普通英国人接触到了葡萄酒。到了 20 世纪 80 年代，当英国真正成为一个葡萄酒饮用国的时候，殖民地葡萄酒再次流行起来。

第十八章

善于作战的酒：殖民地葡萄酒重返英国市场

20 世纪 70 年代末，对英国喜剧剧团巨蟒剧团（Monty Python）成员埃里克·伊德利（Eric Idle）来说，澳大利亚葡萄酒是一个很顺手的题材。此时，它在英国懂酒的饮酒者中声名狼藉。他在创作中讽刺"获奖的'崔沃城堡窖藏瓶装努特圣沃加沃加'（Cuiver Reserve Chateau Bottled Nuit San Wogga Wogga）的味道就像土著人的腋窝。"[1] 伊德利可能不知道他的创作延续了一个传承几个世纪的传统，即把殖民地葡萄酒的味道与肮脏联系在一起，把肮脏与原住民的身体联系在一起。对澳大利亚原住民来说，这并不是一个玩笑。从 20 世纪初到 20 世纪 70 年代，一项旨在羞辱和根除原住民文化的白澳政策（White Australia Policy）批准了对数千名原住民儿童的"绑架"。这些"被偷走的一代"被强制融入白人家庭和机构。一个讽刺澳大利亚劣质葡萄酒的轻浮小品，提醒着人们原住民的身体曾经遭到过怎样的诋毁以及创伤性的后果。[2]

虽然如此，但葡萄酒毕竟是人类社会的产物。是酿造葡萄酒的人和消费葡萄酒的人，塑造了葡萄酒是一种文化产品的观念。因此，让不喜欢葡萄酒的人接受葡萄酒，需要克服和消除其心理障碍。就英国市场而言，还有一种酿酒师希望避免的无伤大雅的联想。1972 年，澳大利亚葡萄酒作家兼公关 A.J. 路德布鲁克（A.J. Ludbrook）在给休·约翰逊的信中谈道："过去，澳大利亚勃艮第葡萄酒在英国的街角商店被出售给贫血的老太太，作为她们所有烦恼的解药。"他希望这样的日子已经过去了："我本以为，尽管很难让人忘记这件事，但凭借我们今天所能提供的优质葡萄酒，我们终于到了让人忘记这段历史的时候。"[3] 可以肯定的是，这表明澳大利亚葡萄酒行业成功地生产出了更优质的葡萄酒，赢得了世界顶级葡萄酒评论家的尊重。但对老太太的挖苦却说明了，澳大利亚葡萄酒过去在英国建立的客户群体被认为是不成熟的、易受影响的和不受欢迎的。

尽管在 20 世纪 60 年代至 80 年代末，殖民地葡萄酒对英国的出口量有所下降，但澳大利亚、新西兰和南非的酿酒师们却很忙。这是一个产业扩张和质量提升的时期。20 世纪 80 年代末，殖民地葡萄酒成功征服了英国葡萄酒市场，这不仅是因为英国人的葡萄酒消费量发生了变化，也要归功于殖民地葡萄酒生产商的全新思维和葡萄酒品质的重大提升。《澳大利亚葡萄酒、酿造技术与烈酒评论》（*Australian Wine, Brewing, and Spirit Review*）在 1971 年报道称："两年来，由于知道英国有加入欧共体的可能，葡萄酒委员会和出口商一直在寻找新的出口市场或增加对其他市场的出口量。""与加拿大的贸易额增加了，但现在出口到英国的大部分葡萄酒必须在澳大利亚市场内部消化。"[4] 事实确实如此。就像 20 世纪七八十年代英国在殖民地葡萄酒奠定的基础上，消费了越来越多的欧洲葡萄酒并逐渐成为葡萄酒消费国一样，澳大利亚也逐渐成为葡萄酒消费国。然而，这一时期最大的变化发生在新西兰，那里的酿酒葡萄种植面积和葡萄酒产量都实现了指数级增长。

因为南非的政治道路是由作为少数人口的白人选择的，所以南非葡萄酒的发展道路也有些与众不同。葡萄酒所代表的骄傲和欢乐的精神与后殖民社会中的黑暗潮流形成了鲜明的对比。战后是一个英国和白人聚居的前殖民地的长期增长和繁荣的时代，但这种成功并不是均衡的。事实上，种族等级制度作为欧洲殖民主义的显著特征，以新的形式延续了下来。最明显和最极端的例子就是南非。

种族歧视和种族隔离

南非在 1910 年成为一个"联盟"和自治领。从好望角和它西部肥沃的葡萄酒产地，即大西洋一侧，跨越广阔的内陆高原，一直向东延伸到印度洋海岸，都属于联盟的领地。这是一个拥有多种地理和气候类型的大国。政治上把它联系在一起的是两个白人社区之间勉强的和解：一个是忠诚的英国后裔，另一个是南非白人（阿非利加人）。这两个社区的人口仅占总人口 20% 左右，但他们却宣称拥有全部政治权力。联邦迅速通过一项法案，为非洲黑人建立保留地，限制他们拥有土地和在某些城市地区居住的权利，从而巩固了白人至上的地位。这种歧视是被称为种族隔离的官方隔离政策的前奏。种族隔离政策在 1948 年南非国民党当选后得到了确立。种族隔离制度强制实行种族隔离，并试图压制有色人种。种族隔离的国家是一个通过压迫和暴力来运作的残酷国家。一些英国领导人公开谴责了南非种族隔离制度，尤其是首相哈罗德·麦克米伦（Harold Macmillan），他在 1960 年发表的题为《变革之风》（Wind of Change）的演讲中表示，他不会支持南非的种族隔离政策。作为英联邦成员，南非显然已经无法得到其他成员国的支持，于是它在 1961 年退出了英联邦。

种族隔离制度对理解 20 世纪的南非葡萄酒产业至关重要，但许多研究却显然没有将其包含在内。就好望角的酒庄而言，对兼并原住民土地的限制并没有产生太大的影响，因为在 20 世纪 10 年代，大部分良田就已经掌握在白人手中了。赫尔曼·吉利欧米（Hermann Giliomee）的研究显示，西好望角的葡萄酒农和小麦种植户对南非白人民族主义的发展至关重要，这种民族主义为种族隔离下的白人至上主义提供了养分。在整个 20 世纪下半叶，农民一直是南非国民党的最狂热支持者，因为种族隔离制度保证了他们可以不受惩罚地对待廉价的有色人种劳工。历史学家比尔·纳森（Bill Nasson）发现，20 世纪 80 年代初，斯泰伦博斯的一个葡萄酒农场的工人工资只有每天 4 兰特。[5]

种族隔离制度最终使南非成为国际舞台上最下等的国家，这对其葡萄酒出口产生了一些影响（尽管没有预测的那么大）。联合国通过了支持制裁南非的决议，但这些决议都是自愿的，没有什么约束力。20 世纪 50 年代，英国发起了一场反种族隔离运动，鼓励抵制南非商品，包括水果、香烟和葡萄酒等。克里斯塔贝尔·格尼（Christabel Gurney）曾指出，剑桥大学的学生团体在 1959 年曾号召各大学不要购买和储存南非葡萄酒。[6] 然而，这场斗争在 30 年后仍在继续。1989 年春天，反种族隔离的抗议者聚集在布里斯托尔的对外售酒点，手里举着写有"抵制南非葡萄酒"的标语。[7]

当种族隔离制度已经成为过去，其暴虐的特性也已大白于天下时，学者们想要了解更多关于英国人反对种族隔离制度的情况是合乎逻辑的。而与这种观点相悖的团体获得不同寻常的学术关注也很正常。实际上，在种族隔离制度存续期间，大多数英国人并没有抵制南非商品，这可能会让我们感到惊讶（我们很难在说明这一事实的同时又显得不是在指责）。

在 20 世纪六七十年代，英国人并不厌恶南非葡萄酒。即使有厌恶的情绪，那也主要是出于口味和质量的原因，而不是因为政治伦理。到 20 世纪 70 年代，尽管南非葡萄酒基本都被归类为雪利酒，只有小型独立酒商会购入南非生产的无气佐餐葡萄酒，但南非葡萄酒仍然会出现在许多主要零售商的货品清单上。奥古斯都·巴奈特在 1972 年订购了南非雪利酒。[8] 好望角酒业是英国另一家南非葡萄酒进口商，总部设在米德尔塞克斯的斯泰恩斯。它自称是"在英国拥有最多好望角葡萄酒品种的公司之一"，并指出，它的买家曾参观过一些庄园。它也销售澳大利亚和新西兰的葡萄酒，并提供全球配送服务。其中包括一款 1977 年的"老红狐自由皮诺塔吉"干红葡萄酒，喝起来带有坚果的味道。[9] 伦敦葡萄酒专家兼作家詹西丝·罗宾逊（Jancis Robinson）于 1977 年访问了南非，他大致记录了不同的葡萄品种及其产量（"皮诺塔吉产量是解百纳产量的两倍"），以及一些农民正在扩大他们的葡萄园的情况（"土地短缺不是个问题"）。[10] 奥兹·克拉克（Oz Clarke）在 20 世纪 80 年代写了许多有关葡萄酒的畅销书，还主持了英国一档有关葡萄酒的电视节目。他在 1984 年出版的《葡萄酒基础》（*Essential Wine Book*）一书中对南非进行了充满诗意的描写，并热情地讲述了南非美丽的风景和葡萄酒令人兴奋的潜力。他确实提到了"血汗工厂空气酷热"，但这被归因于奥兰治河附近的气候条件，而不是由劳动环境造成的。[11]

1986 年，美国和欧共体不顾英国反对，对南非实施了制裁。这些制裁是否真的对之后的政治变革产生了影响还有待商榷，但它们似乎确实对英国葡萄酒销售商的良心产生了影响。贝瑞兄弟和拉德酒业在 20 世纪 70 年代初还在采购南非葡萄酒，但到了 1984 年，南非葡萄酒就从他们的酒单上悄无声息地消失了。不采购南非葡萄酒可能还有其他原因（比如质量下降），但从一系列零售商的清单来看，1986 年至 1991 年南非葡萄酒的销售情况确实不太好。1987 年，奥兹·克拉克为一家大型连锁超市桑斯·博里公司制作的《葡萄酒手册》中包括了南非葡萄酒，但篇幅非常少，其内容被小心翼翼地藏在有关摩洛哥和墨西哥的章节之间 [12]（詹西丝·罗宾逊曾在 1995 年对桑斯·博里公司表示了赞赏，形容其为"英国最受欢迎的酒商，拥有高端的形象、丰富的葡萄酒系列和邮购业务"）。[13] 我们将看到，英国的葡萄酒零售商在 1991 年重新接纳了南非葡萄酒，看上去似乎是久别重逢，实际上中间只有短暂的间隔。

原始但充满活力

虽然澳大利亚没有实行南非那样臭名昭著的种族隔离政策，但战后澳大利亚对原住民的政策同样被认为是残酷而令人遗憾的，其中就包括将原住儿童与他们的家庭分离，以便他们融入盎格鲁社会的做法。这与葡萄酒生产并非毫无关联，因为种族主义的态度也深深渗透到葡萄酒文学中。在托马斯·哈代父子公司 1953 年出版的百年纪念册中，我们了解到年轻的托马斯是如何来到南澳大利亚州这一"原始而充满活力的年轻殖民地"的。在那里，"半裸的当地人聚集在商店周围，或者手拿着大木棍在街上闲逛，肮脏而油腻"。他们身边是一群饥肠辘辘的流浪狗。植物园是南澳大利亚州第一批葡萄藤的育苗地，植物园后方是原住民举行祭祀狂欢的地方。[14] 19 世纪对文明教化的比喻一直延续到 20 世纪 50 年代，它暗示哈代在蛮荒的土地上开创了葡萄酒生意，葡萄藤就像防波堤，将当地人的节庆活动拦在了外面。

事实上，在 20 世纪中期，许多澳大利亚酒庄开始印制官方历史和收藏卷来纪念重要事件，这充分显示了他们的自信。这是一种对企业、传承和未来的信心，也是他们比澳大利亚原住民更优越的信心。他们是文明的灯塔，推动着工业发展和创业活动。到了 20 世纪 60 年代，殖民地的葡萄酒产业开始自豪地宣传他们的操作技术的复杂性。在宣传历史传统方面，他们当然比不过法国人，但他们可以突出自己的葡萄酒产业是干净、现代和复杂的。事实上，约翰·伯戈因觉得有必要为澳大利亚的"葡萄酒工厂"辩护，他指出，回避现代酿酒技术就像期待制作面包所用的小麦是用镰刀收割的一样。

在战后的新西兰，技术进步同样是讨论葡萄酒问题时的重要议题。1925 年，一位新西兰诗人用充满爱国情感的语言把这个国家描述为"盛产石油和葡萄酒的富饶之地"。[15]实际上，葡萄种植主要集中在北部地区，即霍克湾附近。巴斯比和马里斯特神父都曾在这里种植葡萄，一直到 20 世纪 70 年代，新西兰的葡萄生产都集中在这一地区。

正如我们所看到的，新西兰的葡萄酒产业最初是由英国移民创立的，之后被其他欧洲国家的小规模移民（主要是法国牧师和达尔马提亚农民）所巩固。19 世纪后期，葡萄种植业规模较小，但政府对其扩张持期待和开放态度。政府请来了罗密欧·布拉加托担任顾问，密切关注全球葡萄根瘤蚜危机，并在蒂考法塔建立了一个葡萄栽培技术研究部门。1947 年，蒂考法塔中心拟招聘一名葡萄与葡萄酒助理讲师，该中心指出，对候选人来说，"拥有知名学校的葡萄酒学学位或文凭将是一个优势"。[16]新西兰的媒体也报道了澳大利亚葡萄酒行业的成功和挣扎，新西兰人还购买了相当多的南非葡萄酒（1947 年接近 10 万加仑，这在一个大约 200 万人口的国家并不算少）。新西兰的葡萄酒产业与澳大利亚的差距或者说落后之处在于增长速度和产量。一个多世纪以来，新西兰的葡萄酒产业规模一直比较小，且集中在局部地区。

新西兰的葡萄酒产业没有走上与澳大利亚同样的道路，主要是因为其组织了严密的禁酒运动。这是一个非常巧妙的设计，不仅阻止消费者买酒喝，而且还让酿酒过程的每个步骤都变得更加复杂，使酿酒师难以操作。我们已经看到，20 世纪早期的许可证禁令为葡萄酒的生产和销售制造了障碍。正如保罗·克里斯托费尔（Paul Christoffel）所展示的，在 1919 年的全民公投中，国家禁酒令虽然以微弱的优势失败了，但禁酒运动并没有立即消失，一些限制直到 20 世纪 60 年代才得以取消。[17] 其中就包括酒吧必须在下午 6 点打烊，这是在第一次世界大战期间禁酒运动如火如荼时引入的。这一措施导致了著名的"六点痛饮"现象，即在酒吧打烊前的最后几分钟里，赌客们会尽可能多地喝酒。通过了全民公投，酒吧的关门时间直到 1967 年才得以延长。新西兰基督教妇女禁酒联盟的杂志《白丝带》（White Ribbon），到 20 世纪 60 年代才停止发行。[18]

因此，尽管政府始终支持蒂考法塔研究所的工作，并认识到了葡萄种植的潜在经济价值，但新西兰的整体环境并不太有利于葡萄酒产业的扩张。1961 年，新西兰的葡萄酒总产量为 4319 吨，大约相当于 575 万瓶葡萄酒（750 毫升）。塞浦路斯的葡萄酒产量大约是这个数字的 8 倍（澳大利亚是其 35 倍，南非是其 70 倍）。新西兰的葡萄酒产量在 20 世纪 70 年代赶上了塞浦路斯，但直到 2000 年才超过它。

然而，新西兰对创新和技术的投入使其葡萄酒在英国和澳大利亚广受好评并大受欢迎。1948 年，在新西兰的吉斯伯恩，沃恩希德勒（Wohnsiedler）家族的怀希尔（Waihirere）葡萄酒公司邀请了一位当地记者来参观他们的创新成果[19]——"一个搅拌器，有一枚八英寸的刀片，由四分之一马力的电动机带动"，酿酒师的儿子用它来"省去将糖混入果浆的烦琐工作"。一台四分之一马力的电动机可以用来驱动割草机等电动家用工具，而怀希尔公司用它在一个 800 加仑的桶里将手工放入的糖混合进压碎的默尼耶皮诺葡萄中。这是一家被认为具有创新精神甚至具有国际思想的酒庄。当时，该公司刚刚将其陈年的加拿大红杉酒桶换成了新西兰霍氏罗汉松（一种本土绿乔木）制成的酒桶。记者对此印象深刻，用充满活力和自豪感的语言介绍了这家酿酒厂。

现在看来，这种操作方式似乎有些古朴，但新西兰的酿酒技术确实会在之后几十年发生巨大变化。科尔班（Corban）家族的庄园被称为黎巴嫩山，位于奥克兰附近的亨德森。它是在 1902 年由黎巴嫩移民阿西德·亚伯拉罕·科尔班（Assid Abraham Corban）创立的。科尔班是一位经验丰富的酿酒师。20 世纪 60 年代，他的儿子制作了一本纪念册，庆祝家族酿酒传统的成功延续，并对新旧技术进行了对比。小册子中写道，凭借现代化的装备，"尽管遇到了各种各样的困难，这个庄园还是取得了极大发展"。早年的葡萄破碎机是手工转动的，现在则是自动化的，每小时可以压碎 30 吨葡萄。不锈钢被广泛使用"在新型水泵、巴氏杀菌设备和其他装置中，有几项是新西兰首次使用不锈钢"，包括：气压式威尔姆斯压榨机、压力发酵罐、一间用于灌装佐餐酒的无菌室、一个容积为 8000 加仑的不锈钢冷藏室。[20]

早期关于殖民地葡萄酒的记录，往往强调其与土地的关系和其农业本质，而科尔班传达的是酿酒厂里发生的故事，而不是葡萄园里发生的故事。科尔班品牌强调，一切都是现代的、干净的、高效的、技术先进的——这些都是令人骄傲的。这个家族对"新西兰经济的贡献是巨大的"，既有直接贡献，还有通过它依赖的其他行业做出的间接贡献，比如生产"瓶子、箱子、纸箱、印刷品和化肥"的行业。[21]

技术变革的发生，有酒农个人倡议的功劳，也离不开政府资助的研究机构。这些机构不仅开展研究，并且通常会在自有的实验葡萄园中酿制葡萄酒。新西兰大使馆在 1979 年自豪地宣布，新西兰的库克斯蒂考法塔雷司令被法国杂志《高勒米罗》（Gault-Millau，法国美食与餐馆指南）评为顶级雷司令葡萄酒。[22] 澳大利亚有澳大利亚葡萄酒研究所（Australian Wine Research Institute），这是一个由行业运营和资助的机构，成立于1955 年。它在 1955 年至 1985 年发表了 270 篇科学论文，并直接向酿酒师提供建议。例如，在 1970 年，它对设拉子中色素的化学性质进行了调查，并向酿酒师提供纯净的酵母菌株。[23] 其成果中包括 1976 年一项颇有影响力的研究，该研究主张佐餐酒使用"史提夫林"瓶盖，即用螺旋瓶盖代替天然软木塞。[24] 此外，罗斯沃斯学院一直有葡萄酒学学位授予权。它在

1991 年并入了阿德莱德大学。

杰西卡·杜恩（Jessica Duong）对新西兰科学研究史的研究表明，在 20 世纪 80 年代，葡萄酒的研究工作非常活跃，农业部也在尽心尽力地支持葡萄酒行业的发展和提升。理查德·斯玛特（Richard Smart）博士是一位出生在澳大利亚的酿酒学家，1982 年被任命为新西兰政府的葡萄栽培科学家。他是树冠管理技术的坚定支持者。管理树冠意味着要仔细修剪葡萄藤，通过其形状控制葡萄接受的阳光量。以新西兰为例，一个世纪以来，那里的酿酒师一直担心气候太冷，那么树冠的形状就要能最大限度地晒到太阳。斯玛特的观点挑战了低产老树是提高葡萄酒品质的最佳途径的传统认识，并通过出版读物，为酿酒师举办开放日，以及举办国际会议等形式来传播这一观点。[25] 新西兰的酿酒师根本就用不着鼓励，20 世纪 70 年代初，南岛出现了第一批商业酒庄，而蒙大拿酒庄是其中的第一家。科学与个人的主动性结合在了一起。葡萄酒产量开始快速增长，从 1970 年至 1980 年，几乎增长了两倍。

新标准

1981 年，新西兰改变了从英国继承下来的酒精度测量体系，改用新的国际标准 ABV 体系。这是使其葡萄酒对国际市场更友好的几个变化之一。当英国加入欧共体后，它也开始对大多数食物和饮料采用公制计量单位（一个例外是品脱，它可以被用来测量和供应啤酒）。计量单位标准化有助于殖民地葡萄酒融入国外市场。1974 年，澳大利亚继续推行公制计划，葡萄酒也包括在内。从那时起，标准酒瓶的容量就成了 750 毫升（25.36 盎司），替代了之前被写在澳大利亚的葡萄酒标签上的奈特（Nett，1 品脱 6 盎司或 26 盎司）。[26] 从这个角度来讲，澳大利亚远远领先于英国。20 世纪 70 年代，玛莎百货出售的葡萄酒标签采用了公制度量标准，但它们并没有被标准化。从一些可以追溯到 20 世纪 80 年代初的标签上我们可以看到，南斯拉夫雷司令一瓶为 69 厘升（690 毫升），法国默尔索干白一瓶为 72 厘升（720 毫升）。1985 年，欧共体要求其成员必须实现完全一致，这意味着葡萄酒瓶的容量必须是 750 毫升。[27]

虽然有一个流传已久的葡萄酒笑话说，新世界葡萄酒明明是暴发户，标签上却印有假的城堡，但 20 世纪六七十年代，大多数殖民地葡萄酒都有朴素，甚至异想天开的标签，通常五彩斑斓。比起城堡，纹章更受欢迎（例如，"奔富庄园"纹章旨在赋予"皇家预备队霍克酒"一种高贵的感觉）。[28] 程式化的葡萄串、粗体字和简单的动物图案也很受欢迎，比如南非葡萄酒标签上的跳羚图案［澳大利亚真正的"动物品牌葡萄酒"（critter wines）直到 21 世纪初才占据了主导地位］。

20 世纪 70 年代，形状独特的瓶子也退出了历史舞台。1956 年，伯戈因公司被鸸鹋酒业收购；1976 年，鸸鹋酒业被托马斯·哈代公司收购。[29] 20 世纪 60 年代初，伯戈因公司著名的酒壶最后一次出现在了广告中。在新西兰，怀希尔公司在 1968 年为它的摩泽尔白葡萄酒设计了一款独特的瓶子——一种长身短颈的锥形瓶。[30] 因为葡萄酒是散装出口并在海外装瓶的，每个酒庄都使用独特的酒瓶既昂贵又麻烦。

殖民地葡萄酒最大的变化之一是它们的名字本身。整个 20 世纪，以法国为首的许多欧洲国家为他们的葡萄酒（以及其他传统食品，如奶酪和腌肉）制定了受保护的地理原产地标签。这些标签表明葡萄酒是在一个精确的、有限的地理区域内生产的，通常还有一定的生产限制条件。例如，在法国葡萄酒中，一个"受管制原产地名称"（AOC）背后是对葡萄酒中使用的葡萄种类、是否允许灌溉、葡萄酒必须陈化多久等诸多指标的规定。每个受管制原产地名称都有自己的具体标准，虽然数百个受管制原产地名称的声望各不相同，但总体效果是给消费者留下一个印象，即这种葡萄酒至少是优质的。法国的受管制原产地名称体系于 1905 年开始萌芽，并在 20 世纪 30 年代得到迅速发展，意大利的体系紧随其后，后来欧盟为所有成员国开发了一套广泛适用的质量控制体系。今天，欧盟认为其葡萄酒原产地标签是一种知识产权，并在国际贸易谈判中以此为由加以保护。[31]

英国的葡萄酒新世界并没有普遍采用这样的制度来保护自己的地理区域。在 20 世纪中期，这样的制度对葡萄酒生产商来说几乎没有经济意义，因为他们的葡萄酒通常以生产国的名义出口，再加上影响了葡萄酒风格的欧洲地名或风格，如澳大利亚勃艮第、南非雪利酒、塞浦路斯波特酒等。约翰·伯戈因曾积极地为这种做法辩护，并嘲笑那些反对它的人是"纯粹主义者"。他反驳说"一般人"认为这些术语是"英语中唯一能概括描述他心目中的那种酒的术语"。[32]

在英语世界，得到承认并强制执行的是版权。具有讽刺意味的是，正是一些历史悠久的雪利酒英国进口商将他们葡萄酒名称的版权发展成了一种质量控制的形式。这些葡萄酒在西班牙生产，由英国公司装瓶和销售，并销往国际市场。因此，独占"雪利酒"一词，经济利益主要归于英国的销售商，而不是西班牙的酿酒商。1971 年，约翰·哈维父子公司成功地捍卫了"布里斯托奶油雪利酒"一词的版权。[33]桑德曼父子公司还在与伦敦鹬鹕之家国际葡萄酒公司的竞争中成功地捍卫了对"雪利酒"一词的版权。在这起案件中，桑德曼赢得了裁决。按照该裁决，雪利酒"除了作为'塞浦路斯雪利酒''英国雪利酒''英格兰雪利酒''南非雪利酒''澳大利亚雪利酒'或'帝国雪利酒'等固定搭配的一部分"，只能指一种来自西班牙赫雷斯地区的葡萄酒。[34]

这一微小的胜利，并没有阻止殖民地继续生产雪利酒。事实上，殖民地的酿酒商给他们的葡萄酒命名的方法并不是一成不变的，可谓形式多样、变化多端。例如，在 1970 年，南澳大利亚州仍在销售名称中带有欧洲葡萄酒名称或风格的葡萄酒（斯丹菲尔红葡萄酒、奔富达尔伍德夏布利干白葡萄酒、林德曼斯宾 45 红葡萄酒）。他们还会用葡萄产地和欧洲地名一起为葡萄酒命名：酝思库纳瓦拉埃米塔日、奥兰多巴罗萨摩泽尔；或者用使用的葡萄品种命名：海景解百纳设拉子、塔比客马尔萨那设拉子；以及各种地点和葡萄品种的组合：里奥·柏林德西街 65 号莱茵雷司令晚摘葡萄酒，诗宝特埃米塔日解百纳。[35]

把葡萄酒与一个特别的地点联系起来，一些澳大利亚的市场营销专家也在尝试类似的命名策略。斯威夫特和摩尔公司的一位营销人员坚称"袋鼠红酒"（Kanga Rouge）这个名字属于该公司，因为当这款酒于 1978 年开始在出口市场销售时，"特别选择了这个可以立即表明它是澳大利亚葡萄酒的名字"。然而，在澳大利亚，它是以"蒙顿红酒（Menton Rouge）的名字出售的，因为从这个名字中可以明确看出其源自法国，这是在澳大利亚销售红葡萄酒的先决条件之一"。[36] 消费者希望购买更精致的酒，尤其是那些富裕的澳大利亚中产阶级，他们从 20 世纪 70 年代末到 80 年代一直在购买"入门级葡萄酒"。[37]

高级感不符合澳大利亚葡萄酒的海外营销策略。在两次世界大战之间，怀特利百货等销售商在推广殖民地葡萄酒时，主打其与流行的帝国主义风格相一致的平易近人、朴实无华的特点。在战后，广告形象则演变成风趣、放松和友好的澳大利亚人。伦敦澳大利亚葡萄酒中心（Australian Wine Center）制作的营销资料中写道："就像澳大利亚的许多东西一样，这些葡萄酒不需要做作的名字和花哨的标签。"[38]

但是，从 1980 年开始，澳大利亚葡萄酒和白兰地同业公会（AWBC）制定了一项明确的新要求：澳大利亚生产的葡萄酒不能存在"虚假描述"，这主要是指葡萄酒的名称中"包括一个国家的名字，或任何其他表明葡萄酒起源于一个特定的国家，而葡萄酒并非源自那个国家的地名"。这终结了"澳大利亚勃艮第"的历史。这项规定预料到并堵住了漏洞，不仅使用外国地名是错误的，即使加上"类型"或"风格"这样的词作为限定也是错误的。所以，类似"澳大利亚夏布利风格"葡萄酒这样的名字就不能再用了，即使标签上清楚标明酒商在澳大利亚的地址也不行。[39] 澳大利亚葡萄酒和白兰地同业公会是一个有权进行监管和检查的法律机构，违反这项规定的处罚是监禁两年。

澳大利亚开展自我监管有几个原因。一个原因是澳大利亚与欧共体达成了贸易协议，它使用欧洲地名将被视为违反欧洲成员国自己的命名计划。[欧洲品牌在捍卫自己的知识产权：1991 年，新西兰的马里斯夫妇受到了法律诉讼的威胁。他们将一款霞多丽酒命名为香奈儿（Chanel），取自他们社区里一位德高望重的牧师皮埃尔·香奈儿（Pierre Chanel）的名字，但同名的法国奢侈品牌声称这可能会造成混淆，于是马里斯夫妇不得不妥协了。]⁴⁰

　　另一个原因是澳大利亚葡萄酒和白兰地同业公会的任务是扩大澳大利亚葡萄酒的生产和出口，并提高其质量。它希望通过创建自己的命名系统［澳大利亚地理标志（GIs）］来促成这些变化。这一系统将大的"区域"细分为州，然后是地区（以及几个次区域）。因此，澳大利亚东南部包括新南威尔士州，其中包括猎人谷地区。与法国受管制原产地名称系统不同，这些地理信息系统没有明确规定生产要求（如特定葡萄品种的百分比）。尽管如此，澳大利亚葡萄酒作家詹姆斯·哈利迪（James Halliday）还是抱怨"一直以来，注册的程序都不可避免地是曲折和缓慢的"，而且在地理边界存在争议的情况下，成本可能会很高。⁴¹ 这种抱怨无疑是正确的，但它也在某种程度上证明了这种制度是有效的，正是因为某些地区被认为拥有足够的声望，为被划入其中，诉诸法律也是值得的。

　　南非在 1973 年建立了以葡萄产区为标准的葡萄酒命名体系。同时，该体系也有分级制度。葡萄产区按照地理单位被划分为大区级、次级产区和小产区，例如沿海地区属于西好望角，而沿海地区又分为斯沃特兰地区和马尔梅斯伯里地区。在 20 世纪 70 年代至 80 年代，澳大利亚在其生产的葡萄酒酒瓶的颈部，创造了一种颜色编码标签系统，对特定品种、年份或庄园出售的葡萄酒做出认证，并通过专家盲品判定为质量上乘的葡萄酒贴上特殊的金色标签。与此同时，在种族隔离时期，南非葡萄种植者联合合作社仍在继续发展，它不仅有设定和操纵价格的权力，并且有向农民收取款项及处理南非生产的绝大多数葡萄的权力。⁴²

　　这种双重性造就了南非葡萄酒历史上一个奇怪的时代。尽管南非葡萄酒行业的劳工状况看起来几乎是封建时代的，并且该国因其种族隔离制度受到了国际社会的谴责，但南非葡萄酒行业的顶层拥有一种组织化的专业精神，为该国在出口方面取得更大成功做好了准备。1991 年，南非葡萄酒出口迎来了爆发式增长。

第十九章

所有酒吧都一样：新世界葡萄酒占领英国市场

> 好望角是天然的葡萄天堂
>
> 葡萄酒黄金时代的曙光正在这里初绽
>
> 人们只能真诚地期待
>
> 政治的阴云不要遮挡了这灿烂的朝阳[1]
>
> ——温德拉什酒业葡萄酒酒单，1992 年 10 月

当一个种族主义政权在全世界的欢呼声中被推翻，葡萄酒市场却不可避免地受到影响，这确实有点尴尬。1990 年，政治领袖纳尔逊·曼德拉在服刑 27 年后获释。1991 年春天，南非政府开始了废除种族隔离的立法工作。1992 年，当这张酒单印刷出来的时候，南非白人已经完成了支持全面民主的投票。白人至上的时代正式在南非结束了。

南非的民主化是一个戏剧化的事件，它发生在全球葡萄酒市场正在发生显著变化的时刻，对之后的英国葡萄酒消费产生了重大影响（见图 19-1）。我们已经看到了殖民地葡萄酒之前曾有几次产量大增，而后在英国市场上消费量大增情况，包括 19 世纪 20 年代和 50 年代的南非，以及 20 世纪 20 年代和 30 年代的所有帝国葡萄酒生产国。最后一次，也是最重要的一次，发生在 20 世纪 80 年代末至 90 年代。"二战"之后，澳大利亚和南非葡萄酒表现低迷，20 世纪 30 年代在英国市场上的份额已经荡然无存。这种变化意味着 1987 年英国 95% 以上的进口葡萄酒来自欧洲国家，其中一半来自法国，只有不到 3% 来自南非和澳大利亚。此后十年的情况已经截然不同，当时澳大利亚葡萄酒占英国进口葡萄酒的 15% 左右；到 2007 年，英国一半以上的葡萄酒来自新世界，而不是欧洲国家。在新世界国家

中，向英国出口葡萄酒数量最多的是澳大利亚，其次是美国、智利、南非和新西兰。[2]20 世纪 60 年代至 70 年代，英国人极少消费殖民地葡萄酒，这给了人一种错误的印象，即澳大利亚、新西兰和南非在 80 年代至 90 年代是市场新人。我们现在已经清楚，20 世纪六七十年代是英国与其（前）殖民地之间长期存在的、不稳定的葡萄酒贸易的一个衰退期。这 20 年只是一段长期关系中的短暂破裂。

图 19-1 英国葡萄酒人均消费量变化曲线，1961—2013 年

资料来源：联合国粮食和农业办事处；英国国家统计局。

在殖民地葡萄酒的历史中，最具讽刺意味的是，尽管英国为葡萄酒产业提供了两个世纪的支持（通常通过关税优惠来实施），但直到 20 世纪 80 年代末，殖民地葡萄酒才征服了英国市场。而此时，殖民关系已经结束，帝国优惠政策已经被欧共体贸易协定所取代，加度葡萄酒也早已过时。

1970 年至 1980 年，英国葡萄酒的实际价格下降了 20%，其葡萄酒消费量也一直在稳步增长。1971 年，英国人均葡萄酒消费量约为每年 5 瓶，1981 年为 10 瓶，1991 年为 15 瓶，2001 年超过了 20 瓶。到了 1991 年，饮用葡萄酒已经成为英国许多成年人的习惯，比如大约一个月喝几瓶。达到这一消费水平后，在 20 世纪 90 年代初和 21 世纪初的两次经济大衰退中只下降了约 10%。[3] 英国的葡萄酒消费量在 2008 年达到顶峰，约为人均 20 升（约 27 瓶）。[4] 同样重要的是，葡萄酒正在取代其他种类的酒精饮料。1976 年，葡萄酒仅占饮料消费总量的 6%，但在 1989 年上升到了 15%。[5]

在 20 世纪 80 年代早期和中期，英国人喝的葡萄酒几乎都来自欧洲国家。玛莎百货此时主推的是欧洲葡萄酒，尤其是法国风格的甜白葡萄酒。其他主要零售商也大体如此。此时，加度葡萄酒已经不再受欢迎，取而代之的是甜白葡萄酒。"莱茵白葡萄酒之星"是一种德国甜白葡萄酒，是奥德宾斯酒业 1986 年圣诞商品目录上的主要圣诞特供品。该公司还推出了用大号酒瓶盛装的"派对饮品"，每升售价不到 3 英镑。这些都是意大利、法国和德国的葡萄酒，其中许多是甜酒。Co-Op 超市推出了一系列自有品牌的葡萄酒，充分说明德国甜葡萄酒风格的流行。20 世纪 80 年代末的葡萄酒单上全是欧洲葡萄酒，法国葡萄酒占比最高，其次是德国葡萄酒。最受欢迎的葡萄酒和指定的派对葡萄酒可能还是莱茵白葡萄酒，因为它是唯一一种有四种不同大小包装的葡萄酒：除了标准的 750 毫升装，还有 1 升、1.5 升和 3 升装的产品。[6]

对物有所值的重视揭示了葡萄酒消费者人口结构的变化。到 20 世纪 80 年代，社会精英的规模太小，葡萄酒消费量的大幅增长不可能是因为他们。这是否意味着喝葡萄酒的中产阶级人数扩大了，或者工人阶级的饮酒文化发生了改变，开始转向葡萄酒了呢？在某种程度上这两种观点都是正确的。约翰·伯内特（John Burnett）认为，20 世纪 70 年代，重工业的衰落，导致了社会"资产阶级化"，葡萄酒消费变得更加普遍。在他看来，"葡萄酒的大众化是中产阶级数量增加的象征"。[7] 葡萄酒经济学家金·安德森（Kym Anderson）认为，新的葡萄酒消费者来自"由英国前首相玛格丽特·撒切尔的经济改革产生的向上流动的新中产阶级"。[8] 撒切尔夫人直到 1979 年才成为首相，时间太晚了，无法完全解释"二战"后英国葡萄酒消费不断增长的原因。由于撒切尔夫人的政策，某些阶级标志发生了变化，最明显的是住房所有权，但对于她的货币政策是否创造了新的或一个更大的中产阶级，人们尚未达成共识。英国的消费支出确实从 20 世纪 70 年代的全球危机中恢复了（在危机期间，英国每周有三天的假期，还出现了罢工、高通胀和失业率高企等问题），80 年代出现了特殊形式的炫耀性消费和"雅皮士"文化，但历史学家和经济学家对这场危机是代表战后凯恩斯主义国家的失败，还是一场英国比许多其他国家表现好得多的周期性衰退存在分歧。我们应该用历史学家阿萨·布里格斯（Asa Briggs）在 1985 年提出的观点来平衡这些论点。在他撰写的维多利亚葡萄酒公司（一家大型平价对外售酒公司）的历史中，布里格斯指出，该公司自己所做的"高水平"的市场研究显示，1981 年 40% 的客户来自社会阶层 C^2、D 和 E（对应于体力工作者，技术工人或非技术工人）。[9]不管战后英国的阶级结构是否发生了变化，有证据表明，葡萄酒已经在工人阶级文化中占据了一席之地。当然，这要归功于价格实惠的殖民地葡萄酒。

尽管超市最初出现时，为人类造福的是欧洲葡萄酒生产者，而不是殖民地生产者，但英国的消费者确实因为超市的便利性，喝到了更多的葡萄酒。[10]贝瑞兄弟和拉德公司在其 1983 年的秋季葡萄酒酒单上哀叹道："这个国家葡萄酒消费量的增长给葡萄酒零售模式带来了巨大变化……大部分业务已经转到了所谓的非专业的渠道，比如超市。"他们强调了超市没有柜员服务，因此在超市买酒不那么令人生畏，并感叹自己"在某些人群中，尤其是在年轻人中，因为昂贵和不可亲而获得了不应有的坏名声！"[11]事实上，这是英国最优秀的上等葡萄酒销售商之一在表达对其"昂贵"名声的不满，这也表明了在"二战"之后，英国在葡萄酒营销和消费方面发生了巨大转变。

虽然超市数量的增长使新世界葡萄酒变得更容易买到，但英国超市并不是新世界葡萄酒快速发展和出口增长的主因。然而，当英国超市全力投入葡萄酒销售中后，他们的购买力是巨大的。它们也因此拥有很强的议价能力，[12]从而可以推低价格，举办葡萄酒特价活动来吸引顾客。在剑桥大学里的默里·爱德华兹学院（Murray Edwards College），一家名为"新学堂"（New Hall）的女子学院，有一位担任葡萄酒管家的学者。新学堂也有一个酒窖，不过没有国王学院的酒窖历史悠久，也不及其藏酒丰富。不过，酒窖销售葡萄酒并不是为了给大学带来利润，而是正如酒窖管家向会计解释的那样："在任何情况下，试图赚大钱都是没有意义的，因为我们的同事在花钱买酒这方面极为保守……比圣百利超市卖得更便宜是很困难的，也需要更长的时间"。[13] 新学堂的葡萄酒账簿里夹着很多埃德蒙·彭宁·罗斯韦尔（Edmund Penning-Roswell）发表在《金融时报》上一个名为"高街葡萄酒"的（High Street Wine）的超市葡萄酒专栏上的文章的剪报。

不过，普通大众的品位和认识要落后于葡萄酒专家一二十年。早在殖民地葡萄酒进入英国前，他们就已经在现场品尝过这些葡萄酒，并留下了印象深刻。休·约翰逊在 1970 年左右访问了库纳瓦拉，他的评价既热情又有先见之明。他写道，"现在说库纳瓦拉已经酿出了好酒可能还为时过早，但我大胆一点说，它将来一定会的。"[14] 总部位于布里斯托尔的葡萄酒进口商约翰·艾弗里（John Avery）表示："澳大利亚已经有很多加度葡萄酒进入市场，但佐餐葡萄酒却不多；我们是引入澳大利亚葡萄酒的先驱者，但不是唯一的一家"，尽管"从我开始创业的 1965 年到 1975 年，新世界葡萄酒至少在这 10 年里没有发生什么变化。但我估计，到了 20 世纪70 年代末，葡萄酒记者们就会开始提到新世界葡萄酒了。"[15] 普通消费者要再过十年才能改变他们的偏好，但高级葡萄酒专家对新世界葡萄酒的兴趣预示着一场变化即将发生。

英国的葡萄酒消费情况正在发生变化，而 1987 年是其中关键一年。新学堂的酒窖在 1985 年仅有一款澳大利亚葡萄酒，但酒窖的主管是澳大利亚人。[16] 而到了 1990 年，安东尼·贝瑞充满热情地说："世界上几乎每个文明的国家都在生产更多更好的葡萄酒。"[17]

那是酒吗？

文明教化的说法依然没有消失。为什么呢？因为这是澳大利亚殖民地的生日。1987 年，首次出现在玛莎百货的澳大利亚葡萄酒是为了庆祝欧洲殖民澳大利亚 200 周年而推出的限量系列。向顾客介绍澳大利亚的宣传单，说这个"幸运之国"的葡萄酒"充满了果香和开放的感觉"。[18] 面向紧张不安的新手，有一种常用的宣传方式：澳大利亚干白被描述为"理想的开胃酒，或者是大多数食物的绝佳搭配"。然而，面向更加老练的顾客，对葡萄酒的描述变得更加精确，如红葡萄酒被描述为有单宁或"胡椒"的味道。[19] 一系列新世界葡萄酒于 1991 年首次亮相。玛莎百货大肆宣传他们的"值得期待的葡萄酒美丽新世界"，推出了来自南非、智利、澳大利亚和加利福尼亚州的葡萄酒。这些产品的目标客户是"越来越爱冒险的消费者"和"要求高质量和高价值"的人。[20]

这种"冒险"的说法大体上反映了英国人对澳大利亚文化的看法。杰卡斯（Jacob's Creek）当时在电影院放映的广告，主角就是一个悠闲、英俊的丛林管理员兼酿酒师，戴着一顶低垂的帽子懒洋洋地靠在篱笆上，邀请观众来和他一起尝试户外生活方式。新西兰的葡萄酒也采用了同样宣传方式。"新西兰已经准备好了，它正等着你！准备好去新西兰了吗？"1993 年的一份宣传传单上这样写着，仿佛是国际橄榄球比赛上的主持人在为观众暖场。[21] 虽然新西兰的葡萄酒产业建立在与澳大利亚相同的理念、原则，甚至是相同的人的基础上，但直到 20 世纪 90 年代，新西兰从未向英国出口过葡萄酒。

20 世纪 80 年代至 90 年代，澳大利亚文化对英国青年产生了特别的影响。1975 年，澳大利亚和英国推出了一项互惠的打工度假签证，允许年轻人到对方国家开展为期一年或一年以上的工作和旅行。[22] 成千上万的年轻人受惠于这一政策。在澳大利亚，过去 40 年里农村人口一直在下降，打工度假者对农业生产至关重要。[23] 该项目使得澳大利亚，以及澳大利亚人有趣、年轻和冒险的形象在英国深入人心。

除了这一项目，两部澳大利亚肥皂剧《邻居》（*Neighbours*）和《家与他乡》（*Home and Away*）分别于 1986 年和 1988 年在英国电视台播出。它们在下午晚些时候播出，深受年龄较大的儿童和青少年的欢迎。《邻居》

在 20 世纪 80 年代末至 90 年代初成为英国最受关注的电视节目，其中部分原因是演员中有两位大明星，凯莉·米洛（Kylie Minogue）和杰森·多诺万（Jason Donovan）。20 世纪 80 年代末至 90 年代初，他们两人搬到了伦敦，成为英国最受欢迎、最具辨识度的流行歌手。从 1988 年到 1991 年，他们有七首歌曲登上了热门歌曲排行榜的榜首。即使是那些不是特别年轻或对伴着火车头乐队的歌舞不感兴趣的人，也可能会受到澳大利亚娱乐节目入侵的影响。1989 年的圣诞节，近 40% 的英国人躺在沙发上观看了餐后时段播放的澳大利亚电影《鳄鱼邓迪》（Crocodile Dundee）。[24]

他们中的许多人可能是一边看电影一边在喝澳大利亚葡萄酒。奥德宾斯酒业从 1986 年开始销售澳大利亚葡萄酒，并迅速将其作为酒单的重点。在接下来的十年里，东欧葡萄酒在英国的市场份额逐渐减少，甜白葡萄酒也不再流行。1991 年，奥德宾斯得意地说，"过去 5 年里，上好的澳大利亚葡萄酒不断出现……是商店里最物有所值的产品"。[25] 该公司的选品得到了葡萄酒记者蒂姆·阿特金斯（Tim Atkins）的肯定，他说，奥德宾斯的酒单"非常棒……是市场上最国际化的葡萄酒系列"。[26] 这种质量提升与文化和政治上的变化是同步的。奥德宾斯酒业在 1992 年说："然而，仅仅在七八年前，如果用澳大利亚或智利葡萄酒招待客人，主人就相当于自绝于社交场合了；澳大利亚的葡萄酒行业多年来满足了英国大众相对低端的口味，而智利由于其国内政治方面的先天不足，注定了其失败的结果。"[27]

"在不长的一段时间内，澳大利亚葡萄酒成为英国葡萄酒消费者的坚定选择，"1990 年奥古斯都·巴奈特的一份酒单解释道，"幸运的是，澳大利亚葡萄酒的价格现在大体上稳定了下来，人们能够以合理的价格长期消费。"[28] 尽管如此，东欧（保加利亚、匈牙利）和希腊生产的葡萄酒仍在英国市场上占据着显著的地位，数量上远超刚刚崭露头角的新世界葡萄酒。1989 年和 1990 年也有一些南非葡萄酒上市，但它们都排在酒单的末尾。而且，似乎是为了不引起人们的注意，对这些酒没有任何附加描述。

南非因为种族隔离制度受到了英国零售商的谨慎对待，伴随着这一制度的瓦解和崩溃，南非葡萄酒在英国市场上的命运也在随之起伏。从 20

世纪 60 年代到 1981 年，贝瑞兄弟和拉德酒业在其以法国葡萄酒为主导的酒单上有三款南非波特酒。1982 年 10 月，该公司放弃了其中两款南非葡萄酒；到 1983 年 6 月，南非葡萄酒彻底从酒单上消失，但出现了第一款澳大利亚葡萄酒。1991 年 10 月，该公司重新推出了南非葡萄酒，并发表了以下评论："在被迫离开一段时间后，南非葡萄酒重新归来是一件令人深思的大事。毕竟，在声誉方面，南非葡萄酒曾经领先于美国加利福尼亚州和澳大利亚……然而，我们发现，在品尝葡萄酒时，我们需要比预想的更严格。不过，我们重新引入的三款南非葡萄酒都是葡萄酒中的典范之作。"[29]

在这一评论中，间接地提到了南非在 1991 年废除的歧视性的种族隔离制度。1991 年销售的葡萄酒当然是在种族隔离制度下生产的，因为葡萄酒在装运和销售之前需要一些陈化时间。不过，这里的主要问题是，到 20 世纪 90 年代初，澳大利亚和南非的葡萄酒开始受到人们的尊敬，并出现在酒单上。它们不仅进入了超市和平价连锁店的酒单，还出现在了专门售卖高级和专属葡萄酒的零售商的酒单上。这是真正的第一次，因为虽然澳大利亚和南非的葡萄酒已经在英国中产阶级消费市场上沉浮了一个半世纪，但它们从来没有得到过英国高级酒商的尊重（19 世纪的康斯坦提亚除外）。

结语

2015 年，一家名为直布罗陀酒窖（Gibraltar Wine Vaults）的公司宣布，它将把直布罗陀的地下隧道改造成葡萄酒仓库，这引发了英国媒体大张旗鼓地报道。[1] 直布罗陀是一个很小的石头岛，坐落在伊比利亚半岛和北非之间的狭窄海峡中，那里是地中海和大西洋的交汇处。这里没有农业，当然也没有葡萄园。直布罗陀在 1713 年成为英国的领地，是英国在地中海作战的重要海军基地。尤其是在 1869 年之后，作为通往苏伊士运河和印度洋的通道，在过去的几个世纪里，它被攻击和围困了几十次。在第二次世界大战开始时，英国政府授权扩大岛上的地下隧道网络，作为避险和储存场地。这个小岛只有 12 千米的海岸线，但有 55 千米的地下隧道。由于直布罗陀宽松的税收制度，进口到该岛的葡萄酒可以以相对较低的利率以债券形式持有，这使得鉴赏家可以以很低的成本储存他们的葡萄酒。

对于过去两个世纪英语世界的葡萄酒产业所发生的变化，没有哪里比这个小岛体现得更充分。这里曾经是推动英国殖民扩张的军事要塞，如今却成了上等葡萄酒的避税天堂。帝国（大部分）已经不复存在；地中海成了英国人的度假胜地，不再是为了追求全球霸权而需要去跨越和征服的海域。20 世纪 20 年代，自由贸易不再是大多数英国人的战斗口号，但在大英帝国的一些碎片和余烬中，自由贸易的思想依然没有完全消失。

本书通过展示欧洲殖民地漫长的葡萄酒酿造史，以及殖民地与英国之间同样源远流长（虽然不稳定）的贸易关系，改写了我们对葡萄酒新世界的认识。对于英国海外殖民地上的殖民者来说，葡萄酒是一种控制和征服他们眼中陌生而充满异域风情的土地的手段，好让这些土地呈现出符合欧洲文明模式的风光。通过剥夺原住民独立的生产手段，榨取他们的劳动，创造不健康的消费模式，葡萄酒产业也成为控制和征服原住民的一种手段。

我对"教化使命"进行了更宽泛的新解释。当历史学家研究人们参与帝国工程的动机时，他们倾向于将其归为两类：追求利益和传播文明。葡萄酒的历史表明，这两者并没有太大的区别：资本主义是英国帝国主义特有的，而葡萄酒在商业上的成功被视为教化使命成功的证明。一直到 20 世纪中期，这都是一种基础的道德观。我曾说过，在英国去殖民化期间和之后，教化使命的观念反过来对英国人产生了影响——前殖民地出产的葡萄酒成为一种易得的高雅标志，受到了英国新的葡萄酒饮用人群的青睐。

到 20 世纪 90 年代中期，剑桥大学的新学堂在所有需要供应香槟的活动上提供的都是杰卡斯黑比诺霞多丽混合起泡酒。[2] 澳大利亚、新西兰和南非的酿酒商也迎来了很多喜事。销售额的大幅增长也意味着收入的增长。葡萄酒酿造变得有利可图，酿酒商也变得更有影响力，因为他们不仅直接创造了收入，他们的酿酒厂也帮助国家通过旅游业赚了很多钱。酿酒业的面貌已经发生了变化，从 50 年前的乡村小酒庄，变成了一个个明亮的、满是不锈钢机器的现代工厂。

南非、澳大利亚和新西兰是本书的主要研究对象，它们至今仍在努力与殖民主义的影响作斗争。在南非，自酿酒商于 17 世纪开始向葡萄园引进奴隶以来，就一直存在着明显的种族分裂和不平等。现代南非试图扭转几个世纪以来不平等现象的方法之一是通过黑人经济赋权计划（Black Economic Empowerment），促进黑人在代表性不足的行业就业，其中包括葡萄酒行业。土地改革也是一个重要的政治问题。弗朗斯胡克附近的索尔姆斯角葡萄园建设了一个免费的博物馆，专门介绍奴隶制的历史。虽然它看起来是葡萄园中敢于直面过去的典范，但它因为违背了让农场工人共同拥有这片土地的承诺而受到了南非媒体的抨击。[3] 与此同时，在澳大利亚，用水权已经成为一个令人担忧的问题。灌溉葡萄需要大量的水，在向商业葡萄园转型的过程中可能会造成原住民社区用水困难。[4]

这些困境是殖民主义在全球葡萄酒行业留下的长期遗留问题之一。如果批评人士指责外部力量鼓励了这种激进主义，那也不足为奇，因为新世界的葡萄酒行业从一开始就处在全球交流和商品交换的网络之中。澳大利亚常被形容为"生而现代"。现代化在本质上是殖民主义的，所以殖民主义的过去仍然折磨着现代化的澳大利亚社会就不足为奇了。

一些葡萄酒爱好者可能会抗议说，殖民主义只是葡萄酒历史上一个遥远的注脚，挖掘殖民历史是一种扫兴的行为，打扰了他们享受葡萄酒的雅兴。我们就不能只是喝杯酒而不提起这些争议吗？我们研究殖民历史是为了让葡萄酒爱好者感到内疚吗？现代生活充满了忧虑和疲惫，我们能否将政治放在一边，只喝点酒吗？通过本书，我想告诉大家的是葡萄酒从来都是与政治息息相关的，葡萄酒最初诞生时的殖民环境在 21 世纪仍然影响着葡萄酒的生产和消费。正如我们所看到的，整个 20 世纪，与种族有关的习语和关于"文明"国家的讨论在英国葡萄酒文学中屡见不鲜。

对新世界有所了解可能对现代消费者产生一些引导作用。在富裕国家，越来越多的消费者想知道食品生产的伦理问题：我们的消费品从哪里来，如何生产，如何运输。这种伦理焦虑在一定程度上反映了城市化，以及许多现代消费者感觉自己远离食品生产过程的事实，就像 19 世纪 60 年代或 70 年代担心葡萄酒掺假的英国消费者一样。它也是地位的标志。在一个拥有无数选择的世界中，消费者做出合乎道德的选择能帮助我们将自己定义为合乎道德的人。不要被冷嘲热讽打败，寻找合乎道德的、可持续发展的葡萄酒是一件好事：这种葡萄酒是由领取合理工资的工人生产的，化学品和自然资源都得到了负责任的使用。在这方面，我们应该了解葡萄酒的历史，了解并警惕过去那些令人遗憾的行为。我们也可以重新审视殖民地葡萄酒历史上用过的"小装饰"，来满足我们的现代需求。考虑到运输笨重的玻璃瓶所带来的环境成本，或许"散装葡萄酒"不应再是一个贬义词。鉴于现代澳大利亚的气候问题，欧洲后裔可能会用更富敬意的眼光看待原住民与这片干旱的土地和谐相处的生活方式。

研究新世界殖民历史的另一个原因是，葡萄酒营销仍在使用经过剪辑和美化的历史。现在，许多澳大利亚酒庄向游客提供"葡萄园之旅"。

通常，游客可以在导游的带领下参观 19 世纪的原始建筑，然后参观现代化的酿酒装备和漂亮的品酒室。比如，位于澳大利亚猎人谷的提利尔葡萄园拥有一些世界上最古老的、从 19 世纪 70 年代就开始持续结果的葡萄藤，这里有一个用粗糙木材建造的小木屋，是创始人爱德华·提利尔（Edward Tyrell）最初的家。[5] 参观了这些之后，再参观现代化的酿酒设备，品酒则是最后一个项目。如今，殖民地的酒庄在网站甚至酒标上强调自己的成立日期已成为一种惯例。他们知道，现代消费者不会把他们的葡萄酒与 20 世纪 50 年代的"帝国雪利酒"联系在一起，而是会把那个遥远的创立日期视为品质和特色的标志，只是葡萄酒的一个卖点。

这对出口市场也有好处。"在北爱尔兰，最畅销的葡萄酒中有一些是麦格根葡萄酒。"时任《贝尔法斯特电讯报》（*Belfast Telegraph*）的葡萄酒专栏作家米拉·格里尔（Myra Greer）说。2002 年，她写到，当地的进口商画廊葡萄酒公司进口了近 150 万瓶麦格根的葡萄酒，相当于该省每人大约一瓶。麦格根"给人们提供了想要的红酒，也提供了我们想要的价格"。这种"让人急于想拥有的葡萄酒，柔和、味道丰富、容易入口，没有强烈的单宁味，还有一点回甘"，每瓶售价 4.99 英镑。[6]15 年后，为迎合其庞大的市场，麦格根在北爱尔兰推出了一个新的葡萄酒系列。媒体和麦格根将此事解读为爱尔兰移民带来的持久的历史遗产。澳大利亚最知名葡萄园的首席酿酒师说："北爱尔兰是该公司最大的市场。"麦格根葡萄酒公司的尼尔·麦格根（Neil McGuigan），其家族最初来自莫纳郡，于 19 世纪 40 年代移民到澳大利亚。他说："我认为人们感觉这是一个本地男孩去了海外，事业成功，然后把葡萄酒寄回了家。"[7]

无论英国人是否意识到这一点，殖民他国的经历塑造了英国文化和社会。在 19 世纪和 20 世纪，尤其是 1970 年之后，英国转变成一个爱喝葡萄酒的国家，这种社会习惯的变化很大程度上要归功于殖民地葡萄酒。对一些英国评论员来说，殖民主义感觉如此遥远，无伤大雅，以至于它可以被无忧无虑地用作吃货开玩笑的素材。"他们在橄榄球比赛中击败了我们，他们在板球比赛中击败了我们，现在他们又在烹饪上击败了我们，"马修·福特（Matthew Fort）在《卫报》上谈到 21 世纪初澳大利亚餐馆在伦敦的崛起时写道："他们似乎是新生的烹饪帝国主义者，准备把以前的殖民者殖民化。"[8] 然而，殖民主义仍然是一股力量，至今仍在影响着作为英国人的意义——或者确切地说，影响着作为澳大利亚人、新西兰人、南非人的意义，甚至影响着喝葡萄酒的意义。

附录　度量衡问题说明

瓶子的大小

在英国，表达体积的方式随着时间的推移一直在不断变化。直到 20 世纪后期，英国主要使用的仍是英制计量单位，如英寸、英里、盎司和磅。美国读者应该注意，虽然它们的名称相同，但英制计量单位与美制计量单位并不完全相同，如 1 英制品脱为 20 液盎司，美制 1 品脱为 16 液盎司；1 英制加仑是 160 液盎司，1 美制加仑则为 128 液盎司。这些英制计量单位在 1824 年进行了标准化。[1]1985 年的《度量衡法案》（Weights and Measures Act）规定：1 英制加仑为 4.54609 立方分米；1 加仑为 4 夸脱或 8 品脱。

在本书涉及的大部分时间里，英国一瓶葡萄酒的体积是 1 英制加仑的六分之一；在 20 世纪下半叶，容积为 750 毫升的瓶子越来越常见，最后成为标准酒瓶。1994 年，英国改用公制单位，不过酒吧里仍然在使用"品脱"。[2]

酒精含量

如今，酒精含量通常用"酒精体积分数"或 ABV 来表示。这是用百分比来表示的，对于不加气的佐餐酒，酒精含量通常为 11%~15%。英国以前使用的"酒精度"系统是以纯酒精为 175 度的基数换算而成的。[3]30 度的酒含有 30 度的合度酒精，换算成酒精体积分数为 17.14%；26 度换算成酒精体积分数为 14.86%。

关于英国货币单位的说明

直到 1971 年，英国货币一直使用的是"英镑、先令、便士"体系，12 便士为 1 先令，20 先令或 240 便士为 1 英镑。1.1.1 表示 1 英镑 1 先令 1 便士，1/– 表示 1 先令零便士。1971 年，英国政府用 1 英镑等于 100 便士的十进制体系取代了这一体系。

注释

前言

1.澳大利亚新南威尔士布兰克斯顿附近的达尔伍德葡萄园的照片，摄于1886年。Royal Commonwealth Society Library, Cambridge University Library, RCS/Y3086B.

2.Profit and loss sheet for 1891. Dalwood Vineyard Papers, State Library of New South Wales (hereafter SLNSW), MLMSS 8051, Box 4, Folder 7.

3.作者照片，2017年摄于肯特郡的斯坦斯特德机场的咖世家咖啡店。

4. "John Cunningham reports on the vintage Australian plonk that became U.K.'s wine of the 90s." John Cunningham, "First of the Summer Wine," *The Guardian,* May 13, 1999.

5.Kym Anderson and Nanda R. Aryal, *Growth and Cycles in the Australian Wine Industry: A Statistical Compendium, 1843 to 2013* (Adelaide: University of Adelaide Press, 2015), 12, table 22; National shares of world wine import volume and value, 2007–9 (%); Wine Institute's Per Capita Data, www.wineinstitute.org /files/2010_Per_Capita_Wine_Consumption_by_Country.pdf (accessed June 1, 2018; no longer available). 经济合作与发展组织也有类似的统计数据, https://stats.oecd. org. I then adjusted consumption for adult population (approx. 82 percent) based on 笔者根据英国国家统计局的统计数据（Office for National Statistics,table 1: Age distribution of the U.K. population, 1976 to 2046 (projected)）调整了成年人口的消费量(大约82%)。

6.出于对所有人的尊重、荣誉和认可，请澳大利亚原住民读者注意，本书中列出了一些死者的名字，并对原住民曾受到的虐待和创伤进行了讨论。

7.Hubert de Castella, *John Bull's Vineyard: Australian Sketches* (Melbourne: Sands and McDougall, 1886), 249–50.

8.Monty Python, "Australian Table Wines," *The Monty Python Instant Record Collection* (London: Charisma, 1977), available at www.youtube.com/watch?v= Cozw088w44Q (accessed September 2, 2021).

9.玉竹，一种耐寒的草本植物，常见于北欧，开芳香的白花。

10. "May Drink," *Spons' Household Manual: a Treasury of Domestic Receipts and Guide for Home Management* (London and New York: C. and F. N. Spon, 1887), p. 200. See also the "Barossa Punch," in *Recipes Presented By Whiteley's: Wine Punches and Cups* (Whiteley's, n.d. [c. 1950]), Whiteley's Papers, Westminster City Archives, 726/146; and *Entertaining with Wines of the Cape: Choosing, Cellaring, Serving, Cooking, Recipes* (Die Ko-operatiewe Wijnbouwers

Vereniging van ZuidAfrika Beperkt, Paarl, Cape, Republic of South Africa, first published 1959, 4th ed. 1971), Andre Simon Collection, London Guildhall Library (LGL).

第一章

1.休·约翰逊告诉我，他是第一个用这个词来形容葡萄酒的人，时间是在20世纪60年代；这似乎是有可能的，但我还没有在出版物中找到例证。作者与休·约翰逊的对话，2012年10月。

2.FAOStat.org.

3.例见电影*Mondovino*, dir. Jonathan Nossiter (New York: Velocity/THINKFilm, 2004).

4.英国广播公司《Food and Drink》节目，由奥兹·克拉克和吉莉·古丁主演，于1994年4月5日在英国广播公司播出。

5.Hazel Murphy, 2003–4 interview. In Vino Veritas: Extracts from an Oral History of the U.K. Wine Trade (London: British Library National Life Story Collection, 2005), audio CD, disc 2, track 19.事实上，旧世界生产商曾很快做出了反应：参见José Miguel Martínez-Carrión and Francisco Medina Albaladejo, "Change and Development in the Spanish Wine Sector," *Journal of Wine Research* 21, no. 1 (March 2010): 77–95.

6.Glenn Banks and John Overton, "Old World, New World, Third World? Reconceptualizing the Worlds of Wine," *Journal of Wine Research* 21, no. 1 (March 2010): 60.

7.出处同上, 59.

8.如西班牙菲利普三世颁布的17条智利葡萄种植禁令，以及法国根瘤病危机结束后对阿尔及利亚生产者征收的关税。参见Kolleen M. Cross, "The Evolution of Colonial Agriculture: The Creation of the Algerian 'Vignoble,' 1870–1892," *Proceedings of the Meeting of the French Colonial Historical Society* 16 (1992): 57–72.

9.更多细节，参见 Charles Ludington, *The Politics of Wine in Britain: A New Cultural History* (Basingstoke: Palgrave, 2013); Louis M. Cullen, *The Irish Brandy Houses of Eighteenth-Century France* (Dublin: Lilliput, 2000).

10.Jennifer Regan-Lefebvre, "John Bull's Other Vineyard: Selling Australian Wine in Nineteenth-Century Britain," *Journal of Imperial and Commonwealth History* 45, no. 2 (April 2017): 259–83.

11.Wine Australia, *Directions to 2025: An Industry Strategy for Sustainable Success* (Adelaide: Wine Australia, 2007), 10, 12.

12.James Belich, Replenishing the Earth: The Settler Revolution and the Rise of the Anglo-World, 1783–1939 (Oxford: Oxford University Press, 2009), 3.

13.James Belich, "Response: A Cultural History of Economics?" Victorian Studies 53, no. 1 (Autumn 2010): 119.

14.其他四个国家在独立后一直与英国保持密切关系并从属于英国，但新成立的美国切断了这种关系。贝利奇认为，美国的发展也是"盎格鲁世界"的发展；我把这个论点放在一边，因为就葡萄酒市场而言，在19世纪和20世纪的大部分时间里，美国、英国和英国殖民地之间的贸易额似乎很小。关于美国葡萄酒的历史，特别推荐Thomas Pinney, *A History of Wine in America,* vols. 1 and 2 (Berkeley: University of California Press, 2005); or Erica Hannickel, *Empire of Vines: Wine Culture in America* (Philadelphia: University of Pennsylvania Press, 2013).

15.两种大宗商品的例子：Mark Prendergast, *Uncommon Grounds: The History of Coffee and How It Transformed Our World* (New York: Basic Books, 2010), and Laura C. Martin, *Tea: The Drink that Changed the World* (Rutland, VT: Tuttle, 2007).

16.Sidney Mintz, *Sweetness and Power: The Place of Sugar in Modern History,* 2nd ed. (New York: Penguin, 1986).

17.更多详细配方，参见John Davies, *The Innkeeper's and Butler's Guide; or, A Directory for Making and Managing British Wines: With Directions for the Managing, Colouring and Flavouring of Foreign Wines and Spirits, and, for Making British Compounds, Peppermint, Aniseed, Shrub, &c. . . .* 13th ed., rev. and corrected (Leeds: Davies, 1810).

18.例子包括：Julie McIntyre, "Camden to London and Paris: The Role of the Macarthur Family in the Early New South Wales Wine Industry," *History Compass* 5, no. 2 (2007): 427–38; Vincent Geraci, "Fermenting a Twenty–First Century California Wine Industry," *Agricultural History* 78, no. 4 (Autumn 2004): 438–65; Julius Jacobs, "California's Pioneer Wine Families," *California Historical Quarterly* 54, no. 2 (Summer 1975): 139–74; Erica Hannickel, "A Fortune in Fruit: Nicholas Longworth and Grape Speculation in Antebellum Ohio," *American Studies* 51, nos. 1–2 (Spring–Summer 2010): 89–108.

19.Julie Holbrook Tolley, "The History of Women in the South Australian Wine Industry, 1836–2003," 119–38, and Gwyn Campbell, "South Africa: Wine, Black Labour and Black Empowerment," 221–40, both in Campbell and Nathalie Guibert, eds., *Wine, Society and Globalisation: Multidisciplinary Perspectives on the Wine Industry* (Basingstoke: Palgrave, 2007).

20.Hugh Johnson, *Vintage: The Story of Wine* (London: Mitchell Beardsley, 1989); Paul Lukacs, *Inventing Wine: A New History of One of the World's Most Ancient Pleasures* (New York: Norton, 2012); John Varriano, *Wine: A Cultural History* (London: Reaktion, 2011); Marc Millon, *Wine: A Global History* (London: Reaktion, 2013).

21.Bruce Robbins, "Commodity Histories," *PMLA* 120, no. 2 (March 2005): 456.

22.A few examples: William Gervase Clarence–Smith, *Cocoa and Chocolate, 1765-1914* (New York: Routledge, 2000); Ericka Rappaport, *A Thirst for Empire: How Tea Shaped the Modern World* (Princeton, NJ: Princeton University Press, 2017); Rachel Laudan, *Cuisine and Empire: Cooking in World History* (Berkeley: University of California Press, 2013).

23.Jenny Diski, "Flowery, Rustic, Tippy, Smokey," review of *Green Gold: The Empire of Tea,* by Alan Macfarlane and Iris Macfarlane, *London Review of Books* 25, no. 12, June 19, 2003, 11–12.

24.Lukacs, *Inventing Wine,* 128.

第二章

1.两个经典而有力的表达：Edward Said, Culture and Imperialism (New York: Vintage, 1994), and Partha Chatterjee, Nationalist Thought and the Colonial World (London: United Nations University, 1986).

2.A. Gordon Bagnall, An Account of Their History, Their Production and Their Nature, Illustrated with Wood-Engravings by Roman Waher (Paarl: KWV, 1961).

3.Oddbins Christmas Catalogue, 1999, p. 23. Guildhall Wine Lists, COL/LIB/ PB29/72, LGL.

4.Charles Ludington, The Politics of Wine in Britain: A New Cultural History (Basingstoke: Palgrave, 2013).

5.Kolleen M. Guy, When Champagne Became French: Wine and the Making of a National Identity (Baltimore: Johns Hopkins University Press, 2003).

6.一个非常好的文献综述，参见 Joanna de Groot, "Metropolitan Desires and Colonial Connections: Reflections on Consumption and Empire," in At Home with the Empire: Metropolitan Culture and the Imperial World, ed. Catherine Hall and Sonya Rose (Cambridge: Cambridge University Press, 2007), 166–90. 最近出版的一部关于帝国商品的历史书：John M. Talbot, "On the Abandonment of Coffee Plantations in Jamaica after Emancipation," Journal of Imperial and Commonwealth History 43, no. 1 (2015): 33–57.

7.Maxine Berg. "From Imitation to Invention: Creating Commodities in Eighteenth-Century U.K.," Economic History Review, n.s., 55, no. 1 (February 1, 2002): 1–30.

8.一部名为《Food from the Empire (1940)》的短片，充分表现了这一情形，参见www.colonialfilm.org.uk.

9.围绕 Bernard Porter, The Absentminded Imperialists (Oxford: Oxford University Press, 2004) 的辩论。

10.并不能据此认为英国其他地区就是一潭死水，事实并非如此。但首都确实有着强大的吸引力。

11.John Nye, War, Wine, and Taxes: The Political Economy of Anglo-French Trade, 1689–1900 (Princeton, NJ: Princeton University Press, 2007)。书中对这一问题进行了详细探讨。

12.Motoko Hori, "The Price and Quality of Wine and Conspicuous Consumption in England, 1646–1759," English Historical Review 123, no. 505 (December 2008): 1468.

13.John Burnett, Liquid Pleasures: A Social History of Drinks in Modern U.K. (London: Routledge, 1999), 153.

14.Charles Ludington, Politics of Wine in Britain: A New Cultural History (Basingstoke: Palgrave Macmillan, 2013).

15.参见David Gutzke, Women Drinking Out in U.K. since the Early Twentieth Century (Manchester: Manchester University Press, 2013).

第三章

1.Charles Davidson Bell, *Jan van Riebeeck Arrives in Table Bay in April 1652* (n.d. [c. 1840–80]), https://commons.wikimedia.org/wiki/File:Charles_Bell__Jan_van_Riebeeck_se_aankoms_aan_die_Kaap.jpg (accessed September 1, 2021).

2.Giulio Osso, "Rare portrait of Simon Van Der Stel highlight of the National Antiques Faire" (n.d. [2012]), Wine.co.za, https://services.wine.co.za/pdf-view. aspx?PDFID=2505 (accessed September 1, 2021).

3.Rod Phillips, *French Wine: A History* (Berkeley: University of California Press, 2016), 69–71.

4.André Jullien, Topographie de tous les vignobles connus (Paris: Madame Huzard and L. Colas, 1816), 428.

5.Roger Beck, *The History of South Africa* (Westport, CT: Greenwood Press, 2000), 28.

6.André L. Simon, ed. *South Africa,* "Wines of the World" Pocket Library (London: Wine and Food Society, 1950), 7.

7.A Gordon Bagnall, *Wines of South Africa: An Account of Their History, Their Production and Their Nature, Illustrated with Wood-Engravings by Roman Waher* (Paarl: KWV, 1961), 10.

8.出处同上, 10.

9.George McCall Theal, *Chronicles of Cape Commanders; or, An Abstract of Original Manuscripts in the Archives of the Cape Colony.* (Cape Town: W. A. Richards, Government Printers, 1882), 89–90.

10.出处同上, 87.

11.出处同上, 296.

12.出处同上, 62. 斯泰佛（stiver）是一种小面值的硬币。

13.出处同上, 180.

14.Johan Fourie and Dieter von Fintel, "Settler Skills and Colonial Development: The Huguenot Wine-Makers in Eighteenth-Century Dutch South Africa," *Economic History Review* 67, no. 4 (November 2014): 932–63.

15.Theal, *Chronicles of Cape Commanders,* 275.

16.Richard Hemming, "Planting Density" in "Wine By the Numbers, Part One," 15 September 15, 2016, at the Jancis Robinson website, www.jancisrobinson.com/articles/wine-by-numbers-part-one?layout=pdf (accessed July 23, 2021).

17.Phillips, *French Wine,* 79.

18.例如，17世纪的朗格多克-鲁西永。Ibid., 80.

19."Our History," Groot Constantia, www.grootconstantia.co.za/our-history (accessed July 23, 2021).

20.Theal, *Chronicles of Cape Commanders,* 268.

21.Beck, *History of South Africa,* 33.

22.Gerald Groenewald, "An Early Modern Entrepreneur: Hendrik Oostwald Eksteen and the

Creation of Wealth in Dutch Colonial Cape Town, 1702–1741," *Kronos* 35 (November 2009): 6–31.

23.Nigel Worden, "Strangers Ashore: Sailor Identity and Social Conflict in Mid–18th Century Cape Town," *Kronos* 33 (November 2007): 72–83.

24.John Ovendish, *A Voyage to Suratt, in the Year, 1689: Giving a Large Account of that City and its Inhabitants, and the English Factory There* (London: Jacob Tonson, 1696), 503.

25.D. Fenning and J. Collyer, *A New System of Geography; or, A General Description of the World* (London: S. Crowder et al., 1766), 357.

26.Sylvanus Urbanus, *The Gentleman's Magazine and Historical Chronicle,* vol. 8 (London: Edw. Cave, July 1738), 371.

27.Mary Barber, *Poems on several occasions* (London: C. Rivington, 1734), 170.

28.关于酒能治病的讨论，参见 David Hancock, *Oceans of Wine: Madeira and the Emergence of American Trade and Taste* (New Haven, CT: Yale University Press, 2009), 318–32.

29.William Chaigneau, *The History of Jack Connor,* 2 vols. (London: William Johnston, 1753), 2: 10.

30.Jane Austen, *Sense and Sensibility* (London: Thomas Egerton, 1811), vol. 2, chap. 8.

31.在希腊西部也叫作 Belvedere 葡萄干．"Belvedere," entry in John Walker, *The Universal Gazeteer* (London: Ogilvy and Son et al., 1798).

32.Hannah Glasse, *The compleat confectioner: or, the whole art of confectionary made plain and easy. Shewing, The various Methods of preserving and candying, both . . .* (London: Printed and sold at Mrs. Ashburner's China Shop, 1760), 197.

33.Jancis Robinson, Julia Harding, and José Vouillamoz, *Wine Grapes* (London: Allen Lane, 2012). Entries for muscat de frontignan, p. 683, and muscat of Alexandria, p. 689.

34.Simon, *South Africa,* 11.

35.Jancis Robinson, *The Oxford Companion to Wine,* 2nd ed. (Oxford: Oxford University Press, 2006), entry on "Sémillon," 626.

36.分类广告, *Daily Advertiser* (London), Saturday, June 11, 1743.

37."The Stock of Wines of Mr. Jos. Thorpe," *Daily Advertiser* (London), September 14, 1743.

38.Thomas Salmon, *Modern history; or, the present state of all nations. Describing their respective situations, persons, habits, Buildings, Manners, Laws and Customs* (London: Thomas Wotton, 1735), 128.

39.Johan Fourie, "The Remarkable Wealth of the Dutch Cape Colony: Measurements from Eighteenth–Century Probate Inventories," *Economic History Review* 66, no. 2 (May 2013): 419–48. On wine, see p. 429.

40.Fourie actually writes that slaves are "a proxy for total wealth." 出处同上, 431–32.

41.Salmon, *Modern history,* 128.

42.Mary Rayner, "Wine and Slaves: The Failure of an Export Economy and the Ending of Slavery in the Cape Colony, South Africa, 1806–1834," PhD diss., Duke University, 1986, 4.

43.Lady Anne Barnard, cited in Bagnall, *Wines of South Africa,* 18. Barnard was well aware of the movement to abolish slavery at home in U.K., and her diaries reference William Wilberforce, one of its leaders. Margaret Lenta, "Degrees of Freedom: Lady Anne Barnard's Cape Diaries," *English in Africa* 19, no. 2 (October 1992): 65.

44.Beck, *History of South Africa,* 42.

第四章

1.David Collins, *An Account of the English Colony in New South Wales, from Its First Settlement in January 1788, to August 1801: With Remarks on the Dispositions, Customs, Manners, &C., of the Native Inhabitants of That Country,* 2nd ed. (London: T. Cadell and W. Davies, 1804).

2.Charles Tuckwell, "Combatting Australia's founding myth: the motives behind the British Settlement of Australia," Senior thesis, Trinity College, Hartford, CT, 2018.

3.Maggie Brady, *First Taste: How Indigenous Australians Learned about Grog,* 6 vols. (Deakin, Australia: Alcohol Education & Rehabilitation Foundation, 2008), 1: 6.

4.Arthur Philip and John Stockdale, eds., *The voyage of Governor Phillip to Botany Bay; with an account of the establishment of the colonies of Port Jackson & Norfolk Island; compiled from authentic papers, which have been obtained from the several Departments. To which are added, the journals of Lieuts. Shortland, Watts, Ball, & Capt. Marshall, with an account of their new discoveries* (London: John Stockdale, 1789).

5.George Barrington, *A voyage to New South Wales; with a description of the country; the manners, customs, religion, &c. of the natives, in the vicinity of Botany Bay* (Philadelphia: Thomas Dobson, 1796), 77.

6.Philip and Stockdale, *The voyage of Governor Phillip,* 21–22.

7.例如 "Wine glass stem from the Zeewijk wreck site, before 1727," Australian National Maritime Museum, object no. 00016341.

8.Julie McIntyre argues this, too, and I agree, *First Vintage: Wine in Colonial New South* Wales (Sydney: University of New South Wales Press, 2012), 36.

9.Killian Quigley, "Indolence and Illness: Scurvy, the Irish, and Early Australia," *Eighteenth-Century Life* 41, no. 2 (2017): 139–53.

10.Phillip and Stockdale, *Voyage of Captain Phillip,* 281, 330. Spruce–beer was a lightly fermented beverage made from the needles of evergreen trees.

11.Based on Basic Report 14096, Alcoholic beverage, wine, table, red. National Nutrient Database, April 2018, U.S. Department of Agriculture, Agricultural Research Service, https://ndb.nal. usda.gov (accessed September 2, 2021).

12.*Report from the Select Committee on Transportation,* Parliament, House of Commons, London): Ordered by the House of Commons to be printed, 1812. Digitized on Trove.

13.Collins, *Account of the English Colony in New South Wales,* 153–54.

14."Method of Preparing a Piece of Land, for the Purpose of Preparing a Vineyard," *Sydney*

Gazette and New South Wales Advertiser, March 5, 1803.

15.The French source is not attributed and is unknown, but it *could* be a sloppy paraphrase of parts of Jean-Antoine Chaptal, *Traité théorique et pratique sur la culture de la vigne* (Paris: Delalain, 1801).

16. "Cultivation of the Vine," *Sydney Gazette and New South Wales Advertiser,* March 12, 1803, https://trove.nla.gov.au/newspaper/page/5660 (accessed September 2, 2021).

17.McIntyre, "Resisting Ages-Old Fixity as a Factor in Wine Quality: Colonial Wine Tours and Australia's Early Wine Industry," *Locale* 1 (2011): 43.

18.Drawn from McIntyre, *First Vintage,* passim and pp. 73–75.

19.出处同上, 75.

20.Jessica Moody, "Liverpool's Local Tints: Drowning Memory and 'Maritimising' Slavery in a Seaport City," in *Britain's History and Memory of Transatlantic Slavery: Local Nuances of a "National Sin,"* ed. Katie Donington, Ryan Hanley, and Jessica Moody (Liverpool: Liverpool University Press, 2016), 161.

21.McIntyre, *First Vintage,* 43–53.

22.出处同上, 50.

第五章

1.UCL Legacies of Slavery-ownership Database, www.ucl.ac.uk/lbs.

2.Eric Ramsden, *James Busby: The Prophet of Australian Viticulture* (Sydney: Ramsden, 1940).

3.James Busby, *A Treatise on the Culture of the Vine and the Art of Making Wine* ([Sydney?]: R. Howe, Government Printer, 1825), ix.

4.出处同上, xxviii.

5.James Busby, *A Journal of a Tour through Some of the Vineyards of Spain and France* (Sydney: Stephens and Stokes, 1833), appendix, p. 117.

6.出处同上, 72.

7.出处同上, 107.

8.James Busby, *Report on the Vines, Introduced into the Colony of New South Wales, in the Year 1832: With a Catalogue of the Several Varieties Growing in the Botanical Garden, in Sydney* (Sydney: William Jones, 1834).

9.无题, *Hobart Town Gazette and Southern Reporter,* June 29, 1816, 2, https://trove.nla.gov.au/newspaper/page/40422 (accessed September 2, 2021).

10.本书也对这一话题进行了讨论。Julie McIntyre and John Germov, *Hunter Wine: A History* (Sydney: NewSouth, 2018), 3–4.

11.Kristen Maynard, Sarah Wright, and Shirleyanne Brown, "Ruru Parirao: Māori and Alcohol; The Importance of Destabilising Negative Stereotypes and the Implications for Policy and Practice," *MAI Journal* 2, no. 2 (2012): 79.

12.Marsden 引自 John Buxton Marsden, *Memoirs of the Life And Labors of the Rev. Samuel Marsden: Of Paramatta, Senior Chaplain of New South Wales; and of His Early Connection with the Missions to New Zealand and Tahiti* (London: Religious Tract Society, 1838), 33.

13.John Rawson Elder, ed., *The Letters and Journals of Samuel Marsden, 1765-1838* (Auckland: Coulls, Somerville Wilkie, 1932), 180, 181.

14.出处同上, 181.

15.Dumont D'Urville, Keith Stewart, *Chancers and Visionaries: A History of Wine in New Zealand* (Auckland: Godwit, 2010), 33 进行了引用。

16.出处同上, 48.

17.Committee on New Zealand, *Report,* May 23, 1844, HC 556 1844, Q87–88, p. 6.

18.William Williams, D.C.L., Archdeacon of Waiapu, *A Dictionary of the New Zealand Language, and a Concise Grammar, to which is added a Selection of Colloquial Sentences,* 2nd ed. (London: Williams and Norgate, 1852), 310.

19.出处同上, 318–19.

20.James Belich, *Making Peoples: A History of the New Zealanders from Polynesian Settlement to the End of the Nineteenth Century* (Honolulu: University of Hawai'i Press, 1996), 197–200.

21.Raewyn Dalziel, "Southern Islands: New Zealand and Polynesia," in *The Oxford History of the British Empire,* vol. 3, *The Nineteenth Century,* ed. Andrew Porter (Oxford: Oxford University Press, 1999), 581–82.

22.W. Jackson Hooker, "The Late Mr Cunningham," *Companion to the Botanical Magazine: Being a Journal, Containing Such Interesting Botanical Information As Does Not Come Within the Prescribed Limits of the Magazine; with Occasional Figures* (London: Printed by E. Conchman . . . for the proprietor, S. Curtis, 1835–36), 215.

23.作者本人翻译. "Que pensez-vous que j'aie fait du premier raisin qui ait murià Tonga? que je l'ai donné? conservé? Non rien de tout cela: je l'ai cueilli religieusement, je l'ai pressé dans un linge très-propre, puis après en avoir clarifié le jus, je m'en suis servi pour dire la messe, le premier janvier 1844." 节选自一位名叫 Révérend Père Grande 的玛丽会的传教士在 1844 年 3 月写给一位身在汤加的同事的信。*Annales de l'Association de la propagation de la foi* (Lyons: M. P. Rusand) 18 (1846): 37 中转载。

24.1844 年 1 月 1 日，新喀里多尼亚的杜阿雷大人写给位于里昂和巴黎的（天主教会）中央委员会成员的信。*Annales de l'Association* 17 (1845): 50 中转载。

25.1846 年 2 月 8 日，M. Thiersé 写给他身在珀斯的母亲的信。*Annales de l'Association* 18 (1846): 542 中转载。

26.霍克斯湾哲学研究所雅丁神父的地址：*Hawke's Bay Herald,* August 1890.

27.James Busby, *The Rebellions of the Maories Traced to Their True Origin: In Two Letters to the Right Honourable Edward Cardwell . . .* (London: Strangeways & Walden, 1865).

第六章

1.Ebenezer Elliott, *Corn Law Rhymes* (Sheffield, Yorkshire: Mechanics' AntiBread-Tax Society, 1831), 10.

2.Thomas Perronet, *A Catechism on the Corn Laws, with a List of Fallacies and the Answers,* 18th ed. (London: Westminster Review, 1834).

3.Editorial, "Glasgow and Edinburgh Anti-Corn Law Demonstrations," *Liverpool Mercury,* January 20, 1843.

4.Timothy Keegan, *South Africa and the Origins of the Racial Order* (Cape Town: David Philip, 1996), 52; United Kingdom, House of Commons, *Account of Value of Imports from Cape of Good Hope, 1812-16*, 1817, 225, 14: 149.

5.Mary Rayner, "Wine and Slaves: The Failure of an Export Economy and the Ending of Slavery in the Cape Colony, South Africa, 1806–1834" (PhD diss., Duke University, 1986), 8–9.

6.*Account of Value of Imports from Cape of Good Hope, 1812-16*, 1817, 225,14: 149.

7. "Proclamation by His Excellency, the Rt. Hon. General Lord Charles Henry Somerset," *Cape Town Gazette and African Advertise*r, April 26, 1823.

8. "Proclamation by His Excellency, the Rt. Hon. General Lord Charles Henry Somerset," *Cape Town Gazette and African Advertiser,* November 15, 1823.

9.Keegan, *Origins of the Racial Order,* 58; on previous office of wine taster, see George McCall Theal, ed., *Records of the Cape Colony from May 1801 to February 1803, Copied for the Cape Government, from the Manuscript Documents in the Public Record Office, London,* vol. 4 (London: Printed for the Government of the Cape Colony, 1899 [University of Michigan Digitization], 226–27.

10.Keegan, *Origins of the Racial Order,* 52.

11.Grant, Peter Warden, *Considerations on the State of the Colonial Currency and Foreign Exchanges at the Cape of Good Hope: Comprehending Also Some Statements Relative to the Population, Agriculture, Commerce, and Statistics of the Colony (*Cape Town: W. Bridekirk, Jr., 1825), 108.

12. "Wanted for the island of St Helena," *Cape Town Gazette and African Advertiser,* December 30, 1815.

13.Charles Ludington, *The Politics of Wine in Britain: A New Cultural History* (Basingstoke: Palgrave, 2013), table A.1, pp. 264–65.

14.这并不是说欧洲国家是大型原始企业占主导的。相反，即使在由小型家族经营的葡萄园和酒庄主导的时代，葡萄酒通常也不会以酒庄的名义出口，而且这些酒庄在将葡萄酒推向市场方面拥有更成熟的体系。excellent case study is Thomas Brennan's *Burgundy to Champagne: The Wine Tradein Early Modern France* (Baltimore: Johns Hopkins, 1997)是一个很好的案例研究。

15. "Cape Town," *Cape Town Gazette and African Advertiser,* October 25, 1823.

16.Helpfully summarized in Ludington, *Politics of Wine*, 264–65.

17.好望角总督于1831年4月2日致哥德立施子爵阁下的函件。*Representations from Cape of Good Hope to H.M. Government respecting Duties on Cape Wine,* HC 1831, 103, 17: 485.

18.Memorial and Petition of the undersigned Wine Growers, Wine Merchants, and other Inhabitants of the Cape of Good Hope.出处同上, 103.

19.HC Deb, September 7, 1831, 6: 1216–40.

20.葡萄酒种植者签署的请愿书……, *Representations from Cape of Good Hope to H.M. Government respecting Duties on Cape Wine,* HC 1831, 103.

21.Mr Keith Douglas MP, "Wine Duties," HC Deb, September 7, 1831, 6: 1216–40.

22.使用"1270年至今购买力换算表",通过简单的购买力计算,1820年的1先令6便士等于现在的102.1英镑。

23.我所强调的。 Sir J. Stanley, HC Deb, September 7, 1831, 4: c1008–76.

24.Cyrus Redding, *History and Description of Modern Wines,* 2nd ed. (London: G. Bell, 1836), 290.

25.C. I. Latrobe, *Journal of a Visit to South Africa, in 1815, and 1816: With Some Account of the Missionary Settlements of the United Brethren, Near the Cape of Good Hope* (Cape of Good Hope: L. B. Seeley, and R. Ackermann, 1818), 331.克里斯蒂安·拉特罗布(或拉·特罗布)是查尔斯·拉特罗布的父亲,查尔斯·拉特罗布后来是澳大利亚维多利亚州的副总督。

26.John Campbell, *Travels in South Africa: Undertaken at the Request of the Missionary Society* (London: Black and Parry, 1815), 85.

第七章

1. "South Australian Wine," South Australian, March 4, 1845.

2.John Campbell, Travels in South Africa: Undertaken at the Request of the Missionary Society (London: Black and Parry, 1815), 85–86.

3.C. I. LaTrobe, *Journal of a Visit to South Africa, in 1815, and 1816: With Some Account of the Missionary Settlements of the United Brethren, Near the Cape of Good Hope* (Cape of Good Hope: L. B. Seeley, and R. Ackermann, 1818), 331.

4.W. H. Roberts, *The British Wine-Maker and Domestic Brewer; a Complete Practical and Easy Treatise on the Art of Making and Managing Every Description of British Wines . . .* 5th ed. (Edinburgh: A. & C. Black; London: Whittaker, 3rd ed., rev., 1836; and 5th ed., rev., 1849). 值得注意的是该康斯坦提亚配方并没有出现在第三版中,这说明它是在之后发明的。

5.Menu, "The Fourteenth Meeting of the Saintsbury Club," April 27, 1938, London. Francis Meynell Papers, MS Add.9813/F7/1, Cambridge University Library.

6.Fay Banks, *Wine Drinking in Oxford, 1640-1850: A Story Revealed by Tavern, Inn, College and Other Bottles; with a Catalogue of Bottles and Seals from the Collection in the Ashmolean*

Museum. British Archaelogical Reports (BAR) British Series 257 (Oxford: Archaeopress, 1997), 1.

7.James L. Denman, "Wine Merchant," *Sunday Times* (London), May 20, 1860.

8.Troy Bickham, "Eating the Empire: Intersections of Food, Cookery, and Imperialism in Eighteenth–Century Britain," *Past and Present* 198, no. 1 (February 2008): 74.

9.一些例子：Flyers for sale of rum and wines, 1821 and 1823, Matthew Clark and Sons Papers, MS 38347, London Metropolitan Archives; Advertisements, *Liverpool Mercury,* Friday, April 11, 1817.

10.Campbell, *Travels in South Africa,* 221.如今它被称为Genadendal，位于开普敦以东约80英里处，位于被认证的葡萄酒产区之外。

11.Sir Henry Trueman Wood, "The Royal Society of the Arts. IV—The Society and the Colonies (1754–1847)." *Journal of the Royal Society of Arts* 59, no. 3071 (September 29, 1911): 1043. 这指的是加那利群岛生产的葡萄酒，通常是"Malmsey"或malvasia葡萄酿造的，与马德拉甜酒相似。

12. "Australasia," *Times* (London), May 5, 1823, 3.

13.*Sydney Gazette and New South Wales Advertiser,* February 26, 1824.

14.Committees of Inquiry on Administration of Government and Finances at Cape of Good Hope, *Documents Referred to in the Reports of the Commissioners,* HC 1826–27, 406, 21: 287.

15.United Kingdom, House of Commons, testimony of Rev. Mr. H. P. Hallbeck, Gnadenthal, May 12, 1825. *Papers relative to Aboriginal Inhabitants of Cape of Good Hope. Part I. Hottentots and Bosjesmen; Caffres; Griquas. HC* 1835, 50, 39: 301. 离Genandandel最近的现代葡萄酒产区是往西50英里的Franschoek，以及其西南方向20英里的好望角南部海岸地区。Regions based on Hugh Johnson and Jancis Robinson, *The World Atlas of Wine,* 7th ed. (London: Mitchell Beazley, 2013), 371–72.

16.Advertisement, E. K. Green's Bottle Store, *Cape Town Mercantile Advertiser,* May 10, 1858.

17. "Wines! Wines! Wines!" *Cape Town Mercantile Advertiser,* September 21, 1861.

18.*Zuid-Afrikaan Vereenigd Met ons Land* (Cape Town), July 20, 1865, 4; *Cape Town Mercantile Advertiser* (Cape Town), September 4, 1861, 1.

19. "Groendruif stokken," advertisements, *Zuid-Afrikaan Vereenigd Met ons Land* (Cape Town), August 27, 1846.

20.Advertisements, *Zuid-Afrikaan Vereenigd Met ons Land* (Cape Town), October 3, 1850.

21.Advertisements, *Cape Times,* December 15, 1881.

22. "Muscat of Alexandria," Jancis Robinson, Julia Harding, and José Vouillamoz, *Wine Grapes* (London: Allen Lane, 2012), 689–90.

23.感谢DipWSET的乔安妮·基普森（Joanne Gibson）提示了我"klipp"与"steen"两种葡萄之间的关系。

24.Cyrus Redding, *History and Description of Modern Wines.* 2nd ed. (London: G. Bell, 1836), 291.

25.Robert Druitt, *Report on the Cheap Wines from France, Italy, Austria, Greece, and Hungary; Their Quality, Wholesomeness, and Price, and their Use in Diet and Medicine. With*

Short Notes of a Lecture to Ladies on Wine, and Remarks on Acidity. (London: Henry Renshaw, 1865), 91.

26.*Cape Town Gazette and African Advertiser*, December 28, 1822.

27. "To Be Sold by Public Sale," *Cape Town Gazette*, September 13, 1800.

28.Italics in original. *Cape Town Gazette and African Advertiser*, October 10, 1828.

29.Romita Ray, "Ornamental Exotica: Transplanting the Aesthetics of Tea Consumption and the Birth of a British Exotic," in *The Botany of Empire in the Long Eighteenth Century*, ed. Yota Batsaki, Sarah Burke Cahalan, and Anatole Tchikine (Washington, DC: Dumbarton Oaks Research Library and Collection, 2016), 259.

30. "Sir Charles Bunbury," *The Spectator*, January 12, 1907, 21.

31.Charles J. F. Bunbury, *Journal of a Residence at the Cape of Good Hope, with Excursions into the Interior, and Notes on the Natural History, and the Native Tribes* (London: John Murray, 1848), 3.

32.出处同上, 5.

33.Alfred W. Cole, *The Cape and the Kafirs; or, Notes on Five Years' Residence in South Africa* (London: R. Bentley, 1852), 391.

34.出处同上, 392.

35.Joanna de Groot, "Metropolitan Desires and Colonial Connections," in *At Home with the Empire: Metropolitan Culture and the Imperial World*, ed. Catherine Hall and Sonya Rose (Cambridge: Cambridge University Press, 2007), 166–90.

36.James Busby, "Letter on the Emigration of Mechanics and Laborers to New South Wales, to the Rt. Hon. R. William Horton, MP," in his *Authentic Information Relative to New South Wales and New Zealand* (London: Joseph Cross, 1832), 10.

37.出处同上, 10.

38.出处同上。

39.编辑佚名, *Extracts from the Letters and Journal of Daniel Wheeler, while engaged in a religious visit to the inhabitants of some of the islands of the Pacific Ocean, Van Dieman's Land, New South Wales, and New Zealand, accompanied by his son, Charles Wheeler* (Philadelphia: Joseph Rakestraw, 1840), 49.

40.John Dunlop, *On the Wine System of Great Britain* (Greenock, Scotland: R. B. Lusk, 1831), 6.

41.Edward Jerningham Wakefield and John Ward, *The British Colonization of New Zealand: Being an Account of the Principles, Objects, And Plans of the New Zealand Association, Together With Particulars Concerning the Position, Extent, Soil And Climate, Natural Productions, And Native Inhabitants of New Zealand* (London: John W. Parker, 1837), 396.

42. "Western Australia," an excerpt from E. W. Landor's book *The Bushman. Glasgow Herald* (Scotland), November 29, 1847.

43.George Blakiston Wilkinson, *South Australia: Its Advantages and Its Resources* (London: J. Murray, 1848), 121.

44.*The Hardy Tradition: Tracing the Growth and Development of a Great Winemaking [sic]*

Family through Its First Hundred Years (Adelaide: Thomas Hardy & Sons Limited, 1953), 7.

45.Wilkinson, *South Australia,* 90.

46.Molly Huxley, "Duffield, Walter (1816–1882)," *Australian Dictionary of Biography,* National Centre of Biography, Australian National University, http://adb.anu.edu.au/biography/ duffield–walter–3449/text5239, published first in hardcopy 1972 (accessed June 13, 2019).

47. "Australia," *Morning Chronicle* (London), July 15, 1839.

48.Edward Wilson Landor, *The Bushman: Life in a New Country.* First published 1847, London: Richard Bentley; Gutenberg online edition, December 2004. Quote from chapter 10 (no ebook pagination).

49.Hubert de Castella, *John Bull's Vineyard: Australian Sketches* (Melbourne: Sands and McDougall, 1886), 70.

50.Flyer for Dalwood Vineyards, c. 1870, SLNSW MLMSS 8915, Folder 1, Item 2.

51. "South Australian Wine," *South Australian,* March 4, 1845.

52. "Western Australia," *Glasgow Herald* (Glasgow, Scotland), Monday, November 29, 1847; Issue 4678. J. T. Fallon, *The "Murray Valley Vineyard," Albury, New South Wales, and "Australian Vines and Wines"* (Melbourne: n.p., 1874).

53.McIntyre, *First Vintage,* 95–100.

54.出处同上, 103.

55.参见,例如 Paul Nugent, "The Temperance Movement and Wine Farmers at the Cape: Collective Action, Racial Discourse and Legislative Reform, c. 1890–1965," *Journal of African History* 52, no. 3 (January 1, 2011): 341–63; Pamela Scully, *Liberating the Family? Gender and British Slave Emancipation in the Rural Western Cape, South Africa, 1823-1853* (Cape Town: David Philip, 1997).

第八章

1. "The Wine Duties Reduction," *Morning Post* (London), August 5, 1854. The MP was Benjamin Oliviera of Pontefract.

2.*Spirits and Wine: Returns of the Quantities of British Spirits Used for Home Consumption in the United Kingdom.* HC 1862, 168.

3.*Account of the Quantity of Foreign Wine Imported, Exported, and Retained for Home Consumption.* HC 1851, 427.

4. "Cape Wines and Their Effects on the Wine Trade," *Morning Chronicle* (London), January 13, 1858; "Prince Alfred at the Cape of Good Hope," *Morning Post* (London), August 26, 1860.

5.Trial of Thomas Savage, Elizabeth Savage, November 1850 (t18501125–104), Old Bailey, London. Old Bailey Proceedings, www.oldbaileyonline.org.

6.*The Standard* (London), June 25, 1827. Three half–pipes are roughly 715 liters, or around 950 modern 750ml bottles.

7.*The Standard* (London), July 12, 1831.

8.Trial of Mary Ann Bamford (34), Jane White (220, May 1860), (t18600507–414), Old Bailey Proceedings.

9.Trial of George Tenant, April 1843, (t18430403–1203), Old Bailey Proceedings.

10.Robert Druitt, *Report on the Cheap Wines from France, Italy, Austria, Greece, and Hungary; Their Quality, Wholesomeness, and Price, and Their Use in Diet and Medicine: With Short Notes of a Lecture to Ladies on Wine, and Remarks on Acidity* (London: Henry Renshaw, 1865), 14.

11. "Will the Coming Man Drink Wine? Corks," *Melbourne Punch*, January 14, 1869.

12.Thomas George Shaw, *Wine, the Vine, and the Cellar* (London: Longman, Green, Longman, Roberts & Green, 1863), 343.

13.Thudichum, "Report on Wines," *Royal Society* (1873), 928.

14.*Reports of the Imperial Economic Committee, Twenty-third Report: Wine.* (London: HMSO 1932), 43.

15.On medicinal use, see "Weekly Chronicle of Sales, Commerce etc," *The Morning Chronicle* (London), September 28, 1827; response of Mr Hunt, "if given to sick persons, would only make them worse," HC Deb, September 7, 1831, 6: c1216–40.

16.Distillation Act 25 Vic., No. 147. *Victoria Government Gazette,* November 27, 1868, 2256.

17.[Henry Silver], "Wine and Electricity," *Punch,* January 29, 1870, 35.

18.John Davies, *The Innkeeper's and Butler's Guide; or, A Directory for Making and Managing British Wines: With Directions for the Managing, Colouring and Flavouring of Foreign Wines and Spirits, and, for Making British Compounds, Peppermint, Aniseed, Shrub, &c....* 13th ed., rev. and corrected (Leeds: Davies, 1810), 63.

19.Revolution on p. 101 of James Simpson, *Creating Wine: The Emergence of a World Industry, 1840-1914* (Princeton, NJ: Princeton University Press, 2011); Gladstone on luxury, p. 86. "Social engineering" is my term.

20.Brian Howard Harrison, *Drink and the Victorians: The Temperance Question in England, 1815-1872*, 2nd ed. (Keele, Staffordshire: Keele University Press, 1994), 228–30.

21.*Returns of the Quantities of British Spirits Used for Home Consumption,* 168.

22.Druitt, *Report on Cheap Wines,* 59.

23.Herbert Maxwell, *Half-a-century of Successful Trade: Being a Sketch of the Rise And Development of the Business of W & A Gilbey, 1857-1907* (London: W & A Gilbey, 1907), 14.

24.出处同上, 13.

25. "Child Killed by Cough–Medicine" and "The Adulteration Of Food," *British Medical Journal* 1, no. 640 (April 5, 1873): 380–81.

26. "Police Office," *New Zealand Spectator and Cook's Strait Guardian,* March 20, 1847.

27.Paul Nugent, "The Temperance Movement and Wine Farmers at the Cape: Collective

Action, Racial Discourse, and Legislative Reform, c. 1890–1965," *Journal of African History* 52, no. 3 (January 1, 2011): 347–49.

28. "A Colonial Wine Shop," *Wagga Wagga Advertiser and Riverine Reporter,* NSW, July 22, 1871.

29.A few examples: "Alcoholic Drinks," *Times* (London), August 14, 1884, 12; "Alcohol in Health and Disease: A Lecture," *Times,* January 1, 1881, 6; Alfred Carpenter et al., "Drinking and Drunkenness," *Times,* September 18, 1891, 5.

30.C. R. Bree, "Who Shall Decide When Doctors Disagree?" *Times* (London), January 10, 1872, 6.

31.B. Seebohm Rowntree, *Poverty: A Study of Town Life* (London: Macmillan, 1908), 332.

32.出处同上, 142.

33.John Dunlop, *The Philosophy of Artificial and Compulsory Drinking Usage in Great Britain and Ireland* (London: Holston and Stoneman, 1839).

34.Romeo Bragato, *Report On the Prospects of Viticulture In New Zealand: Together with Instructions for Planting and Pruning* (Wellington: S. Costall, Government Printer, 1895), 12.

35. "Cape Wines and Their Effects on the Wine Trade," [From *Ridley's],* *Morning Chronicle,* January 13, 1858.

36. "Prince Alfred at the Cape of Good Hope," *Morning Post* (London), August 26, 1860.

37.*Returns of the Quantities of British Spirits Used for Home Consumption,* 1862, 168.

38.Board of Trade, *Production and Consumption of Alcoholic Beverages (Wine, Beer and Spirits) in the British Colonies (Australasia, Canada, and the Cape),* 1900, Cd 72, p. 15.

39. "Exportation to New Zealand of Australian Wine," *Victoria Government Gazette,* January 3 1879, 56.

40.Cited in George Bell, "The South Australian Wine Industry, 1858–1876." *Journal of Wine Research* 4, no. 3 (September 1993): 148; J. T. Fallon, "Australian Vines and Wines," *Journal of the Society of Arts* 22, no. 1098 (December 1873): 47.

41.关于协助移民计划，参见John McDonald and Eric Richards, "The Great Emigration of 1841: Recruitment for New South Wales in British Emigration Fields," *Population Studies* 51, no. 3 (1997): 337–55; Robin Haines, "Indigent Misfits or Shrewd Operators? Government–Assisted Emigrants from the United Kingdom to Australia, 1831–1860," *Population Studies* 48, no. 2 (1994): 223–47.

42.W. P. Driscoll, "Fallon, James Thomas (1823–1886)," *Australian Dictionary of Biography*, National Centre of Biography, Australian National University, https://adb.anu.edu.au/biography/fallon–james–thomas–3496/text5365, published first in hardcopy 1972 (accessed September 3, 2021).

43.J. T. Fallon, *The "Murray Valley Vineyard," Albury, New South Wales, and "Australian Vines and Wines"* (Melbourne: n.p., 1874), 7, 20, 33–34.

44.出处同上, 1.

45.Tovey, *Wine and Wine Countries,* 49.

46.Fallon, "Australian Vines and Wines," 21, 22.

47.Thudichum引自上一出处, 48.

48.出处同上, 49.

49.出处同上, 34.

50.出处同上, 35.

第九章

1.George Sutherland, *The South Australian Vinegrower's Manual: A Practical Guide to the Art of Viticulture in South Australia; Prepared under Instructions from the Government of South Australia, and with the Co-operation of Practical Vinegrowers of the Province* (Adelaide: C. Bristow, Government Printer, 1892), 108.

2.*Reports to Secretary of State on Past and Present State of H.M. Colonial Possessions, 1869 (Part II. N. American Colonies; African Settlements and St. Helena; Australia and New Zealand; Mediterranean Possessions; Heligoland and Falkland Islands). 1871, 415, 67: 101.*

3.昆士兰葡萄酒的产地位于南伯内特凉爽的高海拔地区的花岗岩地带。Johnson and Jancis Robinson, *The World Atlas of Wine,* 7th ed. (London: Mitchell Beazley, 2013), 334.

4.Henry Heylyn Hayter, "Facts and Figures," in James Thomson, *Illustrated Handbook of Victoria, Australi*a (Melbourne: J. Ferres, Government Printer, 1886), 26.

5.New South Wales Bureau of Statistics and Economics, *Official Year Book of New South Wales* (Sydney: W. A. Gullick, 1887), 239, 237.

6.出处同上, chart: "Estimated Population of the Colony," 321.

7.*Statistical abstract for the several colonial and other possessions of the United Kingdom in each year from 1885 to 1899.* 1900 Cd 307.

8.Victoria Bureau of Statistics, *Victorian Year-Book* (Melbourne: Government Printer, 1883, 1888, 1889), 11 (1883–84): 453–57.

9.这是1883年因根瘤蚜病害赔偿的数目。Ibid., 433–35.

10.*Statistical Report on the Population of the Dominion of New Zealand for the Year 1907* (Wellington: John Mackay, Government Printer, 1908), 2: 502.

11.Romeo Bragato, *Report On the Prospects of Viticulture In New Zealand: Together with Instructions for Planting and Pruning* (Wellington: S. Costall, Government Printer, 1895), 13.

12.出处同上。

13.出处同上, 5.

14. "Mr Walter Duffield's Vineyard, near Gawler Town, etc," *South Australian Advertiser* (Adelaide), March 26, 1862.

15.Probably a poor transcription of "Gouais." James King, "On the Growth of Wine in New

South Wales," December 14, 1855, reprinted in *Journal of the Society of Arts* 4, no. 189 (July 4, 1856): 576.

16.A. C. Kelly, *The Vine in Australia* (Sydney: Sands and Kelly, 1861), 179.

17.Inventory of Wine at Bukkulla, 1869, Dalwood Mss, SLNSW, MLMSS 8051 Box 1, Folder 2.

18.Kelly, *Vine in Australia*.

19.Kelly does include "Aucarot", or Auxerrois, which Robinson et al. note can be confused with Chardonnay. Kelly also lists grapes I have been unable to identify, such as "Miller's Burgundy," which is probably pinot meunier. Jancis Robinson, Julia Harding, and José Vouillamoz, *Wine Grapes* (London: Allen Lane, 2012), "Auxerrois."

20.*Official Catalogue of Exhibits in South Australian Court, Colonial and Indian Exhibition* (Adelaide: Government Printer, 1886), 36–37.

21.出处同上, 38.

22.出处同上, 38–40.

23.J. L. W. Thudichum, "Report on Wines from the Colony of Victoria, Australia," *Journal of Society of Arts* 21, no. 1094 (November 7, 1873): 929.

24. "Australasian Public Finance," Fifth Ordinary General Meeting, Tuesday, March 29, 1889, 261. *Proceedings of the Royal Colonial Institute,* vol. 20, 1888–89.

25.Kelly, *Vine in Australia,* 6–7.

26.Editorial in *The Farmer,* New Zealand, 1911, cited in Dick Scott, *Winemakers of New Zealand* (Auckland: Southern Cross Books, 1964), 63.

27.斯特林（Stirling）引用了安吉拉·乌尔考特（Angela Woolacott）的话, "A Radical's Career: Responsible Government, Settler Colonialism and Indigenous Dispossession," *Journal of Colonialism and Colonial History* 16, no. 2 (Summer) 2015: [n.p., online only].

28.Testimony of Mr C. B. Elliott, 3 March 1893, *Minutes of evidence and minutes of proceedings, . . . v.1.* (Cape Town: W. A. Richards, 1893–1894), 162.

29.John Crombie Brown, *Water Supply of South Africa and Facilities for the Storage of It* (Edinburgh: Oliver and Boyd, 1877), 236

30.Russel Viljoen, "Aboriginal Khoikhoi Servants and Their Masters in Colonial Swellendam, South Africa, 1745–1795," *Agricultural History* 75, no. 1 (2001): 45.

31.Sutherland, *South Australian,* 13.

32.Jan De Vries, "The Industrial Revolution and the Industrious Revolution," *Journal of Economic History* 54, no. 2 (1994): 249–70.

33.Cash Book, MacDonald Family Papers, Capricornia CQ University Collection, Digitized, MS A2/2–17/4, http://libguides.library.cqu.edu.au/macdonaldfamily (accessed September 2, 2021).

34.*Victorian Year-Book* (1883–84), 11: 440.

35.Geoffrey C. Bishop, "The First Fine Drop: Grape–Growing and WineMaking in the Adelaide Hills, 1839–1937," *Australian Garden History* 13, no. 5 (2002): 4–6.

36.Gordon Young, "Early German Settlements in South Australia," *Australian Journal of Historical Archaeology* 3 (1985): 43–55.

37.Jennifer Regan–Lefebvre, ed., *For the Liberty of Ireland at Home and Abroad: The Autobiography of J. F. X. O'Brien,* Classics in Irish History Series (Dublin: University College Dublin Press, 2010); [as Jennifer M. Regan], "We could be of service to other suffering people" : Representations of India in the Irish Nationalist Press, 1857–1887, *Victorian Periodicals Review* 41, no. 1 (Spring 2008): 61–77.

38.Applications for Trade Marks, digitized, National Archives of Australia.

39. "Financial Statement," *New Zealand Tablet,* August 16, 1873.

40.Ljubomir Antić, "The Press as a Secondary Source for Research on Emigration from Dalmatia up to the First World War," *SEER: Journal for Labour and Social Affairs in Eastern Europe* 4, no. 4 (2002): 25–35.

41.Martin J. Jones, "Dalmatian Settlement and Identity in New Zealand: The Devcich Farm, Kauaeranga Valley, near Thames," *Australasian Historical Archaeology* 30 (2012): 24–33.

42.Carl Walrond, "Dalmatians," *Te Ara: The Encyclopedia of New Zealand,* Auckland, New Zealand: Minister for Culture and Heritage, https://teara.govt.nz; Jason Mabbett, "The Dalmatian Influence on the New Zealand Wine Industry," *Journal of Wine Research* 9, no. 1 (April 1998): 15–25.

43.参见 Sutherland, *South Australian.*

44.*Official Catalogue of Exhibits in South Australian Court,* 38–41.

45.R. M. Ross and Co., advertisement, *Cape Times,* December 2, 1892.

46.Charles Davidson Bell, "Stellenbosch Wine Waggon [*sic*]—Table Mountain in the Background," 1830s, watercolor, University of Cape Town Libraries, BC686: John and Charles Bell Heritage Trust Collection, https://digitalcollections.lib.uct.ac.za/collection/islandora–26368 (accessed September 2, 2021).

47.F. Wilkinson's Traveling Expenses, Dalwood Vineyard Records, SLNSW MLMSS 8051 Box 1, Folder 2.

48.Great Northern Railway bill for merchandise carriage, April 1875, Dalwood Mss, SLNSW MLMSS 8051 Box 4, Folder 7.

49.Cashbook, 1899–1904. MacDonald Family Papers, Capricornia CQ University Collection, Digitized, MS A2/2–17/4.

50.John Davies, *The Innkeeper's and Butler's Guide; or, A Directory for Making and Managing British Wines: With Directions for the Managing, Colouring and Flavouring of Foreign Wines and Spirits, and, for Making British Compounds, Peppermint, Aniseed, Shrub, &c. . . .* 13th ed., rev. and corrected (Leeds: Davies, 1810), 182–91.

51.Profit and Loss a/c for January 1 to December 31 1891. Dalwood Mss, SLNSW, MLMSS 8051, Box 4, Folder 7.

52.Entry for January 1900. Cashbook, 1899–1904. MacDonald Family Papers, Capricornia CQ University Collection, Digitized, MS A2/2–17/4.

53.1901年9月23日巴斯比酒窖（葡萄酒批发商）给达尔伍德葡萄园经理的信。Dalwood Mss, SLNSW, MLMSS 8051, Box 5, Folder 3.

54.Cyrus Redding, *History and Description of Modern Wines,* 1833 edition, p. 32.

55.我希望在这一点上被证明是错误的。

56.Alward Wyndham, "Australian Woods for Wine Casks: to the Editor of the *Sydney Mail*," reprinted in the *Queensland Agricultural Journal* (January 1, 1900): 38–39.

57.他们的拉丁语名字是：Blackbutt (*Eucalpytus pilularis*), Cudgerie (*Flindersia australis*), Silky Oak (*Grevillea robusta*), White Beech (*Grivillea leichhardtii*). 参见 the *Queensland Agricultural Journal* (January 1, 1900): 38–39.在现代酿酒业中使用的欧洲橡木是指*Quercus petraea* 或 *Quercus robur*, 美国橡木是指 *Quercus alba*, 丝橡木是一种类似橡树的树，但与橡树属于不同的属，它也被称为澳大利亚银橡树。

58.Entry for December 1899. Cashbook, 1899–1904. MacDonald Family Papers, Capricornia CQ University Collection, Digitized, MS A2/2–17/4.

59. "Wine Tanks," *Illustrated Sydney News and New South Wales Agriculturalist and Grazier,* March 19, 1873.

60.Sutherland, *South Australian,* 13.

61.*Official Year Book of New South Wales,* 256. 这里写的是酿酒葡萄种植园的面积，但这些葡萄园不完全只种植酿酒葡萄，也可能种植食用葡萄。

62.现代酿酒学估计，一吨葡萄的产酒量为120至180美制加仑，或100至150英制加仑。 Chris Gerling, "Conversion Factors: From Vineyard to Bottle," *Cornell Viticulture and Enology Newsletter* 8 (December 2011): n.p.

63.Sutherland, *South Australian,* 13–14.

第十章

1. "Cape and Frontier News," *Natal Witness,* February 1, 1861.

2.请注意，这比二手资料的标注的日期早了两年。Victoria Bureau of Statistics, *Victorian Year-Book* (Melbourne: Government Printer, 1883, 1888, 1889), 11 (1883–84): 434.

3.Rod Phillips, *French Wine: A History* (Berkeley: University of California Press, 2016), 162.

4.Augustine Henry, "Vine Cultivation in the Gironde," *Bulletin of Miscellaneous Information (Royal Botanic Gardens, Kew),* 33 (1889): 227–30.

5.Phillips, *French Wine,* 163.

6.*Papers Respecting the Phylloxera Vastatrix or New Vine Scourge / Published by the Department of Agriculture for the Information of the Public Generally* (Melbourne: John Ferres, Government Printer, 1873).

7.*Victorian Year-Book* 11 (1883–84): 433–35.

8. "Phylloxera in South Africa," *Bulletin of Miscellaneous Information* (Royal Botanic Gardens, Kew), no. 33 (1889): 230–35.

9. "Phylloxera and American Vines," *Argus Annual and South African Gazeteer* (Cape Town:

Argus Printing and Publishing, 1895), 298.

10.New Zealand Department of Agriculture, *Phylloxera and Other Diseases of the Grape-Vine: Correspondence and Extracts Reprinted for Public Information* (Wellington: G. Didsbury, Government Printer, 1891), 2.

11.出处同上, 5.

12.Romeo Bragato, *Report on the Prospects of Viticulture In New Zealand: Together with Instructions for Planting and Pruning* (Wellington: S. Costall, Government Printer, 1895), 7.

13. "Phylloxera in South Africa," *Bulletin,* 231.

14. "Notes by the Editor," *Natal Witness,* February 26, 1880.

15.J. L. W. Thudichum, "Report on Wines from the Colony of Victoria, Australia," *Journal of the Royal Society of Arts* 23 (November 7, 1873): 929.

16.[Illegible], letter to J. L. W. Thudichum, February 28, 1898, Thudichum Papers, National Library of Medicine, Bethesda, MD, MSC 122.

17.C. E. Hawker, *Chats about Wine (*London: Daly, 1907), 128.

18.H. E. Laffer, "Report of the Lecturer on Viticulture and Fruit Culture, Etc.," *South Australia: Report of the Department of Agriculture for the Year Ended June 30th, 1911* (Adelaide: R. E. E. Rogers, Government Printer, 1911), 16.

19.John Crombie Brown, *Water Supply of South Africa and Facilities for the Storage of It* (Edinburgh: Oliver and Boyd, 1877), 235.

20.出处同上, 243–45.

21.Advertisement for Wm. Kuhr and Co., *Cape Town Mercantile Advertiser,* August 27, 1862.

22.Hermann Giliomee, "Western Cape Farmers and the Beginnings of Afrikaner Nationalism, 1870–1915," *Journal of Southern African Studies* 14, no. 1 (1987): 38–63.

23.Cape of Good Hope, Department of Prime Minister, *Report of Committee Nominated by the Western Province Board of Horticulture to Inquire into the Wine and Brandy Industry of the Cape Colony, 1905* (Cape Town: Government Printers, 1905. Reprinted Delhi: Facsimile Publisher, 2019), 14.

24.Karen Brown, "Political Entomology: The Insectile Challenge to Agricultural Development in the Cape Colony, 1895–1910," *Journal of Southern African Studies* 29, no. 2 (June 2003): 529–49.

25.François de Castella, *Handbook on Viticulture for Victoria* (Melbourne: Government Printer, 1891).

26.*Victoria Government Gazette* 118 (November 8, 1888): 3804.

27.George Bell, "The South Australian Wine Industry, 1858–1876," *Journal of Wine Research* 4, no. 3 (September 1993): 147–64.

28.Bragato, *Report on the Prospects of Viticulture,* 6.

29.广告, *Daily Telegraph* (Sydney), January 1, 1915.

30.Waihirere District Council, "Te Kauwhata & District," *Built Heritage Assessment Historic Overview,* November 2017, 81.

第十一章

1.P. B. Burgoyne to Thomas Hardy, November 7, 1884, Burgoyne Mss LMA CLC/B/227–143.

2.Thomas George Shaw, *Wine, the Vine, and the Cellar* (London: Longman, Green, Longman, Roberts, & Green, 1863), 337.

3.P. B. Burgoyne to Thomas Hardy, February 22, [1884?], Burgoyne Mss, LMA, CLC/B/227–143.

4.出处同上。

5.例如，P. B. Burgoyne to Thomas Hardy, March 21, [1884?], Burgoyne Mss, LMA, CLC/B/227–143.

6. "A Comparison of Vessels and Journey Times to Australia between 1788 and 1900," Australian National Maritime Museum, www.sea.museum/collections/library/research–guides/passenger–ships–to–australia (accessed September 2, 2021).

7.Burgoyne to T. Hardy, September 11, 1885, P. B Burgoyne Letter Book, Burgoyne Mss, LMA, CLC/B/227–143.

8.出处同上。

9.引自George Bell, "The South Australian Wine Industry, 1858–1876," *Journal of Wine Research* 4, no. 3 (September 1993): 155.

10.1877年1月10日巴瑟斯特的詹姆斯·菲茨帕特里克（James Fitzpatrick）写给约翰·温德姆的信。Dalwood Mss SLNSW MLMSS 8051, Box 1, Folder 1.

11.1884年3月伯戈因写给阿德莱德的托马斯·埃尔德爵士（Sir Thomas Elder）的信，日期不详。Burgoyne Mss, LMA, CLC/B/227–143.

12.1884年8月伯戈因先生写给维多利亚香槟公司董事总经理E.爱德考克（E. Adcock）先生的信，日期不详。Burgoyne Mss, LMA, CLC/B/227–143.

13.François de Castella, *Handbook on Viticulture for Victoria* (Melbourne: Government Printer, 1891), xiii–xiv.

14.参见 Nancy J. Parezo and Don D. Fowler, *Anthropology Goes to the Fair: The 1904 Louisiana Purchase Exposition* (Lincoln: University of Nebraska Press, 2007).

15.我引用的资料：Pinilla's figures for 1886–1905. Table C.1. Evolution of Alcoholic Beverage Consumption, 1886–1929. Vicente Pinilla, "Wine Historical Statistics: A Quantitative Approach to its Consumption, Production and Trade, 1840–1938," *American Association of Wine Economists Working Paper* 167 (August 2014) .

16.*The Standard* (London), October 21, 1889, 8.

17.Burgoyne to Peate and Harcourt, Sydney, August 11, 1884, Burgoyne Mss, LMA, CLC/B/227–143.

18. "Venaient ensuite desé chantillons de vins du Cap, vins renommés depuis des siècles et dont le plus fameux est celui de Constance." My translation. Jules Brun faut, ed., *L'Exposition Universelle de 1878 illustrée*, vols. 173–74, Paris: n.p., December 1878, 937.

19.Memo about Canada Wine Growers Association application, July 1877. Agriculture Department Correspondence for 1881, Archives Canada, RG17 Document number 20115.这次展览

似乎是经过精心挑选的：加拿大葡萄酒种植者协会(Canada Wine Growers Association)申请了展位，但并未出现在最终名单中。

20.1885年7月，伯戈因致K.C.M.G.南澳执行专员A. 布莱斯（Sir A. Blythe）爵士的信。Burgoyne Mss, LMA, CLC/B/227–143.

21.*Calcutta International Exhibition, 1883-84: Report of the Royal Commission for Victoria, at the Calcutta International Exhibition, 1883-84* (Melbourne: John Ferres, Government Printer, 1884).

22.出处同上, 36.

23.Select Committee on Wine Duties, *Supplementary appendix to the report from the Select Committee on Wine Duties,* 1879, HC 1878–79, 278, 14: iii.

24.出处同上。

25.出处同上。

26. "India and Our Colonial Empire," *Westminster Review* 113–14 (July 1880): 95.

27.*Customs Tariffs of the United Kingdom from 1800 to 1897: With Some Notes upon the History of the More Important Branches of Receipt from the Year 1660* (London: Printed for Her Majesty's Stationery Office by Darling & Son, 1897), 144.

28.The High Commissioner for Canada and the Agents–General for the Australasian Colonies, the Cape of Good Hope, and Natal, to Colonial Office, April 26, 1899, *Correspondence Respecting the Increase in the Wine Duties,* May 1899, C 9322, 6.

第十二章

1.Cyrus Redding, *History and Description of Modern Wines,* 3rd ed. (London: Henry G. Bohn, 1860), 26.

2. "An Anglo–Indian in Australia," *The Times of India,* August 18, 1879.

3. "Finance. Customs Revenue, General Revenue," *Votes and Proceedings of the New Zealand House of Representatives,* January 1, 1856, Papers Past, https://paperspast.natlib.govt.nz/parliamentary/VP1856–I.2.1.47 (accessed July 25, 2021).

4.殖民地司库的财务报告, *Appendix to the Journals of the House of Representatives,* New Zealand, January 1, 1865, 11b no. 1A. https://paperspast.natlib.govt.nz/parliamentary/AJHR1865–I.2.1.3.2 (accessed September 2, 2021).

5.G. Collins Levey, in "Wine–Growing in British Colonies," Eighth Ordinary General Meeting, Royal Colonial Institute, June 12, 1888, *Proceedings of the Royal Colonial Institute* (London) 19 (1887–88): 322.

6.例如，刻有贾汗季手持酒杯图案的金币，莫卧儿帝国，约1611年，华盛顿大学图书馆特别收藏，C.克里希纳·盖罗拉印度和亚洲艺术和建筑幻灯片，PH Coll 744.

7.Divya Narayanan, "Cultures of Food and Gastronomy in Mughal and PostMughal India" (PhD diss., University of Heidelberg, January 2015). See particularly chap. 5 and pp. 187–89. 在这种情况下，我认为"设拉子"指的是源于某个地理上的地点，而不一定是设拉子葡萄。

8.Redding, *History and Description,* 2nd ed., 283.

9.Godfrey Thomas Vigne, *Travels in Kashmir, Ladak, Iskardo, the Countries Adjoining the Mountain-Course of the Indus, and the Himalaya, north of the Panjab with Map* (1842), quoted in Vinayak Razdan, "Wine of Kashmir," www.searchkashmir.org, blog post October 24, 2010 (accessed October 12, 2019).

10.由作者本人翻译。Jean-Baptiste-Benoît Eyriès and Alfred Jacobs, *Histoire générale des voyages: Publié sous la direction du contre-amiral Dumont D'Urville,* vol. 4, *Voyage en Asie et en Afrique* (Paris: Furne, 1859), 198.

11.Select Committee on the Affairs of the East India Company, *Report from the Select Committee on the Affairs of the East India Company; with Minutes of Evidence in Six Parts, and an Appendix and Index to Each,* HC 1831–32, 734, Finance, 2: 80, q882.

12.Testimony of William Simons, *Report from the Select Committee on the Affairs of the East India Company,* HC 1831–32, 734, Finance, 2: 80, q882.

13.Testimony of T. L. Peacock, *Report from the Select Committee on the Affairs of the East India Company,* HC 1831–32, 734, Finance, 2: 130, q1627.

14.Testimony of Thomas Bracken, *Report from the Select Committee on the Affairs of the East India Company,* HC 1831–32, 734, Finance, 2: 160, q1933–38.

15. "Kathoor Bagh" may translate as "austere garden"; fortunately Mutti claimed his language skills were limited. On Mutti at Pune, see George Watt, *The Commercial Products of India: Being an Abridgement of "The Dictionary of the Economic Products of India"* (London: J. Murray, 1908), 1016.

16.Letter from Guiseppe Mutti, Bombay, December 2, 1830, *Report from the Select Committee on the Affairs of the East India Company,* HC 1831–32, 734, vol. 3, Revenue, Appendix no. 137.

17.Daniel Sanjiv Roberts, " 'Merely Birds of Passage': Lady Hariot Dufferin's Travel Writings and Medical Work in India, 1884–1888," *Women's History Review* 15, no. 3 (2006): 443–57.

18.*Indian Daily News,* August 6, reprinted in "The Calcutta Exhibition," *The Times of India,* August 9, 1883.

19.Muhammad Amir, Shaikh, of Karraya, *Wine and Water-Cooler Holding a Tumbler and Bottle,* c. 1846, painting, British Library Digitized Manuscripts Add Or 176.

20.Grace Gardiner and F. A. Steel, *The Complete Indian Housekeeper and Cook: Giving the Duties of Mistress and Servants, the General Management of the House and Practical Recipes for Cooking in All Its Branches,* 3rd ed. (Edinburgh: Edinburgh Press, 1893), 18.

21. "New South Wales: Our Own Correspondent," *Bombay Times and Journal of Commerce,* September 9, 1846.

22. "Australian Native Wine," *Morning Chronicle* (London), December 8, 1849.

23.例如，"Australian Wine," *Dublin University Magazine* 87 (1876): 237–40.

24.James Busby, *A Treatise on the Culture of the Vine and the Art of Making Wine* ([Sydney?]: R. Howe, Government Printer, 1825), xxix.

25.Redding, *History and Description,* 1860 ed., 310.

26.Certificate reprinted in J. T. Fallon, *The "Murray Valley Vineyard," Albury, New South Wales, and "Australian Vines and Wines"* (Melbourne: n.p., 1874), 16.

27.Letter from George C. [Burne?], Campbell Lodge, Potts' Point, to [John?] Wyndham, April 11, 1872. Dalwood Mss, SLNSW, MLMSS 8051, Box 1, Folder 1.

28.1894年3月31日纽卡斯尔航运代理人E. H.西蒙斯写给约翰·温德姆的信。地址：Dalwood Mss, SLNSW, MLMSS 8051, Box 1, Folder 3.

29.1894年8月26日E. H.西蒙斯写给约翰·温德姆的信。地址：Dalwood Mss, SLNSW, MLMSS 8051, Box 1, Folder 3.

30.*Calcutta International Exhibition, 1883-84: Report of the Royal Commission for Victoria, at the Calcutta International Exhibition, 1883-84* (Melbourne: John Ferres, Government Printer, 1884), 14.

31.但是古埃斯（Gouais）现在被认为是夏敦埃（Chardonnay）的"母本"。参见 "Gouais Blanc," in Jancis Robinson, *The Oxford Companion to Wine,* 2nd ed. (Oxford: Oxford University Press, 2006), 319.

32.*Calcutta International Exhibition . . . Victoria,* 14.

33.*Official Report of the Calcutta International Exhibition, 1883-1884*, vol. 1, (Calcutta: Bengal Secretariat Press, 1885), 182–83.

34.John Collett, *A Guide for Visitors to Kashmir: Enl., Rev. and Corr. Up to Date by A. Mitra; with a Route Map of Kashmir (*Calcutta: W. Newman, 1898), 77.

35.Marion Doughty, *Afoot through the Kashmir valley* (1901), quoted in Vinayak Razdan, "Wine of Kashmir," www.searchkashmir.org, blog post October 24, 2010 (accessed October 12, 2019).

36.*Official Report of the Calcutta International Exhibition,* 313.

37. "La Nouvelle-Calédonie ne produit pas pour suffire à sa consommation. Elle est obligée d'acheter à l'étranger, en Australie, en Nouvelle-Zélande, une quantité prodigieuse de vin." 由作者翻译。*Revue de géographie* (Paris, 1888): 107.

38. "Average prices of produce, live-stock, provisions, etc., in each provincial district of New Zealand during the year 1891," E. J. von Dadelszen, ed., *The New Zealand Official Handbook, 1892* (Wellington: Registrar General, 1892). Unpaginated, digital copy at https://www3.stats.govt.nz/historic_ publications/1892-official-handbook/1892-official-handbook.html (accessed September 2, 2021).

39. "Private Memorandum: Sales effected this present week to date," n.d. [c. 1880-1900], Dalwood Mss, SLNSW, MLMSS 8051, Box 4, Folder 7.

40.Marjorie Stone, "Lyric Tipplers: Elizabeth Barrett Browning's 'Wine of Cyprus,' Emily Dickinson's 'I Taste a Liquor,' and the Transatlantic Anacreontic Tradition," *Victorian Poetry* 54, no. 2 (Summer 2016): 123–54.

41.Elizabeth Barrett Browning, "Asia Minor: Cyprus, the Island Wine of Cyprus" (1844), available on www.bartleby.com/270/11/135.html (accessed July 25, 2021).

42.H. G. Keene, "A Poet's View of Cyprus," in *Peepful Leaves: Poems Written in India* (London: W. H. Allen, 1879).

43. "Cyprian Dreams" (poem), *Pall Mall Gazette* (London, July 19, 1878).

44.Robert Druitt, *Report on the Cheap Wines from France, Italy, Austria, Greece, and Hungary; Their Quality, Wholesomeness, and Price, and Their Use in Diet and Medicine: With Short Notes of a Lecture to Ladies on Wine, and Remarks on Acidity* (London: Henry Renshaw, 1865), 86.

45. "Australian Wine." *Dublin University Magazine* 87 (1876): 237.

46. "Greek Wines," *Morning Post* (London), September 9, 1824.

47.例如，"Ship News," *Morning Post* (London), January 6, 1815; "Shipping Intelligence," *Royal Cornwall Gazette* (Truro, England), July 14, 1821.

48.On population, "Malta," *Hampshire/Portsmouth Telegraph,* January 22, 1887.

49.United Kingdom, House of Commons, *Malta: Annual Report for 1896*, C 8279–20, 59: 18–19; *Malta: Annual Report for 1895*, C 172.

50.United Kingdom, House of Commons, "Return Showing the Daily Earnings of Laborers in Malta Harbour between 1837 and 1877," *Malta: Correspondence Respecting the Taxation and Expenditure of Malta,* 1878, C 2032, 55: 377, appendix G.

51.United Kingdom, House of Commons, "Memorandum of Interview with the Vicar–General and the Bishop's Assessor, at Valetta," *Malta: Correspondence Respecting the Taxation and Expenditure of Malta,* 1878, C 2032, vol. 55, appendix U.

52.Letter from C. B. Eynaud, Esq, *Malta: Correspondence Respecting the Taxation and Expenditure of Malta,* 1878, C 2032, vol. 55, appendix R.

53.United Kingdom, House of Commons, *Report on the Civil Establishments of Malta,* 1880, C 2684, 49: 24.

54.Robert Biddulph, "Cyprus," *Proceedings of the Royal Geographic Society* (December 1889): 10.

55.Charles Christian. *Cyprus and Its Possibilities* (London: Royal Colonial Institute, 1897).

56.Multiple classified ads, *Morning Post* (London), July 27, 1878.

57.United Kingdom, House of Commons, Sr R. Biddulph to the Earl of Kimberley, November 30, 1882, *Papers Relating to the Administration and Finances of Cyprus,* 1883, C 3661, 46: 106.

58. "Xmas Hampers," *Financial Times,* December 16, 1898.

59.例如，James Denman的广告，"Greek Wines," *Preston Chronicle,* July 1, 1865.

60.United Kingdom, House of Commons, *Trade and Navigation. For the Month Ended 31st January 1890,* 1890, C 14–I–XI.

61. "St Catharine's," P. A. Crosby, ed., *Lovell's Gazeteer of British North America* (Montreal: John Lovell, 1873).

62. "An Act Respecting the Canada Vine Growers' Association, May 22, 1868," *Statutes of Canada,* 1868, Part Second (Ottawa: Malcolm Cameron, 1868).

63.Jules Brunfaut, ed., *L'Exposition Universelle de 1878 illustrée,* vols. 173–74 (Paris: n.p., December 1878).

64. "Canada Vine Growers' Association," *Canadian Journal of Medical Science* (October 1878): 348.

65.Department of Industries (Ontario, Canada), "First Official Report to the Commissioner of Agriculture," *Sessional Papers of the Legislature of Ontario,* no. 3, A, 1883, 137.

66.出处同上, 23.

67.出处同上, 21.

68.加拿大档案馆专员R.W.卡梅伦于1881年4月19日致渥太华农业部部长的信。Archives Canada, Department of Agriculture Correspondence, RG17, 1881.

69.Appendix to Report of the Commissioner of Agriculture and Arts, Appendix C: Annual Report of the Fruit–Growers' Association of Ontario, 1882, *Sessional Papers of the Legislature of Ontario,* no. 3, C,1883, 23.

70.出处同上, 21.

71. "The Composition Of Some Proprietary Dietetic Preparations. I," *British Medical Journal* 1, no. 2517 (1909): 795–97.

72.Appendix to Report of the Commissioner of Agriculture and Arts, 21.

第十三章

1.Gerald Achilles Burgoyne, *The Burgoyne Diaries* (London: Thomas Harmsworth, 1985).

2. "Vinegrowing Items," *Rutherglen Sun and Chiltern Valley Advertiser* (Victoria), February 1, 1918, 3.

3.Population estimates: "Canada's Contribution," Canadian War Museum, www.warmuseum.ca/firstworldwar/history/going–to–war/canada–enters–the–war/canada–at–war; A. J. Christopher, "The Union of South Africa Censuses, 1911–1960: An Incomplete Record," *Historia* 56, no. 2 (2011): 1–18.

4.Associate Press article, "Near Relatives Fight Each Other in Europe . . . Vintage of 1914 Is under the Press While the Cannon Boom toward the North," *Lexington Herald* (Lexington, KY), no. 362, December 28, 1914, 6.

5.Henry Yeomans, *Alcohol and Moral Regulation: Public Attitudes, Spirited Measures, and Victorian Hangovers* (Bristol: Bristol University Press, 2014), 15.

6.细节源自1916年左右印制的庆祝英国战争动员的海报。First World War posters collection, Watkinson Library, Trinity College, Hartford.

7.Burgoyne, *Burgoyne Diaries*, 131.

8.Arthur MacNalty, "Sir Victor Horsley: His Life and Work," *British Medical Journal* 5024, no. 1 (April 20, 1957): 910–16.

9.See Yeomans, *Alcohol and Moral Regulation,* chap. 3, 97–128.

10.P. B. Burgoyne letter, published as "War and Wine," *The Register* (Adelaide), June 24, 1915, 6.

11.例如, Brown, Gore and Co. writing to the Victoria Wine Company, suspending its contract to supply gin, March 25, 1916, Victoria Wine Company papers, LMA/4434/V/01/038.

12.贸易代表引用自：*The Scotsman,* August 16, 1915, cited in Robert Duncan, *Pubs and Patriots: The Drink Crisis in Britain during World War One* (Liverpool: Liverpool University Press, 2013).

13.Final Summary of Wine Account for the year ended December 13, 1912, Wine Supply Stock List—Senior Account, King's College, KCAR/5/6/11/4.

14.出处同上 它要么质量不太好，要么是在为一个特殊的场合在陈化，因为1932年的时候，大部分仍是库存。

15.出处同上, KCAR/5/6/11/2.

16."Whiteley's Great Sale," clipping from *The Star,* January 11, 1915, Whiteley's Mss, Westminster City Archives, Acc 726/118.

17.Chantala（船名）, 1916. Board of Trade and successors: War Risks Insurance Records, National Archives U.K., T 365/2/144.网络查询：Price determined using www.measuringworth.com, using the consumer price index. SS Chantala于1916年4月在地中海阿尔及利亚海岸沉没. www.uboats.net.

18."Whiteley's Important Sale...," clipping from *Evening Standard,* October 30, 1915, Whiteley's Mss, WC, Acc 726/118.

19."The Man on the Land," *Adelaide Register*, January 16, 1915, 13.

20.出处同上。

21."New South Wales," in Hugh Johnson and Jancis Robinson, *The World Atlas of Wine,* 7th ed. (London: Mitchell Beazley, 2013), 354.

22."For Late Closing: Advocates Give Reasons," *The Sun* (Sydney), April 6, 1916, 3.类似的对战时限制的愤怒声明，参见"Wine Industry: State Encouragement Wanted; Australia Could Supply Empire," *Evening News* (Sydney), March 15, 1917.

23.Ernest H. Cherrington, "World–Wide Progress toward Prohibition Legislation," *Annals of the American Academy of Political and Social Science* 109 (1923): 208–24.

24.Dick Scott, *Winemakers of New Zealand* (Auckland: Southern Cross Books, 1964), 62–64.

25.Judith Bassett, "Colonial Justice: the Treatment of Dalmatians in New Zealand During the First World War," *New Zealand Journal of History* 33, no. 2 (1999): 157.

26.出处同上。

27.Jancis Robinson, *The Oxford Companion to Wine,* 2nd ed. (Oxford: Oxford University Press, 2006); Julian Walker, "Slang Terms at the Front," BL.uk, January 29, 2014, www.bl.uk/world–war–one/articles/slang–terms–at–the–front (accessed September 1, 2021). "English Tommies," in Paul Lukacs, *Inventing Wine: A New History of One of the World's Most Ancient Pleasures* (New York: Norton, 2012), 191; "British Tommies" in Iain Gately, *Drink: A Cultural History of Alcohol*

(New York: Gotham, 2008), 361.

28.W. H. Downing, *Digger Dialects: A Collection of Slang Phrases Used by the Australian Soldiers on Active Service* (Melbourne and Sydney: Lothian, 1919).由维多利亚州立图书馆进行了数字化。

29. "Whizzy Plonk," *Auckland Star,* May 12, 1917.

30. "Behind the Lines," *Poverty Bay Herald,* October 19, 1916.

31. "Criminal Sessions: Alleged Assault," *The Register* (Adelaide), October 2, 1925, 14.

32. "Plonk," *Grenfell Record and Lachlan District Advertiser,* April 22, 1937, 1.

33.Bread and Cheese Club (Melbourne), "Bread and Cheese Club Dinner, 9th December 1944," Monash Collections Online, http://repository.monash.edu/items/show/33552 (accessed September 2, 2021).

34. "Wine Trade," *Bay of Plenty Times,* August 12, 1937.

35. "Bottled Headaches," *Evening Star* (Dunedin), August 28, 1937.

36. "They Called It 'Plonk,' " *Gisborne Herald,* July 31, 1941.

37. "Australian English in the Twentieth Century," OED blog post, posted August 2012. See also the OED entry for "plonk."

第十四章

1.Nadège Mougel, "World War I Casualties," Centre européen Robert Schuman, 2011.

2.*Whiteley's Great Spring Sale* flyer, n.d. [1920–21], Whiteley's Mss, WCA, MS 726/118; John Turner, "State Purchase of the Liquor Trade in the First World War," *Historical Journal* 23, no. 3 (September 1980): 589–615.

3.Cape of Good Hope, Department of Prime Minister, *Report of Committee Nominated by the Western Province Board of Horticulture to Inquire into the Wine and Brandy Industry of the Cape Colony, 1905* (Cape Town: Government Printers, 1905; repr., Delhi: Facsimile Publisher, 2019), 1.

4.Paul Nugent, "The Temperance Movement and Wine Farmers at the Cape: Collective Action, Racial Discourse, and Legislative Reform, c. 1890–1965," *Journal of African History* 52, no. 3 (January 1, 2011): 344.

5.出处同上, 345 n. 20.

6.Cape of Good Hope, *Report of Committee,* 2.

7.出处同上。

8.出处同上, 7. This refers to Europeans in Europe, not in South Africa.

9.出处同上, 10–11.

10.出处同上, 2.

11.在英国文化背景下对这个词进行细致入微的讨论，参见 Peter Gurney, "The Middle-

Class Embrace: Language, Representation, and the Contest over Co-operative Forms in U.K., c. 1860–1914." *Victorian Studies* 37, no. 2 (1994): 253–86.

12.James J. Kennelly, "The 'Dawn of the Practical': Horace Plunkett and the Cooperative Movement," *New Hibernia Review / Iris Éireannach Nua* 12, no. 1 (2008): 73.

13.Joachim Ewert, "A Force for Good? Markets, Cellars and Labour in the South African Wine Industry after Apartheid," *Review of African Political Economy* 39, no. 132 (June 1, 2012): 225.

14.*Union of South Africa Annual Statements of Trade and Shipping*.我把起泡酒也算作是未经强化的葡萄酒。

15.Export data is from the *Annual Statements of Trade and Shipping*. The production data is from Vink et al., "South Africa," in *Wine Globalization: A New Comparative History,* ed. Kym Anderson and Vicente Pinilla (Adelaide: University of Adelaide Press, 2018), 384–409.

16.当我在一个葡萄酒经济学家会议上展示这些发现时，生产数据的编著人员(出处同上)直截了当地告诉我，我一定计算有误，因为所有人都知道，南非在这一时期并不是一个重要的葡萄酒出口国。一位研究生产数据的经济学家要求我发表一份公开声明，否定我的计算结果。生产数据采用了两种常见的经济技术:第一，外推——在一系列数据中"填充"缺失年份的数据;第二，数据平滑——从数据中去除异常的"噪声"，以便更好地看到趋势。数据平滑在农业经济中很常见，因为在农业经济中有小的季节性波动。我发现他们运用这些技术的问题在于，他们修正了1935年到1948年的所有数据。那是帝国和南非贸易历史上意义重大的几年:经历了全球大萧条、第二次世界大战和种族隔离政权的建立。如果缺乏这些年的数据，生产数据是不可靠的。此外，Vink等人提供的关于南非的数据的唯一来源是"蓝皮书"，这不够精确。因为虽然这些数据来自政府出版物，有许多不同类型的出版物中也可以找到数据信息。

17. "African Banking Corporation," *Financial Times,* January 16, 1920.

18.Kohler paraphrased in "Expansion of Trade in England," *Mafeking Mail and Protectorate Guardian,* November 4, 1921.

19.Advisory Committee to the Department of Overseas Trade (Development and Intelligence), "Maritime and Colonial Exhibition in Antwerp, 1930: Lack of Participation by Dominions and Colonies," Board of Trade and Foreign Office, BT 90/25/10, National Archives, Kew.

20.Philip Cunliffe-Lister, Secretary of State for the Colonies, "The Foreign Trade of the Colonial Empire." Memorandum to the Cabinet, September 19, 1934, 2. National Archives, Kew, CAB 24/250/37.

21.出处同上, 3.

22. "Mr Baldwin's Original Statement to the House of Commons about the Origin of the Empire Marking Fund [*sic*]." Three-page typescript, extract from Hansard: December 17, 1924, Cols 1064/1068, University of London Senate House Library, London, Senate House Tallents Papers ICS79/1/2.

23.*Reports of the Imperial Economic Committee, Twenty-third Report: Wine.* London, HMSO (1932), 23.

24.Export data from *Union of South Africa Annual Statements of Trade and Shipping*. Cape

Town, Government Printer, annual 1906–61, missing 1959.

25. "Confidential. The Empire Marketing Board. Part I: General," appendix 5, Leo Amery Papers, Churchill College Archive, CHURCHILL/AMEL1/5/13.

26.出处同上。

27.Report of the Proceedings at the Twelfth Ordinary General Meeting of the Members…, May 8, 1936, Shareholders Minute Book, Victoria Wine Mss, LMA/4434/V/01/022.

28.Frank Trentmann, *Free Trade Nation* (Oxford: Oxford University Press, 2009), 333.

第十五章

1.Owen Tweedy, "Commercial Development of Cyprus," *Financial Times,* March 23, 1928.

2.出处同上。

3.W. J. Todd, *A Handbook of Wine: How to Buy, Serve, Store, and Drink It* (London: Jonathan Cape, 1922), 68.

4. "South African Wines: A Critical Survey; Growing for Quantity (from a Correspondent)," *The Times* (London), May 24, 1922.

5. "Miss Marian Clarke," *The Times* (London), June 21, 1928, 12. Tokaji is a very well-regarded sweet wine from Hungary.

6.参见 Peter Gurney, *The Making of Consumer Culture in Modern U.K.* (London: Bloomsbury, 2017), especially chapter 7.

7.Dorothy Sayers, *The Unpleasantness at the Bellona Club* (London: Ernest Benn,1928), chap. 21, "Lord Peter Calls a Bluff," n.p., Kindle ed.

8.William Haselden, "Are the Good Club Days Ended?" *Daily Mirror,* November 24, 1920.

9. "Woman and Wine," *Punch,* October 18, 1933, 431.

10.Charles Ludington, *The Politics of Wine in Britain: A New Cultural History* (Basingstoke: Palgrave, 2013).

11.David Gutzke, *Women Drinking Out in Britain since the Early Twentieth Century* (Manchester: Manchester University Press, 2013), 31.

12.Harrods advertisement, *The Times* (London), November 18, 1924.

13.Sarah Cheang, "Selling China: Class, Gender and Orientalism at the Department Store," *Journal of Design History* 20, no. 1 (Spring 2007): 1–16.

14.Whiteley's Great Spring Sale flyer, n.d. [1920–21], Whiteley's Mss, WCA, MS 726/118.

15.参见 Wilkinson discussed in Stephen Stern, "A History of Australia's Wine Geographical Indication Legislation," in *Research Handbook on Intellectual Property and Geographical Indications,* ed. Dev Gangjee (Cheltenham, Gloucestershire: Edward Elgar, 2016), 245–91.

16.W. Percy Wilkinson, "The Nomenclature of Australian Wines," in *Harper's Manual*

(London: Harper, 1920), 10.

17.W. Percy Wilkinson, *The Nomenclature of Australian Wines: In Relation to Historical Commercial Usage of European Wine Names, International Conventions for the Protection of Industrial Property, and Recent European Commercial Treaties* (Melbourne: Thomas Urquhart, 1919).

18.Army and Navy Stores Christmas Wine List, 1934, 21. Wine Lists, LGL, COL/LIB/PB28/1.

19.Whiteley's Christmas Wine List 1934, Whiteley's Mss, WCA, MS 726/123.

20.Diner–Out (pseud. of Alfred Edye Manning Foster), *Through the Wine List* (London: Bles, 1924), 65–66.

21.Asa Briggs, *Wine for Sale: Victoria Wine and the Liquor Trade, 1860-1984* (Chicago: University of Chicago Press, 1985), quote 54; 83.

22.Newsclipping, Shareholders Minute Book, 1924, Victoria Wine Mss, LMA/4434/V/01/022.

23.Burgoyne contract terms, c. 1907, Victoria Wine Contract Book, Victoria Wine Mss, LMA/4434/V/01/038.

24.Sir Charles Cottier quoted in "Victoria Wine: Company's High Reputation: Gratifying Progress," press clipping, no name, May 29, 1924, Victoria Wine Co. Shareholders Minute Book, Victoria Wine Mss, LMA/4434/V/01/022.

25.Report of the Proceedings at the Fourteenth Ordinary General Meeting of the Members..., May 5, 1938. Victoria Wine Co. Shareholders Minute Book, Victoria Wine Mss, LMA/4434/V/01/022.

26.Arthur and Co. Wine List, early 1920s. Wine Lists, LGL, COL/LIB/PB28/1.

27.伯戈因酒业广告, *Times* (London), May 25, 1923.

28.关于营养科学的发展,参见 Elizabeth Neswald, David F. Smith, and Ulrike Thoms, eds., *Setting Nutritional Standards: Theory, Policies, Practices* (Woodbridge, Suffolk: Boydell & Brewer, 2017).

29.Tasting Book, Whitbread and Company Papers, London Metropolitan Archives, LMA 4453/K/08/001.

30.Andrew Lothian, "Glasgow," *Picture Post* (London), April 1, 1939, 43.

31.Topical Press, "Interior of Metropolitan 1913/1921–Electric Stock Car, after Refurbishment for Use on Circle Line," August 15, 1934, London Transport Museum, digital collection, 1998/46235.

32.Unknown, photograph, *Platform View at Hammersmith Station, with a Number of Passengers Waiting for a Train, 1913*, London Transport Museum, digital collection, 1998/74131; Southern Railway, b/wprint, *Interior of Waterloo and City Railway Motor Car (Possibly No. 15)*, January 1940–March 1940, London Transport Museum, digital collection, 1998/88431.

33.Ernest Michael Dinkel, *Visit the Empire,* poster, 1933. London Transport Museum.

34. "Clearly the decrease in consumption of all kinds of wine has been born entirely by foreign [i.e., not empire] wines." *Reports of the Imperial Economic Committee, Twenty-third Report: Wine.* London, HMSO (1932), 20.

35. "Colonial Wine Imports: Brewery Chairman's Statement," *The Time*s (London), November

21, 1936, 18.

36.*Annual Report of the Australian Wine Board, Year . . . : Together with Statement . . . Regarding the Operation of the Wine Overseas Marketing Act* (Canberra: Government Printer, 1936–37), no. 21, 7.

37.例如，"Prime Minister's Office Canada. Subject Sales Tax on Wine," Bennett Papers, Archives Canada, M–1426/469601.

38. "Raw Products," *Financial Times,* April 24, 1929.

39. "La Viticulture," Minister of Agriculture and Food [Ministère de l'Agriculture et de l'Alimentation], France, 2018 infographic.

40.Stephen Tallents, draft essay, marked December 1936 [1946], Tallents Papers, University of London Senate House Library, ICS79/38/1 Empire Wines.

41.出处同上。

42.Whiteley's Christmas Wine List 1934, Whiteley's Mss, WCA, MS 726/123,

43. "Empire Wines," typescript, April 1944, Tallents Papers, ICS79/38/9.

44.斯蒂芬·塔伦特致(英国经济委员会)大卫·查德威克爵士的信，1944年5月8日，Tallents Papers, ICS79/38/11.

45.W. H. Auden, "Letter to Lord Byron" (1936), second stanza.

第十六章

1.Martin was the owner of Stonyfell Winery in Langhorne.

2.R. H. M. Martin, diary of a trip to England [1938?], Martin Papers, State Library of South Australia, BRG 309/1/2, 57.

3.C.P. 115 (26) Cabinet, Empire Marketing Grant, Memorandum by the Chancellor of the Exchequer, March 17, 1926, [Marked Secret. Stamped "to be kept under lock and key"], Tallents Papers, University of London Senate House Library, ICS79/1/13.

4.Martin, diary of a trip to England.

5.一项优秀的研究：Richard Overy, *The Morbid Age: U.K. between the Wars* (London: Allen Lane, 2009).

6. "Launch of the Orion: New Cruiser Named by Lady Eyres–Monsell," *The Times* (London), Friday, November 25, 1932, 16. "Our Correspondent: 'On This Day: October 31, 1947; Appeal for Spirit of Unity—U.K.'s New Battle.' " *The Times* (London), October 31, 2002, 41.

7. "Launch of the Orion. New Cruiser Named by Lady Eyres–Monsell," *The Times* (London), Friday, November 25, 1932, 16.

8.参见 Bombsight Project's website, Mapping the WW2 Bomb Census, bombsight.org.

9.主席讲话, *Minutes of the Seventeenth Ordinary Annual General Meeting of Shareholders of the Victoria Wine Company Limited,* August 7, 1941, Shareholders Minute Book, Victoria Wine Mss, LMA/4434/V/01/022.

10.[Ronald Niebour], "He Likes to Be the Same Way Up As the Folks Down Under, When He Is Dreaming of Home," *Daily Mail,* May 12, 1941, British Cartoon Archive, NEB 0030, University of Kent, cartoons.ac.uk.

11. "The London 'Pub' Is Not What It Used to Be," *Western Star and Roma Advertiser* (Toowoomba, Queensland), January 30, 1942, 7.

12.David Low, "Low's Topical Budget," *Evening Standard,* October 14, 1939, British Cartoon Archive, LSE0823.

13. "The Grape Crop," *Evening Post* (Wellington), February 18, 1943.

14. "Manpower Cmte: Deals with Whangarei Appeals," *Northern Advocate* (Northland, New Zealand), December 13, 1940.

15.Advertisements, *New Zealand Herald,* February 7, 1942.

16.Ministry of Information, U.K., *Food from the Empire,* 1940, short film, available on Colonial Film website, www.colonialfilm.org.uk (accessed July 21, 2021).

17.Lizzie Collingham, *The Hungry Empire: How Britain's Quest for Food Shaped the Modern World* (London: The Bodley Head, 2017), 255.

18.J. G. Crawford, "Some Aspects of the Food Front," *Australian Quarterly* 14, no. 3 (September 1942): 18–32; 24.

19.War Cabinet Conclusions, March 14, 1940, National Archives, Kew, CAB 65/6/13.

20.Suryakanthie Chetty, "Imagining National Unity: South African Propaganda Efforts during the Second World War," *Kronos,* no. 38 (November 2012): 106–30.

21. "the german 'volk' : nazis abroad; Solidarity Sought," *Sydney Morning Herald,* February 16, 1938.

22.Christine Winter, "Removing Danger: The Making of 'Dangerous Internees' in Australia," in *Home Fronts: U.K. and the Empire at War, 1939-45*, ed. Mark J. Crowley and Sandra Trudgen Dawson (Woodbridge, Suffolk: Boydell & Brewer, 2017).

23.Geoffrey McInnes, "Italian Prisoners–of–War from No. 15 Prisoner–of–War Camp [Leeton] Working in the Camp Vineyard among Vines Bearing White Muscatel Grapes," February 1944, Australian War Memorial Photograph Collection, www.awm.gov.au/collection/C282426 (accessed September 2, 2021).

24. "Heavy Demand for P.O.W. Labour," *Townsville Daily Bulletin* (Queensland), June 14, 1944, 1.

25. "Problems of Wine Industry Discussed," *Australian Brewing and Wine Journal*, November 20, 1940, clipping in Lloyd Williams Evans Papers, State Library of South Australia, PRG 1453/56.

26. "Wine Industry Problems," *Chronicle* (Adelaide), June 19, 1941.

27.出处同上。

28.Graham Knox, *Estate Wines of South Africa,* 2nd ed. (Cape Town and Johannesburg: David

Phillip, 1982), 16.

29.*Union of South Africa Annual Statements of Trade and Shipping* (Cape Town: Government Printer, annual 1906–61).

30.维多利亚酒业(Victoria Wine Company)主席对股东大会的声明, [n.d., sent ahead of meeting of June 4, 1942], Victoria Wine Shareholders' Minute Book, Victoria Wine Mss, LMA/4434/V/01/022.

31.菜单, "The Nineteenth Meeting of the Saintsbury Club," January 2, 1942, London, Francis Meynell Papers, Cambridge University Library, Meynell MS Add.9813/F7/12. Kapok is a cottonlike fiber from a tropical tree.

32. "Senior Wine Stock, December 15th, 1939," Senior Acct., King's College Archives, Cambridge, 5/6/11/4.

33.Entry for December 15, 1939. Senior Acct., King's College Archives, 5/6/11/4.

34.Dum–Dum, "Wine," *Punch,* December 17, 1941, 532.

35.Entry for December 10, 1943, Senior Acct., King's College Archives, 5/6/11/4.

36.Entry for December 6, 1943, Senior Acct., King's College Archives, 5/6/11/2; Whiteley's Autumn Sale, 1934, Whiteley's Mss, Westminster City Archives, MS 726/121.

37.Senior Acct., King's College Archives, 5/6/11/2.

38.Senior Wine Day Book, King's College Archives, 5/6/11/1.

39.Junior Wine Account Books, vols. 1 and 2, King's College Archives, 5/6/11/3; Senior Acct., King's College Archives, 5/6/11/4.

40.Anthony Berry, "Wine at the Universities," "Number Three Saint James's Street" (Autumn 1989), no. 71. 出版商：Berry Bros & Rudd Ltd., London. Anthony Berry Papers, Trinity Hall, Cambridge, THHR/1/2/BER.

41.Tasting notes, September 24, 1946. Whitbread & Co. Ltd. Brewers Tasting Book, 1946–48, Whitbread Mss, LMA/4453/K/08/001.

42.Entry for Williams, Standring, June 12, 1945, Senior Acct., King's College Archives, 5/6/11/2.

43.Entry for Findlater M. Todd and Co., December 3, 1946, Senior Acct., King's College Archives, 5/6/11/2.

44.Junior Wine Account Books, vol. 2, King's College Archives, 5/6/11/3.

45.Letter from Stephen Tallents to Sir David Chadwick, May 8, 1944, Tallents Papers, ICS79/38/11.

46.Letter from A. M. P. Hodsoll to Alfred Heath, 28 June 1944, Tallents Papers, ICS79/38/17.

47.Alfred Heath to Tallents, July 30, 1944, Tallents Papers, ICS79/38/15.

48.Draft typescript, "Empire Wine," December 1946, Tallents Papers, ICS79/38/1.

49. "Preserved in Time: 13,000 Crosse & Blackwell .Containers Discovered at Crossrail Site," January 9, 2017, Museum of London Archaeology, mola.org.uk.

第十七章

1. "Sherry and Wine," *Financial Times,* February 19, 1976, 3.

2.John Cunningham, "Right Up Our Creek," *Irish Times,* May 29, 1999.

3.Joseph Lee, "London Laughs: Charabanc Return," *Evening News,* July 10, 1945, British Cartoon Archive, JL3091, cartoons.ac.uk (accessed September 2, 2021).

4.Anthony Berry, "Thespian Royalty and Rationing: The Wine Trade in 1945," *Number Three* (Autumn 1990), reprinted on the Berry Brothers and Rudd blog. http://bbrblog.com/2016/03/02/wine-trade-in-1945 (accessed September 2, 2021).

5.我所强调的。HC Deb, June 1949, 244–45.

6.Lieutenant–Commander Braithwaite, HC Deb, June 22, 1949, vol. 466, 247.

7.照片，"Handling Hogsheads of Sherry, at the Crescent Bonded Wine Vaults at London Docks, in Preparation for Transportation to Shops and Warehouses," *Financial Times,* November 21, 1963, 2.

8.照片，"South African Wine Farmers' Association Depot: West Bay Road, Southampton, 1965," Southampton City Council Libraries digital collection, no. 5191, southampton.spydus.co.uk/cgi-bin/spydus.exe/ENQ/WPAC/BIBENQ? SETLVL=&BRN=1302557 (accessed September 2, 2021).

9.照片，"Entrance to the Former Bonded Warehouse of the South African Wine Farmers Association at Nine Elms Goods Yard off Wandsworth Road, Vauxhall," March 31, 1966, Borough of Lambeth, Ref. 13959.

10.Barbara Pym, *Some Tame Gazelle,* chapter 17. Google Books e-version, n.p., in *The Barbara Pym Collection,* vol. 1, *A Glass of Blessings, Some Tame Gazelle, and Jane and Prudence* (New York: Open Road Media, 2018).

11. "Australian Wine Festival," clipping from *Harper's,* November 1955, Jack Kilgour Papers, State Library of South Australia, PRG 1279/5.

12.A. Barrington and J. Stone, *Cohabitation Trends and Patterns in the U.K* (Southampton: ESRC Centre for Population Change, 2015).

13.B. A. Young, "Working Up to Wine," *Punch,* October 9, 1957, 416.

14.*Wine Cups and Punches,* n.d. [1950s], Whiteley's Department Store Papers, Westminster City Archives, London, 726/146.

15.出处同上。

16. "Burgoyne's Harvest," *Picture Post* (London), April 21, 1951.

17. "Handling Hogsheads of Sherry . . . ," *Financial Times,* November 21, 1963, 2.

18.Term frequency for "wine" in publication section "advertising," *Punch Historical Archive, 1841-1992,* Gale Cengage Group (accessed May 28, 2019).

19. "Campaigns in Brief," *Financial Times,* December 5, 1957.

20.SAWFA advertisement, *The Economist,* December 19, 1953.

21.South African sherry ad, SAWFA, *The Blue: The Journal of the Royal Horse Guards,* no. 6

(1969): 2.

22.1976年确认并修订。1976年《转售价格法》。全文见www.legislation.gov.uk.

23.Helen Mercer, "Retailer–Supplier Relationships before and after the Resale Prices Act, 1964: A Turning Point in British Economic History?" *Enterprise and Society* 15, no. 1 (March 2014): 132–65.

24.我在自己的另一本书中对其进行了更详细的描述。参见 "From Colonial Wine to New World: British Wine Drinking, c. 1900–1990," *Global Food History* 5, nos. 1–2 (2019): 67–83.

25.Licensing Act of 1964. Full text on www.legislation.gov.uk. For a review of licensing laws see Roy Light and Susan Heenan, "Controlling Supply: The Concept of 'Need' in Liquor Licensing," *Final Report for Alcohol Research Development Grant,* Bristol, 1999, available on www.researchgate.net/publication/265990013_Controlling_Supply_The_Concept_of_'Need'_in_Liquor_Licensing (accessed September 2, 2021).

26.John Burnett, *Liquid Pleasures: A Social History of Drinks in Modern Britain* (London: Routledge, 1999), 124; "Licensing Act, 1921," in Army and Navy Stores, Christmas Wine List, 1934, Wine Lists, LGL, COL/LIB/PB28/1.

27.Augustus Barnett Wine Sale Bulletin, March 1972, Wine Lists, LGL, COL/LIB/PB29/9.

28.Oddbins lists, 1960s–70s, Wine Lists, LGL, COL/LIB/PB29/72.

29.Marks and Spencer Wines, Sherries and Beers Price List, October 1974, Marks and Spencer Company Archives (MSCA), HO/11/1/2/70.

30.Marks and Spencer Wines, Sherries and Beers Price List, November 1974, MSCA, HO/11/1/2/1.

31.Marks and Spencer Wines, Sherries and Beers Price List, October 1974.

32.Hugh Johnson, *Wine: A Life Uncorked,* 2nd ed. (London: Phoenix, 2006), 44.

33.我所强调的。Lin Randall, "Through the Grapevine," *St Michael News,* October 1974, 8; MSCA.

34. "White Table Wine" etiquette, n.d. [pre–1989], MCSA T500/473.

35.Various wine etiquettes. MCSA T500/428–550.

36. "Hochar Père et Fils" etiquette, n.d. [c. 1990]. MCSA T500/535.

37.Asa Briggs, *Marks and Spencer, 1884-1984: A Centenary History* (London: Octopus Books, 1984), 61.

38.Proofs of Elizabeth David, *The Use of Wine in Fine Cooking* (London: Saccone and Speed, c.1950), 4, in Elizabeth David Papers, Schlesinger Library, Radcliffe Institute, Harvard University, MC 689, Box 48 Folder 12.

39.John K. Walton, "Another Face of 'Mass Tourism': San Sebastián and Spanish Beach Resorts under Franco, 1936–1975," *Urban History* 40, no. 3 (2013): 483–506.

40.关于假期的数据来源于Chris Ryan, "Trends Past and Present in the Package Holiday Industry," *Service Industries Journal* 9, no. 1 (1989): 61–78; 67, table 2. Population data ONS.

41.Hugh Johnson Papers, University of California Davis Special Collections (hereafter Johnson Mss, UCD), D–599, Box 1, Folder 6.

42.Hugh Johnson, "What to Drink with Exotic Food," clipping from *About Town*, marked June 1962, Johnson Mss, UCD, D–599, Box 1, Folder 1.

43.出处同上。

44.*Father to Son Tradition in Wine Making*, A. A. Corban & Sons, "Mt. Lebanon" Vineyards, Henderson, New Zealand. n.d. [early 1960s]. Author's own copy, 14.

45.Edward Hulton, "Is Economic Union Possible?" *Picture Post* (London), January 14, 1957, 18–19.

46.Gonzalo Villalta Puig, "Australia and the European Union: A Brief Commercial History," in *Potential Benefits of an Australia-EU Free Trade Agreement: Key Issues and Options*, ed. Jane Drake–Brockman and Patrick Messerlin (Adelaide: University of Adelaide Press, 2018), 4.

47.亦可参见 Alan Swinbank and Carsten Daugbjerg, "The Changed Architecture of the EU's Agricultural Policy over Four Decades: Trade Policy Implications for Australia," in *Australia, the European Union and the New Trade Agenda*, ed. Elijah Annmarie et al., 77–96 (Canberra: Australian National University Press, 2017).

48.Ronald Russell, "The Commonwealth and the Common Market," *Journal of the Royal Society of Arts* 119, no. 5177 (1971): 312–18; 314.

第十八章

1.Monty Python, "Australian Table Wines," in *The Monty Python Instant Record Collection* (London: Charisma, 1977), available at www.youtube.com/watch?v=Cozw088w44Q (accessed September 2, 2021).

2.了解被偷走的一代，澳大利亚人权委员会的证词值得一读：*Bringing Them Home: Report of the National Inquiry into the Separation of Aboriginal and Torres Strait Islander Children from Their Families* (Sydney, April 1997).

3.A. J. Ludbrook to Hugh Johnson, April 12, 1972, Hugh Johnson Papers, University of California Davis Special Collections, D–599, Box 5, Folder 9.

4. "U.K. Entry to E.E.C.—Effect on Australian Wine Trade," *Australian Wine, Brewing and Spirit Review*, November 26, 1971, in Johnson Mss, UCD, D–599, Box5, Folder 9.

5.Bill Nasson, "Bitter Harvest: Farm Schooling for Black South Africans," Carnegie Conference Paper no. 97, *Second Carnegie Inquiry into Poverty and Development in Southern Africa* (April 1984): 9. 在20世纪80年代早期，1兰特价值约为1美元，尽管通货膨胀使得很难提供精确的数值。

6.Christabel Gurney, " 'A Great Cause' : The Origins o f the Anti–Apartheid Movement, June 1959–March 1960," *Journal of Southern African Studies* 26, no. 1 (2000): 123–44.

7.Photograph of "Boycott Apartheid 89' " campaign protest, outside Bottom's Up Off–license,

Bristol, England. Anti-Apartheid Movement Archive, Bodleian Library, MSS AAM 2426, pic8907, www.aamarchives.org (accessed September 2, 2021).

8.Augustus Barnett wine list, March 1972, Wine Lists, LGL, COL/LIB/ PB29/9.

9.Cape Province Wines list, September 1982, André Simon Papers, LGL, AS Pam 5105.

10.Tasting Notebook, South Africa 1977, Jancis Robinson Papers, Shields Library, UC Davis Special Collections, D-612, Box 1, Folder 8.

11.Oz Clarke, *The Essential Wine Guide* (New York: Viking, 1984), 274.

12.Oz Clarke, *Sainsbury's Book of Wine* (London: Sainsbury's, 1987; 2nd ed. 1988), 238.

13.Jancis Robinson to Marvin Shanken, fax, November 8, 1995, Robinson Papers, UC Davis Special Collections, D-612, Box 1, Folder 2.

14.*The Hardy Tradition: Tracing the Growth and Development of a Great WineMaking Family through Its First Hundred Years* (Adelaide: Thomas Hardy & Sons Limited, 1953), 2. A corroboree ground is a space for Aboriginal meeting and festivities.

15.M. J. O' Reilly, "Our Flag," in *New Zealand Tablet,* October 14, 1925.

16. "Public Service Vacancies," *Evening Star* (Wellington), June 26, 1947.

17.Paul Christoffel, "Prohibition and the Myth of 1919," *New Zealand Journal of History* 42, no. 2 (2008): 154-75.

18.Digitized and available on Papers Past, https://paperspast.natlib.govt.nz/periodicals/white-ribbon (accessed September 2, 2021).

19. "Waihirere Wine in the Making," *Gisborne Herald,* March 13, 1948, 8.

20.A. A. Corban and Sons, *Father to Son Tradition in Wine Making* (Henderson, New Zealand: Mt. Lebanon Vineyards, n.d. [c. 1960]).

21.出处同上, 15.

22.New Zealand, U.S. Embassy, *New Zealand Update* [Washington, DC]: New Zealand Embassy, November-December 1979.

23.Australian Wine Research Institute, *Sixteenth Annual Report for Year 1969-1970* (Urrbrae, South Australia, September 1970). In Johnson Mss, UCD, D-599, Box 5, Folder 9.

24.Publications of the Australian Wine Research Institute, list, www.awri.com.au/wp-content/uploads/awri_staff_pubs.pdf (accessed September 2, 2021).

25.Jessica T. Duong, "The Role of Science and Technology on the New Zealand Wine Industry: Profiling Dr. Richard E. Smart's Impact, 1982–1990," unpublished manuscript, 2018.

26.Penfolds Royal Reserve Hock etiquette, n.d. [1960s?], "Wine Literature of the World," permanent exhibition, State Library of South Australia, Adelaide. See also the CLN Morse Wine Labels digital collection, for example Dry Hunter Red 1974.

27. "Pack Sizes," European Commission informational guide.

28.Penfold's Royal Reserve Hock etiquette, n.d. [1960s?], "Wine Literature of the World," State Library of South Australia.

29. "Bids and Deals," *Financial Times,* May 21, 1976.

30.Kenyon, Brand & Riggs, illustration of Waihirere wine bottle, photographed 1968 by K E

Niven & Co of Wellington. K E Niven and Co Collection, Alexander Turnbull Library, Wellington, New Zealand, 1/2–221047–F.

31. "Quality Schemes Explained," European Commission.

32.John Burgoyne, "South African and Australian Wines," in *How to Choose and Enjoy Wine*, ed. Augustus Muir (London: Odhams Press, 1953), 97.

33. "John Harvey Wins Bristol Cream Suit," *Financial Times,* December 2, 1971, 17.

34. "Wine Concern's Undertaking on 'Sherry,' " *Financial Times,* December 8, 1971, 15.

35.Price list, 408 Beverages, Adelaide, April 1970. Johnson Mss, UCD, D–599, Box 5, Folder 9.

36.Mike Coomer, of Swift and Moore, "Aussie Plonk," letter to the editor of *The Bulletin,* November 28, 1978.

37.Julie McIntyre and John Germov, " 'Who Wants to Be a Millionaire?' I Do: Postwar Australian Wine, Gendered Culture, and Class," *Journal of Australian Studie* 42, no. 1 (2018): 65–84; 81–82.

38.Australian Wine Center price list, June 1969. In Johnson Mss, UCD, D–599, Box 5, Folder 9.

39.Australian Wine and Brandy Corporation Act, 1980, Part VIB, Division 2, Sections 40C through 40F.

40.Hugh Laracy, "Saint–Making: The Case of Pierre Chanel of Futuna," *New Zealand Journal of History* 34, no. 1 (2000): 148.

41.James Halliday, "Geographical Indications," n.d.

42.Graham Knox, *Estate Wines of South Africa,* 2nd ed (Cape Town and Johannesburg: David Phillip, 1982), 17–21.

第十九章

1.Windrush wine catalog, October 1992, LGL, COL/LIB/PB29.

2.所有数据来自FAOStat.org. 我的计算是基于排名前20的进口国进行的，因此会有一定的误差，不过排名靠后进口国对总量的影响要小得多。

3.FAOStat.org.

4.Food and Agriculture Organization of the United Nations. *Agribusiness Handbook: Grapes, Wine* (Rome: United Nations, 2009), table 3, 18.

5.Edmund Crooks, *Alcohol Consumption and Taxation* (London: Institute for Fiscal Studies, 1989), 19.

6.Cooperative wine list, n.d. [late 1980s], LGL, COL/LIB/PB29/26.

7.John Burnett, *Liquid Pleasures: A Social History of Drinks in Modern Britain* (London: Routledge, 1999), 155.

8.Kym Anderson, "Wine's New World," *Foreign Policy,* no. 136 (June 5, 2003): 48.

9.Asa Briggs, *Wine for Sale: Victoria Wine and the Liquor Trade, 1860-1984* (Chicago: University of Chicago Press, 1985), 185.

10.关于超市和饮品问题，参见Sarah L. Holloway, Mark Jayne, and Gill Valentine, "'Sainsbury's Is My Local': English Alcohol Policy, Domestic Drinking Practices and the Meaning of Home," *Transactions of the Institute of British Geographers* 33, no. 4 (October 2008): 532–47; Dawn Nell et al., "Investigating Shopper Narratives of the Supermarket in Early Post–War England, 1945–1975," *Oral History* 37, no. 1 (Spring 2009): 61–73.

11.Berry Bros. & Rudd wine list, Autumn 1983, 5. LGL COL/LIB/PB28/1.

12.在英国，超市具有较强的谈判地位，参见Robert Gwynne, "U.K. Retail Concentration, Chilean Wine Producers and Value Chains," *Geographical Journal* 174, no. 2 (June 2008): 97–108.

13.她用一种所有学者都能理解的情绪继续说道："作为一名大学教学管理者，我根本没有时间花在这样的冒险上"，Dr R. H. Lloyd to Mr Shepherd, February 5, 1988, Wine Account, Murray Edwards College, Cambridge, NHAR/2/2/18.

14.Draft typescript, n.d. [c. 1970], Hugh Johnson Papers, UC Davis Special Collections, D–599, Box 5, Folder 9.

15.John Avery MW, 2003–4 interview, *In Vino Veritas: Extracts from an Oral History of the U.K. Wine Trade* (London: British Library National Life Story Collection, 2005), disc 2, track 18.

16.A Penfolds Gewurztraminer, in keeping with the sweet–white trend of the time. Wine Account, February 1985, Murray Edwards College, Cambridge, NHAR/2/2/18.

17.Anthony Berry, "Thespian Royalty and Rationing: The Wine Trade in 1945," *Number Three* (Autumn 1990), reprinted on the Berry Brothers & Rudd blog. http://bbrblog.com/2016/03/02/wine–trade–in–1945 (accessed September 2, 2021).

18. "Australian Wines," promotional flyer, n.d. [1987–88], Marks and Spencer Company Archives, HO/11/1/2/9.

19.出处同上。

20.Tessa Fallows, "Brave New World of Grape Expectations," *Marks & Spencer International News,* Christmas 1991, MSCA.

21.New Zealand Wine List, Kiwi Fruits, London, August–September 1993, LGL COL/LIB/PB28.

22.Shanthi Robertson, "Intertwined Mobilities of Education, Tourism, and Labour: The Consequences of 417 and 485 Visas in Australia," in *Unintended Consequences: The Impact of Migration Law and Policy,* ed. Dickie Marianne, Gozdecka Dorota, and Reich Sudrishti (Canberra: Australian National University Press, 2016), 53–80.

23.Alexander Reilly et al., "Working Holiday Makers in Australian Horticulture: Labour Market Effect, Exploitation, and Avenues for Reform," Griffith Law Review 27, no. 1 (2018): 99–130; 100. 自2018年以来，澳大利亚甚至延长了葡萄园工作人员的签证，以填补劳动力短缺的问题。

24.Top Ten Programmes for 1989, TV since 1981, Broadcasters' Audience Research Board.

25.Oddbins list, Summer 1991, LGL, COL/LIB/PB29/72.

26.Tim Atkins, quoted in Oddbins list, Winter 1992, LGL, COL/LIB/PB29/72.

27.Oddbins catalog, Summer 1992, LGL, COL/LIB/PB29/72.

28.Augustus Barnett wine list, Winter 1990, LGL, COL/LIB/PB29/9.

29.Berry Bros & Rudd wine list, October 1991, 134, LGL, COL/LIB/PB28/.

结语

1.Ashifa Kassam, "Gibraltar to Turn Wartime Tunnels into Wine Vaults," *The Guardian*, October 11, 2015. James Badcock, "Gibraltar War Tunnels To Become Massive Wine Cellar," *The Telegraph,* October 12, 2015.

2.霞多丽和黑皮诺是两种用来制作真正香槟的葡萄。Wine Committee records, Murray Edwards College, Cambridge, NHGB 5/21/1a 1998.

3.Marianne Merten, "The Solms−Delta way; or, How Not to Do Land Reform," *Daily Maverick* (Johannesburg, South Africa), August 14, 2018.我曾计划去索尔姆斯−三角洲开展研究，但由于2020年年初开始的新型冠状病毒大流行而取消了；他们没有答复我的采访请求，也许也是因为这一流行病。

4.鲁斯·摩根的作品，例如 *Running Out? Water in Western Australia* (Crawley: University of Western Australia Publishing, 2015).

5.2016年11月，作者到访过猎人谷的泰勒葡萄园。

6.Myra Greer, "Wine with Myra Greer: Why We're the World's Biggest Mcguigan Fans," *Belfast Telegraph,* [n.d.: 2003?], added online July 4, 2008.

7.Rachel Martin, "Northern Ireland Market Is Our Biggest, Australian Winemaker," *Belfast Telegraph,* May 10, 2016.

8.Matthew Fort, "Great Tucker, Mate," *The Guardian,* July 27, 2001.

附录　度量衡问题说明

1.*An Act for Ascertaining and Establishing Uniformity of Weights and Measures, 17 June 1824*, UK Public General Act, legislations.gov.uk.

2.The *Units of Measurement Regulations 1995*, amended 1995, section 6, legislation.gov.uk.

3.*Reports of the Imperial Economic Committee: Twenty-Third Report; Wine* (London: HMSO, 1932), 18.

参考文献

本文献目录分为三个部分：档案和手稿、印刷品原始资料和二手资料。

档案和手稿

澳大利亚

悉尼南威尔士州州立图书馆

MLMSS 8915 Dalwood Vineyard Papers.

MLMSS 8051 Dalwood Vineyard Papers.

阿德莱德南澳大利亚州州立图书馆

PRG 1279 Jack Kilgour Papers.

PRG 1453 Lloyd Williams Evans Papers.

RG 309/1/2 R. H. M. Martin Papers.

加拿大

渥太华加拿大国家档案馆

M-1406 R. B. Bennett Papers.

M-1426 R. B. Bennett Papers.

RG17 Agriculture Department Correspondence for 1881.

电子档案

Africa through a Lens, CO 1069/219, National Archives U.K. Digital Photograph Collection.

Anti-Apartheid Movement Archive, Bodleian Library.

Applications for Trade Marks, digitized, National Archives of Australia.

Australian National Maritime Museum.

Bombsight: Mapping the WW2 Bomb Census, bombsight.org.

British Cartoon Archive, University of Kent, cartoons.ac.uk.

Broadcasters' Audience Research Board, www.barb.co.uk.

Buttolph Collection of Menus, New York Public Library Digital Collections.

CLN Morse Wine Labels digital collection, Flicker.

C. Krishna Gairola Indian and Asian Art and Architecture Slides, University of Washington Libraries, Special Collections.

Digital collection, prints and posters, London Transport Museum.

John and Charles Bell Heritage Trust Collection, University of Cape Town Libraries.

MacDonald Family Papers, Capricornia CQ University Collection.

Menus: The Art of Dining, University of Nevada Las Vegas Digital Collections.

Monash Collections Online.

Old Bailey Proceedings Online, www.oldbaileyonline.org.

Trove Digital Collections, Australia.

UCL Legacies of Slavery-ownership Database, www.ucl.ac.uk/lbs.

"Wine Literature of the World" permanent and online exhibition, State Library of South Australia, Adelaide.

英国

剑桥大学图书馆

MS Add.9813   Francis Meynell Papers.

Royal Commonwealth Cobham Photograph Collection, RCS/Cobham/RCS.

Society Library   Cob.18.121-12; Fisher Photograph Collection, RCS/
                                               GBR/0115/Fisher; Photographs of the Dalwood Vine

yards, near Branxton, New South Wales, Australia, 1886, RCS/Y3086B.

剑桥丘吉尔学院档案馆

Churchill/Amel 1/5/13 Leo Amery Papers.

King's College Archive, Cambridge

KCAR/5/6/11/2 Senior Wine A/C Book, January 1920-64.

KCAR/5/6/11/3 Junior Wine A/C Book, 2 vols.

KCAR/5/6/11/4 Wine Supply Stock List, Senior Account, 1913-51.

伦敦市政厅图书馆

Andre Simon / Masters of Wine Collection.

Wine lists of British importers and wine merchants, 1930s through 2008. Including: Army and Navy Stores, Arriba Kettle and Co., Arthur and Co., Atkinson Bald win and Co., Augustus Barnett, Australian Wine Center, Berry Bros. and Rudd, Community Wine Co., The Co-Operative, Kiwi Fruit New Zealand Wine List, Oddbins, Sainsbury's, Waitrose, Windrush, Wines of Australia.

伦敦大都会档案馆（LMA）

Matthew Clark and Sons Papers

CLC/B/158/MS38342 Advertising and Sales Records, 1880s through 1920s.

CLC/B/158/MS38343 New Zealand Sales Book, 1930s.

CLC/B/158/MS38347 Auction Broadsheets, 1820s.

CLC/B/227–143, P. B. Burgoyne Papers, Correspondence, 1880s.

Victoria Wine Company Papers

LMA/4434/V/01/001 Director's Minute Book, 1924–33.

LMA/4434/V/01/002 Director's Minute Book, 1933–53.

LMA/4434/V/01/022 Shareholders Minute Book, 1924–51.

LMA/4434/V/01/024 List of Members, 1922 through 1930s.

LMA/4434/V/01/038 Contract Book, 1882–1933.

LMA/4453/K/07/001 Whitbread and Company, Sales Book, 1855–66.

LMA/4453/K/08/001 Whitbread Brewers, Tasting Book, 1940s.

LMA/MS29,451 Pownall Papers, Correspondence Copybook, 1895–96.

利兹玛莎公司档案馆

Wine labels and etiquettes, 1970s through 2010s.

剑桥爱德华兹莫里大学

NHAR/2/2/3 Wine Stocks [1990s].

NHAR/2/2/18 Wine Acc. [1969–c. 1991].

NHGB/5/21/1 Wine Account and Wine Committee [c. 1990–2004].

NHGB/5/21/2 Wine Committee [mid–2000s].

剑桥三一学院

THAR/5/4/1/2 Wine Cellar Accounts 1874–89.

THAR/5/4/7/1 Steward's Papers.

THCS/17/5/2/1 [Misc Menus].

THHR/1/2/BER Anthony Berry Papers.

英国议会文件

Board of Trade. *Production and Consumption of Alcoholic Beverages (Wine, Beer and Spirits) in the British Colonies (Australasia, Canada, and the Cape).* 1900, Cd 72.

Committees of Inquiry on Administration of Government and Finances at Cape of Good Hope. *Documents Referred to in the Reports of the Commissioners,* HC 1826–27, 406.

Committee on New Zealand. *Report,* May 23, 1844, HC 1844, 556.

Committee on Trade of Cape of Good Hope. *Report of the Commissioners of Inquiry upon the Trade of the Cape of Good Hope; the Navigation of the Coast, and the Improvement of the Harbours of That Colony.* HC 1829, 300.

Select Committee on the Affairs of the East India Company. *Report from the Select Committee on the Affairs of the East India Company; with Minutes of Evidence in Six Parts, and an Appendix and Index to Each,* HC 1831–32, 734.

Select Committee on Wine Duties. *Supplementary Appendix to the Report from the Select Committee on Wine Duties, 1879,* HC 1878–79, 278.

United Kingdom, House of Commons. *Account of Value of Imports from Cape of Good Hope, 1812-16.* 1817, 225.

Account of the Quantity of Foreign Wine Imported, Exported, and Retained for Home

Consumption. 1851, 427.

    Accounts of the Quantities of the Principal Articles Imported into, and Exported from, the United Kingdom, the British Settlements in Australia, the United States of America, the Canadian Possessions, the British West Indies, and Brazil; &c. 1856, 351.

——. *Correspondence Respecting the Increase in the Wine Duties.* May 1899, C 9322.

——. *Malta: Annual report for 1895.* 1896, C 172.

——. *Malta: Annual Report for 1896.* 1897, C 8279–20.

——. *Malta: Correspondence Respecting the Taxation and Expenditure of Malta.* 1878, C 2032.

——. *Papers Relating to the Administration and Finances of Cyprus.* 1883, C 3661.

——. *Papers Relative to Aboriginal Inhabitants of Cape of Good Hope. Part I. Hottentots and Bosjesmen; Caffres; Griquas.* 1835, 50.

——. *Report on the Civil Establishments of Malta.* 1880, C 2684.

——. *Reports to Secretary of State on Past and Present State of H.M. Colonial Possessions, 1869 (Part II. N. American Colonies; African Settlements and St. Helena; Australia and New Zealand; Mediterranean Possessions; Heligoland and Falkland Islands).* 1871, 415.

——. *Representations from Cape of Good Hope to H.M. Government Respecting Duties on Cape Wine.* 1831, 103.

——. *Spirits and Wine. Returns of the Quantities of British Spirits Used for Home Consumption in the United Kingdom.* 1862, 168.

——. *Statistical Abstract for the Several Colonial and Other Possessions of the United Kingdom in Each Year from 1885 to 1899.* 1900, Cd 307.

——. *Trade and Navigation. For the Month Ended 31st January 1890.* 1890, C 14–I–XI.

伦敦大学参议院图书馆

ICS79/1/1–15 Tallents Papers, Origin of the Empire Marketing Board.

ICS79/38/1–20 Tallents Papers, Wine.

伦敦威斯敏斯特城市档案馆

Whiteley's Department Store Papers

Acc 726/118 Newspaper clippings 1910 through 1930s.

Acc 726/119 Fine wine, spirits, and liqueurs price lists 1930–34.

Acc 726/120 Fine wine, spirits, and liqueurs price list 1931.

Acc 726/121 Autumn Sale 1933.

Acc 726/122 Whiteley's Sale of Wines and Spirits c. 1935.

Acc 726/123 Whiteley's Christmas Wine List 1934.

Acc. 726/124 Wine List c.1935.

Acc 726/125 Silver Jubilee Wine List 1935.

Acc 1993/1 Cash Book, White Family, 1838.

Acc 2108/1 BRA No 2749 Wills of Hensleigh Wedgwood.

美国

马里兰州贝塞斯达国家卫生研究所国家医学图书馆

MS C 122, J. L. W. Thudichum Papers.

马萨诸塞州剑桥市哈佛大学拉德克利夫学院施莱辛格图书馆

MC 689, Elizabeth David Papers, Series III and Series VI (provided as electronic copy).

加利福尼亚州戴维斯市加州大学戴维斯分校希尔兹图书馆

D–599, Hugh Johnson Papers.

D–612, Jancis Robinson Papers.

康涅狄格州哈特福德圣三一学院沃特金森图书馆

First World War poster collection.

印刷品资料来源

Andrews, E. Benj. "The Combination of Capital." *International Journal of Ethics* 4, no. 3 (April 1894): 321–34.

Annual Report of the Australian Wine Board, Year... : Together with Statement... Regarding the Operation of the Wine Overseas Marketing Act. Canberra: Government Printer, 1936–37.

Austen, Jane. *Sense and Sensibility.* London: Thomas Egerton, 1811.

Bagnall, A. Gordon. *Wines of South Africa: An Account of Their History, Their Production and Their Nature, Illustrated with Wood-Engravings by Roman Waher.* Paarl: KWV, 1961.

Barber, Mary. *Poems on several occasions.* London: C. Rivington, 1734.

Barrington, George. *A voyage to New South Wales; with a description of the country; the manners, customs, religion, &c. of the natives, in the vicinity of Botany Bay.* Philadelphia: Thomas Dobson, 1796.

Biddulph, Robert. "Cyprus." *Proceedings of the Royal Geographic Society* 11, no. 12, (December 1889): 705–19.

Bragato, Romeo. *Report on the Prospects of Viticulture In New Zealand: Together with Instructions for Planting and Pruning.* Wellington: S. Costall, Government Printer, 1895.

Brown, John Crombie. *Water Supply of South Africa and Facilities for the Storage of It.* Edinburgh: Oliver and Boyd, 1877.

Brunfaut, Jules, ed. *L'Exposition Universelle de 1878 illustrée.* Vols. 173–74. Paris: n.p., December 1878.

Bunbury, Charles J. F. *Journal of a Residence at the Cape of Good Hope, with Excursions into the Interior, and Notes on the Natural History, and the Native Tribes.* London: John Murray, 1848.

Burgoyne, A. H. "Colonial Vine Culture." *Journal of the Royal Society of Arts* 60, no. 3105 (May 1912): 671–86.

Buring, Leo. *Australian Wines: 150th Anniversary of the Wine Industry of Australia*. Sydney: Federal Viticultural Council of Australia, 1938.

Busby, James. *Authentic Information Relative to New South Wales and New Zealand*. London: Joseph Cross, 1832.

——. *A Journal of a Tour through Some of the Vineyards of Spain and France*.

——. *The Rebellions of the Maories Traced to Their True Origin: In Two Letters to the Right Honourable Edward Cardwell...* London: Strangeways & Walden, 1865.

——. *Report on the Vines, Introduced into the Colony of New South Wales, in the Year 1832: With a Catalogue of the Several Varieties Growing in the Botanical Garden, in Sydney*. Sydney: William Jones, 1834.

——. *A Treatise on the Culture of the Vine and the Art of Making Wine*. [Sydney?]: R. Howe, Government Printer, 1825.

Calcutta International Exhibition, 1883-84: Report of the Royal Commission for Victoria, at the Calcutta International Exhibition, 1883-84. Melbourne: John Ferres, Government Printer, 1884.

"Canada Vine Growers' Association." *Canadian Journal of Medical Science* (October 1878).

Campbell, John. *Travels in South Africa: Undertaken at the Request of the Missionary Society*. London: Black and Parry, 1815.

Cape of Good Hope, Department of Prime Minister. *Report of Committee Nominated by the Western Province Board of Horticulture to Inquire into the Wine and Brandy Industry of the Cape Colony, 1905*. Cape Town: Government Printers, 1905. Repr., Delhi: Facsimile Publisher, 2019.

Chaigneau, William. *The History of Jack Connor*. 2 vols. London: William Johnston, 1753.

Chambers, Trant. *A Land of Promise: A Brief and Authentic Account of the Condition and Resources of Western Australia*. Fremantle: J. B. Cant & Co., January 1, 1897.

Chaptal, Jean–Antoine. *Traité théorique et pratique sur la culture de la vigne*. Paris: Delalain, 1801.

Cherrington, Ernest H. "World–Wide Progress toward Prohibition Legislation." *Annals of the American Academy of Political and Social Science* 109 (1923): 208–24.

Christian, Charles. *Cyprus and Its Possibilities*. London: Royal Colonial Institute, 1897.

Clarke, Oz. *The Essential Wine Guide*. New York: Viking, 1984.

——. *Oz Clarke's Wine Factfinder and Taste Guide*. London: Webster's and Mitchell Beazley, 1985.

——. *Sainsbury's Book of Wine*. London: Sainsbury's, 1987. 2nd ed. 1988.

——, ed. *Webster's Wine Price Guide: Consumer and Professional Guide*. London: Webster's and Mitchell Beazley, 1984.

Cole, Alred W. *The Cape and the Kafirs; or, Notes on Five Years' Residence in South Africa*. London: R. Bentley, 1852.

Collett, John. *A Guide for Visitors to Kashmir: Enl., Rev. and Corr. Up to Date by A. Mitra; with a Route Map of Kashmir*. Calcutta: W. Newman, 1898.

Collins, David. *An Account of the English Colony in New South Wales, from Its First*

Settlement in January 1788, to August 1801: With Remarks on the Dispositions, Customs, Manners, &C., of the Native Inhabitants of That Country. 2nd ed. London: T. Cadell and W. Davies, 1804.

Cooper, Michael. *The Wines and Vineyards of New Zealand.* London: Hodder and Stoughton, 1994.

Corban, A. A., and Sons. *Father to Son Tradition in Wine Making.* Henderson, New Zealand: Mt. Lebanon Vineyards, n.d. [c. 1960].

Crawford, J. G. "Some Aspects of the Food Front." *Australian Quarterly* 14, no. 3 (September 1942): 18–32.

Crosby, A. ed. *Lovell's Gazeteer of British North America.* Montreal: John Lovell, 1873.

Customs Tariffs of the United Kingdom from 1800 to 1897: With Some Notes upon the History of the More Important Branches of Receipt from the Year 1660. London: Printed for Her Majesty's Stationery Office by Darling & Son, 1897.

David, Elizabeth. *An Omelette and a Glass of Wine.* London: Robert Hale, 1984.

Davies, John. *The Innkeeper's and Butler's Guide; or, A Directory for Making and Managing British Wines: With Directions for the Managing, Colouring and Flavouring of Foreign Wines and Spirits, and, for Making British Compounds, Peppermint, Aniseed, Shrub, &c....* 13th ed., rev. and corrected. Leeds: Davies, 1810.

De Bosdari, C. *Wines of the Cape.* Cape Town: A. A. Balkema, 1955.

de Castella, François. *Handbook on Viticulture for Victoria.* Melbourne: Government Printer, 1891.

de Castella, Hubert. *John Bull's Vineyard: Australian Sketches.* Melbourne: Sands and McDougall, 1886.

———. *Notes d'un Vigneron Australien.* Melbourne: George Robertson, 1882.

Delavan, Edward Cornelius. *Temperance of Wine Countries: A Letter.* Manchester: United Kingdom Alliance, 1860.

Department of Agriculture, Cape of Good Hope. *Agricultural Miscellanea: Being Extracts from Volumes I to V of the "Agricultural Journal."* Cape Town: W. A. Richards and Sons, Government Printers, 1897. Department of Industries. "First Official Report to the Commissioner of Agriculture." *Sessional Papers of the Legislature of Ontario,* no. 3, A, 1883.

Department of Prime Minister, Cape of Good Hope (South Africa). *Report of Committee Nominated by the Western Province Board of Horticulture to Inquire into the Wine and Brandy Industry of the Cape Colony, 1905.* Cape Town: Cape Times, 1905.

*Descriptive Catalogue of the Collection of Products and Manufactures Contributed by the Colony of Western Australia to the International Exhibition of 1862: With Remarks on Some of the Principal Objects Exhibite*d. January 1, 1862.

Downing, W. H. *Digger Dialects: A Collection of Slang Phrases Used by the Australian Soldiers on Active Service.* Melbourne and Sydney: Lothian, 1919.

Druitt, Robert. *Report on the Cheap Wines from France, Italy, Austria, Greece, and Hungary;*

Their Quality, Wholesomeness, and Price, and Their Use in Diet and Medicine: With Short Notes of a Lecture to Ladies on Wine, and Remarks on Acidity. London: Henry Renshaw, 1865.

Dunlop, John. *On the Wine System of Great Britain.* Greenock, Scotland: R. B. Lusk, 1831.

——. *The Philosophy of Artificial and Compulsory Drinking Usage in Great Britain and Ireland.* London: Holston and Stoneman, 1839.

Elder, John Rawson, ed. *The Letters and Journals of Samuel Marsden, 1765-1838.* Dunedin, New Zealand: Coulls, Somerville Wilkie, 1932.

Elliott, Ebenezer. *Corn Law Rhymes.* Sheffield, Yorkshire: Mechanics' Anti–BreadTax Society, 1831. *Entertaining with Wines of the Cape: Choosing, Cellaring, Serving, Cooking, Recipes.*

Die Ko–operatiewe Wijnbouwers Vereniging van Zuid–Afrika Beperkt. Paarl, Cape, Republic of South Africa. First published 1959. 4th ed. 1971.

Eyriès, Jean–Baptiste–Benoît, and Alfred Jacobs. *Histoire générale des voyages: Publié sous la direction du contre-amiral Dumont D'Urville.* Vol. 4, *Voyage en Asie et en Afrique.* Paris: Furne, 1859.

Fallon, J. T. "Australian Vines and Wines." *Journal of the Society of Arts* 22, no. 1098 (December 1873): 37–56.

——. *The "Murray Valley Vineyard," Albury, New South Wales, and "Australian Vines and Wines."* Melbourne: n.p., 1874.

Fenning, D., and J. Collyer. *A New System of Geography; or, A General Description of the World.* London: S. Crowder et al., 1766.

Foster, Alfred Edye Manning [pseud. Diner–Out]. *Through the Wine List.* London: Bles, 1924.

Gardiner, Grace, and F. A. Steel. *The Complete Indian Housekeeper and Cook: Giving the Duties of Mistress and Servants, the General Management of the House and Practical Recipes for Cooking in All Its Branches.* 3rd ed. Edinburgh: Edinburgh Press, 1893.

Glasse, Hannah. *The compleat confectioner: or, the whole art of confectionary made plain and easy. Shewing, The various Methods of preserving and candying, both...* London: Printed and sold at Mrs. Ashburner's China Shop..., 1760.

The Hardy Tradition: Tracing the Growth and Development of a Great Wine-Making Family through Its First Hundred Years. Adelaide: Thomas Hardy & Sons Limited, 1953.

Hawker, C. E. *Chats about Wine.* London: Daly, 1907.

Henry, Augustine. "Vine Cultivation in the Gironde." *Bulletin of Miscellaneous Information (Royal Botanic Gardens, Kew)* 33 (1889): 227–30.

Hooker, W. Jackson. "The Late Mr Cunningham." *Companion to the Botanical Magazine: Being a Journal, Containing Such Interesting Botanical Information As Does Not Come Within the Prescribed Limits of the Magazine; with Occasional Figures.* London: Printed by E. Conchman... for the proprietor, S. Curtis, 1835–36.

"India and Our Colonial Empire." *Westminster Review* 113–14 (July 1880): 95.

International Exhibition, Sydney, 1880: Official Catalogue of Exhibits. Melbourne, January 1, 1880.

International Health Exhibition, 1884: Official Catalogue. 2nd ed. London, 1884.

Johnson, Hugh. *Wine: A Life Uncorked.* 2nd ed. London: Phoenix, 2006.

Johnson, Hugh, and Jancis Robinson. *The World Atlas of Wine.* 7th ed. London: Mitchell Beazley, 2013.

Jullien, André. *Topographie de tous les vignobles connus.* Paris: Madame Huzard and L. Colas, 1816.

Keene, H. G. *Peepful Leaves : Poems Written in India.* London: W. H. Allen, 1879.

Kelly, A. C. *The Vine in Australia.* Sydney: Sands and Kelly, 1861.

Laffer, H. E. "Empire Wines." *Journal of the Royal Society of Arts* 85, no. 4385 (December 4, 1936): 78–96.

——. "Report of the Lecturer on Viticulture and Fruit Culture, Etc." *South Australia: Report of the Department of Agriculture for the Year Ended June 30th, 1911.* Adelaide: R. E. E. Rogers, Government Printer, 1911.

——. *The Wine Industry of Australia.* Adelaide: Australian Wine Board, 1949.

Landor, Edward Wilson. *The Bushman: Life in a New Country.* First published 1847. London: Richard Bentley; Gutenberg online edition, December 2004.

Lang, R. Hamilton. *Report (with Three Woodcuts) upon the Results of the Cyprus Representation at the Colonial & Indian Exhibition of 1886.* London: s.n., January 1, 1886.

LaTrobe, C. I. *Journal of a Visit to South Africa, in 1815, and 1816: With Some Account of the Missionary Settlements of the United Brethren, Near the Cape of Good Hope.* Cape of Good Hope: L. B. Seeley, and R. Ackermann, 1818.

Mace, Brice M., and T. Ritchie Adam. "Imperial Preference in the British Empire." *Annals of the American Academy of Political and Social Science* 168 (1933): 226–34.

MacQuitty, Jane. *Jane MacQuitty's Pocket Guide to Australian and New Zealand Wines.* London: Mitchell Beazley, 1990.

Marsden, John Buxton. *Memoirs of the Life And Labors of the Rev. Samuel Marsden: Of Paramatta, Senior Chaplain of New South Wales; and of His Early Connection with the Missions to New Zealand and Tahiti.* London: Religious Tract Society, 1838.

Maxwell, Herbert. *Half-a-Century of Successful Trade: Being a Sketch of the Rise and Development of the Business of W & A Gilbey, 1857-1907.* London: W. & A. Gilbey, 1907.

Mouillefert, P. *Translation of a Report on the Vineyards of Cyprus.* London: Foreign and Commonwealth Office Collection, 1893.

Muir, Augustus, ed. *How to Choose and Enjoy Wine.* London: Odhams Press, 1953.

New South Wales Bureau of Statistics and Economics. *Official Year Book of New South Wales.* Sydney: W. A. Gullick, 1887.

New Zealand Department of Agriculture. *Phylloxera and Other Diseases of the Grape-Vine: Correspondence and Extracts Reprinted for Public Information.* Wellington: G. Didsbury, Government Printer, 1891.

New Zealand, U.S. Embassy. *New Zealand Update* [Washington, DC]: New Zealand Embassy,

November–December 1979.

Official Catalogue of Exhibits in South Australian Court, Colonial and Indian Exhibition. Adelaide: Government Printer, 1886.

Official Report of the Calcutta International Exhibition, 1883-1884. Vol. 1. Calcutta: Bengal Secretariat Press, 1885.

Ovendish, John. *A Voyage to Suratt, in the Year, 1689: Giving a Large Account of That City and Its Inhabitants, and the English Factory There.* London: Jacob Tonson, 1696.

Papers Respecting the Phylloxera Vastatrix or New Vine Scourge / Published by the Department of Agriculture for the Information of the Public Generally. Melbourne: John Ferres, Government Printer, 1873.

Perold, A. I. *Some Viticultural and Oenological Experiments Conducted at the Paarl Viticultural Experiment Station during 1915-1916.* Ed. Peter F. May. St Albans: Inform & Enlighten, 2011.

Perronet, Thomas. *A Catechism on the Corn Laws, with a List of Fallacies and the Answers.* 18th ed. London: Westminster Review, 1834.

Philip, Arthur and John Stockdale, eds. *The voyage of Governor Phillip to Botany Bay; with an account of the establishment of the colonies of Port Jackson & Norfolk Island; compiled from authentic papers, which have been obtained from the several Departments. To which are added, the journals of Lieuts. Shortland, Watts, Ball, & Capt. Marshall, with an account of their new discoveries.* London: John Stockdale, 1789.

"Phylloxera and American Vines," *Argus Annual and South African Gazeteer* (Cape Town: Argus Printing and Publishing, 1895): 298.

"Phylloxera in South Africa." *Bulletin of Miscellaneous Information (Royal Gardens, Kew)* 1889, no. 33 (January 1, 1889): 230–35.

Pym, Barbara. *Some Tame Gazelle* (1950). In *The Barbara Pym Collection,* vol. 1, *A Glass of Blessings, Some Tame Gazelle, and Jane and Prudence.* New York: Open Road Media, 2018.

Ramsden, Eric. *James Busby: The Prophet of Australian Viticulture.* Sydney: Ramsden, 1940.

Redding, Cyrus. *History and Description of Modern Wines.* 2nd ed. London: G. Bell, 1836; 3rd ed., London: Henry G. Bohn, 1860.

Report on the Statistics of New Zealand, 1890; with a Map of the Colony and Appendices. Wellington: G. Didsbury, Government Printer, 1891.

Report on the Vital Statistics of the Union of South Africa, 1926. Pretoria: Government Printers, Union of South Africa, 1929.

Reports of the Imperial Economic Committee, Twenty-third Report: Wine. London: HMSO, 1932,

Riddell, R. *Indian Domestic Economy and Receipt Book : Comprising Numerous Directions for Plain Wholesome Cookery, Both Oriental and English, with Much Miscellaneous Matter, Answering All General Purposes of Reference Connected with Household Affairs Likely to Be Immediately Required by Families, Messes, and Private Individuals, Residing at the Presidencies *or Out-Stations.* Madras: Printed by D. P. L. C. Connor, 1853.

Roberts, W. H. *The British Wine-Maker and Domestic Brewer; a Complete Practical and Easy Treatise on the Art of Making and Managing Every Description of British Wines...* 5th ed. Edinburgh: A. & C. Black; London: Whittaker, 3rd ed., rev., 1836; and 5th ed., rev., 1849.

Rowntree, B. Seebohm. *Poverty: A Study of Town Life.* London: Macmillan, 1908.

Sabin, A. *Wine and Spirit Merchants' Accounts.* London: Gee, 1904.

Saintsbury, George. *Notes on a Cellar-Book.* London: MacMillan, 1920.

Salmon, Thomas. *Modern history; or, the present state of all nations. Describing their respective situations, persons, habits, Buildings, Manners, Laws and Customs.* London: Thomas Wotton, 1735.

Sayers, Dorothy. *The Unpleasantness at the Bellona Club.* London: Ernest Benn,1928.

Scott, Dick. *Winemakers of New Zealand.* Auckland: Southern Cross Books, 1964.

Semler, Janet. "The Australian Wine Industry." *Australian Quarterly* 35, no. 4 (December 1, 1963): 28–35.

Shaw, Thomas George. *Wine, the Vine, and the Cellar.* London: Longman, Green, Longman, Roberts & Green, 1863,

Sherrin, Richard Arundell Augur [1832–93], Thomson W. Leys, and J. H. Wallace. *Early History of New Zealand: From Earliest Times to 1840.* Auckland: H. Brett, 1890.

Simon, André L. *Drink.* New York: Horizon Press, 1953.

———. *The History of the Wine Trade in England.* Vol. 2, *The Progress of the Wine Trade in England during the Fifteenth and the Sixteenth Centuries.* London: Wyman and Sons, 1907.

———. *The Noble Grapes and the Great Wines of France.* New York: McGraw Hill, n.d.

———, ed. *South Africa.* "Wines of the World" Pocket Library. London: Wine and Food Society, 1950.

———. *The Wines, Vineyards, and Vignerons of Australia.* London: Paul Hamlyn, 1967.

Spons' Household Manual: a Treasury of Domestic Receipts and Guide for Home Management. London and New York: C. and F. N. Spon, 1887.

Statistical Report on the Population of the Dominion of New Zealand for the Year 1907. Vol. 2. Wellington: John Mackay, Government Printer, 1908.

Sutherland, George. *The South Australian Vinegrower's Manual: A Practical Guide to the Art of Viticulture in South Australia; Prepared under Instructions from the Government of South Australia, and with the Co-operation of Practical Vinegrowers of the Province.* Adelaide: C. Bristow, Government Printer, 1892.

Theal, George McCall. *Chronicles of Cape Commanders; or, An Abstract of Original Manuscripts in the Archives of the Cape Colony.* Cape Town: W. A. Richards, Government Printers, 1882.

———, ed. *Records of the Cape Colony from May 1801 to February 1803, Copied for the Cape Government, from the Manuscript Documents in the Public Record Office, London.* Vol. 4. London: Printed for the Government of the Cape Colony, 1899.

Thomson, James. *Illustrated Handbook of Victoria, Australia*. Melbourne: J. Ferres, Government Printer, 1886.

Thudichum, J. L. W. "Report on Wines from the Colony of Victoria, Australia." *Journal of Society of Arts* 21, no. 1094 (November 7, 1873): 921–40.

Todd, William John. *A Handbook of Wine: How to Buy, Serve, Store, and Drink It*. London: Jonathan Cape, 1922.

Union of South Africa Annual Statements of Trade and Shipping. Cape Town: Government Printer, annual 1906–61.

Urbanus, Sylvanus. *The Gentleman's Magazine and Historical Chronicle*. Vol. 8. London: Edw. Cave, July 1738.

Vogel, Julius, ed. *Land and Farming in New Zealand: Information Respecting the Mode of Acquiring Land in New Zealand; with Particulars as to Farming, Wages, Prices of Provisions, Etc, in That Colony; Also the Land Acts of 1877; with Maps*. London: Waterlow and Sons, 1879.

von Dadelszen, E. J., ed. *The New Zealand Official Handbook, 1892*. Wellington: Registrar General, 1892.

Wakefield, Edward Jerningham, and John Ward. *The British Colonization of New Zealand: Being an Account of the Principles, Objects, and Plans of the New Zealand Association, Together with Particulars Concerning the Position, Extent, Soil And Climate, Natural Productions, and Native Inhabitants of New Zealand*. London: John W. Parker, 1837.

Walker, John. *The Universal Gazeteer*. London: Ogilvy and Son, 1798.

Watt, George. *The Commercial Products of India: Being an Abridgement of "The Dictionary of the Economic Products of India."* London: J. Murray, 1908.

Wheeler, Daniel. *Extracts from the Letters and Journal of Daniel Wheeler, while Engaged in a Religious Visit to the Inhabitants of Some of the Islands of the Pacific Ocean, Van Dieman's Land, New South Wales, and New Zealand, Accompanied by His Son, Charles Wheeler*. Philadelphia: Joseph Rakestraw, 1840.

Wilkinson, George Blakiston. *South Australia: Its Advantages and Its Resources*. London: J. Murray, 1848.

Wilkinson, W. Percy. *The Nomenclature of Australian Wines: In Relation to Historical Commercial Usage of European Wine Names, International Conventions for the Protection of Industrial Property, and Recent European Commercial Treaties*. Melbourne: Thomas Urquhart, 1919.

———. "The Nomenclature of Australian Wines." In *Harper's Manual*. London: Harper, 1920.

Williams, William, D.C.L., Archdeacon of Waiapu. *A Dictionary of the New Zealand Language, and a Concise Grammar, to Which Is Added a Selection of Colloquial Sentences*. 2nd ed. London: Williams and Norgate, 1852.

Wine Australia. *Directions to 2025: An Industry Strategy for Sustainable Success*. Adelaide: Wine Australia, 2007.

"Wine-Growing in British Colonies." Eighth Ordinary General Meeting, Royal Colonial Institute,

June 12, 1888. *Proceedings of the Royal Colonial Institute* (London) 19 (1887–88): 295–330.

    Wine, in Relation to Temperance, Trade and Revenue. London: Foreign and Commonwealth Office, 1854.

    Wood, Sir Henry Trueman. "The Royal Society of the Arts. IV. The Society and the Colonies (1754–1847)." *Journal of the Royal Society of Arts* 59, no. 3071 (September 29, 1911): 1030–43.

二手资料来源

    "An Act Respecting the Canada Vine Growers' Association, May 22, 1868." *Statutes of Canada*, 1868, Part Second. Ottawa: Malcolm Cameron, 1868.

    Advisory Committee to the Department of Overseas Trade (Development and Intelligence). "Maritime and Colonial Exhibition in Antwerp, 1930: Lack of Participation by Dominions and Colonies." Board of Trade and Foreign Office, BT 90/25/10, National Archives, Kew. Consulted online.

    Anderson, Kym. "Wine's New World." *Foreign Policy,* no. 136 (June 5, 2003): 46–54.

    Anderson, Kym, with Nanda R. Aryal. *Growth and Cycles in the Australian Wine Industry: A Statistical Compendium, 1843 to 2013.* Adelaide: University of Adelaide Press, 2015.

    Anderson, Kym, and Vicente Pinilla, eds. *Wine Globalization: A New Comparative History.* Adelaide: University of Adelaide Press, 2018.

    Antić, Ljubomir. "The Press as a Secondary Source for Research on Emigration from Dalmatia up to the First World War." *SEER: Journal for Labour and Social Affairs in Eastern Europe* 4, no. 4 (2002): 25–35.

    Asmal, Louise. "The Campaign against South African Goods." *Fortnight,* no. 235 (1986): 13–14.

    Atkins, Peter J., Peter Lummel, and Derek J. Oddy, eds. *Food and the City in Europe since 1800.* Aldershot: Ashgate, 2007.

    Australian Dictionary of Biography. Canberra: National Centre of Biography, Australian National University.

    "Australian English in the Twentieth Century." Oxford English Dictionary Blog, https://public.oed.com/blog/australian–english–in–the–twentieth–century (accessed July 21, 2021).

    Australian Human Rights Commission, *Bringing Them Home: Report of the National Inquiry into the Separation of Aboriginal and Torres Strait Islander Children from Their Families.* Sydney, April 1997.

    Banks, Fay. *Wine Drinking in Oxford, 1640-1850: A Story Revealed by Tavern, Inn, College and Other Bottles; with a Catalogue of Bottles and Seals from the Collection in the Ashmolean Museum.* British Archaelogical Reports (BAR) British Series 257. Oxford: Archaeopress, 1997.

    Banks, Glenn, and John Overton. "Old World, New World, Third World? Reconceptualizing the Worlds of Wine." *Journal of Wine Research* 21, no. 1 (March 2010): 57–75.

Barnes, Felicity. "Bringing Another Empire Alive? The Empire Marketing Board and the Construction of Dominion Identity, 1926–33." *Journal Of Imperial and Commonwealth History* 42, no. 1 (2014): 61–85.

Barrington, A. and J. Stone. *Cohabitation Trends and Patterns in the U.K.* Southampton: ESRC Centre for Population Change, 2015.

Bassett, Judith. "Colonial Justice: the Treatment of Dalmatians in New Zealand During the First World War." *New Zealand Journal of History* 33, no. 2 (1999): 155–79.

Batsaki, Yota, Sarah Burke Cahalan, and Anatole Tchikine, eds. *The Botany of Empire in the Long Eighteenth Century.* Washington, DC: Dumbarton Oaks Research Library and Collection, 2016.

Beck, Roger. *The History of South Africa.* Westport, CT: Greenwood Press, 2000.

Belich, James. *Making Peoples: A History of the New Zealanders from Polynesian Settlement to the End of the Nineteenth Century.* Honolulu: University of Hawai'I Press, 1996.

——. *Paradise Reforged: A History of the New Zealanders from the 1880s to the Year 2000.* Honolulu: University of Hawai'i Press, 2001.

——. *Replenishing the Earth: The Settler Revolution and the Rise of the AngloWorld, 1783-1939.* Oxford: Oxford University Press, 2009.

——. "Response: A Cultural History of Economics?" *Victorian Studies* 53, no. 1 (Autumn 2010): 116–21.

Bell, Charles Davidson. *Jan van Riebeeck Arrives in Table Bay in April 1652.* Painting, n.d. [c. 1840–88].

——. "Stellenbosch Wine Waggon [*sic*]—Table Mountain in the Background," 1830s, watercolor, University of Cape Town Libraries, BC686: John and Charles Bell Heritage Trust Collection, https://digitalcollections.lib.uct.ac.za/collection/islandora–26368 (accessed September 2, 2021).

Bell, George. "The London Market for Australian Wines, 1851–1901: A South Australian Perspective." *Journal of Wine Research* 5 (1994): 19–40.

——. "The South Australian Wine Industry, 1858–1876." *Journal of Wine Research* 4, no. 3 (September 1993): 147–64.

Benedict, Carol. *Golden Silk Smoke: A History of Tobacco in China, 1550-2010.* Berkeley: University of California Press, 2011.

Berg, Maxine. "From Imitation to Invention: Creating Commodities in Eighteenth Century Britain." *Economic History Review,* n.s., 55, no. 1 (February 1, 2002): 1–30.

Berger, Irish. *South Africa in World History.* Oxford: Oxford University Press, 2009.

Bickham, Troy. "Eating the Empire: Intersections of Food, Cookery and Imperialism in Eighteenth–Century Britain." *Past and Present* 198, no. 1 (February 2008): 71–109.

Bijsterbosch, David, and Johan Fourie. "Coffee, Slavery and a Tax Loophole: Explaining the Cape Colony's Trading Boom, 1834–1841." *South African Historical Journal* 72, no. 1 (2020): 125–47.

Bishop, Geoffrey C. "The First Fine Drop: Grape–Growing and Wine–Making in the Adelaide Hills, 1839–1937." *Australian Garden History* 13, no. 5 (2002): 4–6.

Brady, Maggie. *First Taste: How Indigenous Australians Learned about Grog.* 6 vols. Deakin, Australia: Alcohol Education & Rehabilitation Foundation, 2008.

——. *Teaching "Proper" Drinking? Clubs and Pubs in Indigenous Australia.* Canberra: Australian National University Press, 2017.

Brennan, Thomas. *Burgundy to Champagne: The Wine Trade in Early Modern France.* Baltimore: Johns Hopkins University Press, 1997.

Briggs, Asa. *Marks and Spencer, 1884-1984: A Centenary History.* London: Octopus Books, 1984.

——. *Wine for Sale: Victoria Wine and the Liquor Trade, 1860-1984.* Chicago: University of Chicago Press, 1985.

British Broadcasting Corporation, featuring Oz Clarke and Jilly Goolding. *Food and Drink.* Broadcast on BBC, April 5, 1994. Available at www.youtube.com/watch?v=6dM-Nxp0CQY (accessed September 2, 2021).

Brooking, Tom. "'Yeotopia' Found… But? The Yeoman Ideal That Underpinned New Zealand Agricultural Practice into the Early Twenty-First Century, with American and Australian Comparisons." *Agricultural History* 93, no. 1 (2019): 68-101.

Broomfield, Andrea. *Food and Cooking in Victorian England.* Westport, CT: Praeger, 2007.

Brown, Karen. "Agriculture in the Natural World: Progressivism, Conservation, and the State: The Case of the Cape Colony in the Late 19th and Early 20th Centuries." *Kronos* 29 (2003): 109-38.

——. "Political Entomology: The Insectile Challenge to Agricultural Development in the Cape Colony, 1895-1910." *Journal of Southern African Studies* 29, no. 2 (June 2003): 529-49.

Buettner, Elizabeth. "'Going for an Indian': South Asian Restaurants and the Limits of Multiculturalism in Britain." *Journal of Modern History* 80, no. 4 (December 1, 2008): 865-901.

Burnett, John. *Liquid Pleasures: A Social History of Drinks in Modern Britain.* London: Routledge, 1999.

Campbell, Gwynn, and Nathalie Guibert, eds. *Wine, Society, and Globalisation: Multidisciplinary Perspectives on the Wine Industry.* Basingstoke: Palgrave, 2007.

"Canada Enters the War." Canadian War Museum, www.warmuseum.ca/firstworldwar/history/going-to-war/canada-enters-the-war/canada-at-war (accessed September 1, 2021).

Cassi, Lorenzo, Andrea Morrison, and Anne L. J. Ter Wal. "The Evolution of Trade and Scientific Collaboration Networks in the Global Wine Sector: A Longitudinal Study Using Network Analysis." *Economic Geography* 88, no. 3 (July 1, 2012): 311-34.

Chatterjee, Partha. *Nationalist Thought and the Colonial World.* London: United Nations University, 1986.

Cheang, Sarah. "Selling China: Class, Gender, and Orientalism at the Department Store." *Journal of Design History* 20, no. 1 (Spring 2007): 1-16.

Chetty, Suryakanthie. "Imagining National Unity: South African Propaganda Efforts during the Second World War." *Kronos* 38 (November 2012): 106-30.

Christoffel, Paul. "Prohibition and the Myth of 1919." *New Zealand Journal of History* 42, no.

2 (2008): 154–75.

Christopher, A. J. "The Union of South Africa Censuses, 1911–1960: An Incomplete Record." *Historia* 56, no. 2 (2011): 1–18.

Clarence–Smith, William Gervase. *Cocoa and Chocolate, 1765-1914*. New York: Routledge, 2000.

Clarence–Smith, William Gervase, and Steven Topik, eds. *The Global Coffee Economy in Africa, Asia, and Latin America, 1500-1989*. Cambridge: Cambridge University Press, 2003.

Collingham, Lizzie. *The Hungry Empire: How Britain's Quest for Food Shaped the Modern World*. Basic Books, 2017.

Constantine, Stephen. "'Bringing the Empire Alive': The Empire Marketing Board and Imperial Propaganda, 1926–1933." In *Imperialism and Popular Culture*, ed. John M. Mackenzie, 192–231. Manchester: Manchester University Press, 1986.

Costello, Moya, Robert Smith, and Leonie Lane. "Australian Wine Labels: *Terroir* without Terror." *Gastronomica* 18, no. 3 (2018): 54–65.

Cozens, Erin Ford. "'With a Pretty Little Garden at the Back': Domesticity and the Construction of 'Civilized' Colonial Spaces in Nineteenth–Century Aotearoa/New Zealand." *Journal of World History* 25, no. 4 (2014): 515–34.

Crooks, Edmund. *Alcohol Consumption and Taxation*. London: Institute for Fiscal Studies, 1989.

Cross, Kolleen M. "The Evolution of Colonial Agriculture: The Creation of the Algerian 'Vignoble,' 1870–1892." *Proceedings of the Meeting of the French Colonial Historical Society* 16 (1992): 57–72.

Crowley Mark J., and Sandra Trudgen Dawson, eds. *Home Fronts: Britain and the Empire at War, 1939-45*. Woodbridge, Suffolk: Boydell & Brewer, 2017.

Cullen, Louis M. *The Irish Brandy Houses of Eighteenth-Century France*. Dublin: Lilliput, 2000.

Curtin, Philip D. "Location in History: Argentina and South Africa in the Nineteenth Century." *Journal of World History* 10, no. 1 (1999): 41–92.

Dalziel, Raewyn. "Southern Islands: New Zealand and Polynesia." In *The Oxford History of the British Empire*, vol. 3, *The Nineteenth Century*, 573–96. Oxford: Oxford University Press, 1999.

De Vries, Jan. "The Industrial Revolution and the Industrious Revolution." *Journal of Economic History* 54, no. 2 (1994): 249–70.

Diski, Jenny. "Flowery, Rustic, Tippy, Smokey." Review of *Green Gold: The Empire of Tea*, by Alan Macfarlane and Iris Macfarlane. *London Review of Books* 25, no. 12, June 19, 2003, 11–12.

"Distillation Act 25 Vic., No. 147." *Victoria Government Gazette*, November 27, 1868.

Donington, Katie, Ryan Hanley, and Jessica Moody, eds. *Britain's History and Memory of Transatlantic Slavery: Local Nuances of a "National Sin."* Liverpool: Liverpool University Press, 2016.

Dooling, Wayne. *Slavery, Emancipation, and Colonial Rule in South Africa*. Athens: Ohio University Press, 2007.

Drake–Brockman, Jane, and Patrick Messerlin, eds.. *Potential Benefits of an Australia-EU Free Trade Agreement: Key Issues and Options*. Adelaide: University of Adelaide Press, 2018.

Driscoll, W. P. "Fallon, James Thomas (1823–1886)," *Australian Dictionary of Biography*, National Centre of Biography, Australian National University, https://adb.anu.edu.au/biography/fallon–james–thomas–3496/text5365 (published first in hardcopy, 1972) (accessed September 3, 2021).

Driver, Elizabeth, ed. *Culinary Landmarks: A Bibliography of Canadian Cookbooks, 1825-1949*. Toronto: University of Toronto Press, 2008.

Dubow, Saul. *Commonwealth of Knowledge: Science, Sensibility, and White South Africa, 1820-2000*. Oxford: Oxford University Press, 2006.

Duncan, Robert. *Pubs and Pa-triots: The Drink Crisis in Britain during World War One*. Liverpool: Liverpool University Press, 2013.

Dunstan, David. *Better Than Pommard! A History of Wine in Victoria*. Kew, Victoria: Australian Scholarly Publishing, 1994.

Duong, Jessica T. "The Role of Science and Technology on the New Zealand Wine Industry: Profiling Dr. Richard E. Smart's Impact, 1982–1990." Unpublished manuscript, 2018.

Durbach, Nadja. *Many Mouths: The Politics of Food in Britain from the Workhouse to the Welfare State*. Cambridge: Cambridge University Press, 2020.

Dutton, Jacqueline. "Imperial Eyes on the Pacific Prize: French Visions of a Perfect Penal Colony in the South Seas." In *Discovery and Empire: The French in the South Seas*, ed. John West–Sooby, 245–82. Adelaide: University of Adelaide Press, 2013.

Elijah, Annmarie, et al., eds. *Australia, the European Union and the New Trade Agenda*. Canberra: Australian National University Press, 2017.

Ewert, Joachim. "A Force for Good? Markets, Cellars and Labour in the South African Wine Industry after Apartheid." *Review of African Political Economy* 39, no. 132 (June 1, 2012): 225–42.

Ewert, Joachim, and Andries du Toit. "A Deepening Divide in the Countryside: Restructuring and Rural Livelihoods in the South African Wine Industry." *Journal of Southern African Studies* 31, no. 2 (June 1, 2005): 315–32.

Food and Agriculture Organization of the United Nations. *Agribusiness Handbook: Grapes, Wine*. Rome: United Nations, 2009.

Fourie, Johan. "The Remarkable Wealth of the Dutch Cape Colony: Measurements from Eighteenth–Century Probate Inventories." *Economic History Review* 66, no. 2 (May 2013): 419–48.

Fourie, Johan, and Dieter von Fintel. "Settler Skills and Colonial Development: The Huguenot Wine–Makers in Eighteenth–Century Dutch South Africa." *Economic History Review* 67, no. 4 (November 2014): 932–63.

Gangjee, Dev, ed. *Research Handbook on Intellectual Property and Geographical Indications*. Cheltenham, Gloucestershire: Edward Elgar, 2016.

Gately, Iain. *Drink: A Cultural History of Alcohol*. New York: Gotham, 2008.

Gentilcore, R. Louis, and C. Grant Head, eds. *Ontario's History in Maps*. Toronto: University of Toronto Press, 1984.

Geraci, Vincent. "Fermenting a Twenty-First Century California Wine Industry." *Agricultural History* 78, no. 4 (Autumn 2004): 438–65.

Gerling, Chris. "Conversion Factors: From Vineyard to Bottle." *Cornell Viticulture and Enology Newsletter* 8 (December 2011): n.p.

Giliomee, Hermann. "Western Cape Farmers and the Beginnings of Afrikaner Nationalism 1870–1915." *Journal of Southern African Studies* 14, no. 1 (1987): 38–63.

Glanville, Philippa, and Sophie Lee, eds. *The Art of Drinking.* London: V & A Publications, 2007.

Grant, Peter Warden. *Considerations on the State of the Colonial Currency and Foreign Exchanges at the Cape of Good Hope: Comprehending Also Some Statements Relative to the Population, Agriculture, Commerce, and Statistics of the Colony.* Cape Town: W. Bridekirk, Jr., 1825.

Groenewald, Gerald. "An Early Modern Entrepreneur: Hendrik Oostwald Eksteen and the Creation of Wealth in Dutch Colonial Cape Town, 1702–1741." *Kronos* 35 (November 2009): 6–31.

Guelke, Leonard. "The Anatomy of a Colonial Settler Population: Cape Colony 1657–1750." *International Journal of African Historical Studies* 21, no. 3 (1988): 453–73.

Gurney, Christabel. "'A Great Cause': The Origins of the Anti-Apartheid Movement, June 1959–March 1960." *Journal of Southern African Studies* 26, no. 1 (2000): 123–44.

Gurney, Peter. *The Making of Consumer Culture in Modern Britain.* London: Bloomsbury Academic, 2017.

———. "The Middle-Class Embrace: Language, Representation, and the Contest over Co-operative Forms in Britain, c. 1860–1914." *Victorian Studies* 37, no. 2 (1994): 253–86.

Gutzke, David. *Women Drinking Out in Britain since the Early Twentieth Century.* Manchester: Manchester University Press, 2013.

Guy, Kolleen M. *When Champagne Became French: Wine and the Making of a National Identity.* Baltimore: Johns Hopkins University Press, 2003.

Gwynne, Robert N. "U.K. Retail Concentration, Chilean Wine Producers and Value Chains." *Geographical Journal* 174, no. 2 (June 2008): 97–108.

Haines, Robin. "Indigent Misfits or Shrewd Operators? Government-Assisted Emigrants from the United Kingdom to Australia, 1831–1860." *Population Studies* 48, no. 2 (1994): 223–47.

Hall, Catherine, and Sonya Rose, eds. *At Home with the Empire: Metropolitan Culture and the Imperial World.* Cambridge: Cambridge University Press, 2007.

Hall, Martin, Yvonne Brink, and Antonia Malan. "Onrust 87/1: An Early Colonial Farm Complex in the Western Cape." *South African Archaeological Bulletin* 43, no. 148 (December 1, 1988): 91–99.

Hames, Gina. *Alcohol in World History.* London: Routledge, 2012.

Hancock, David. *Oceans of Wine: Madeira and the Emergence of American Trade and Taste.* New Haven, CT: Yale University Press, 2009.

Hannickel, Erica. *Empire of Vines: Wine Culture in America.* Philadelphia: University of Pennsylvania Press, 2013.

———. "A Fortune in Fruit: Nicholas Longworth and Grape Speculation in Antebellum Ohio." *American Studies* 51, nos. 1–2 (Spring–Summer 2010): 89–108.

Harding, Robert Graham. "The British Market for Champagne, 1800–1914." MPhil thesis, University of Cambridge, 2014.

——. "The Establishment of Champagne in Britain, 1860–1914." PhD diss., University of Oxford, 2018.

Harrison, Brian Howard. *Drink and the Victorians: The Temperance Question in England, 1815-1872.* 2nd ed. Keele, Staffordshire: Keele University Press, 1994.

Hemming, Richard. "Planting Density." In "Wine by the Numbers, Part One," September 15, 2016, at the Jancis Robinson website, www.jancisrobinson.com /articles/wine–by–numbers–part–one?layout=pdf (accessed July 23, 2021).

——. "Wine by the Numbers: Part One." Jancis Robinson website, September 15, 2016, jancisrobinson.com.

Hilton, Matthew. *Smoking in British Popular Culture, 1800-2000.* Manchester: Manchester University Press, 2000.

Hofmeester, Karin, and Pim De Zwart, eds. *Colonialism, Institutional Change, and Shifts in Global Labour Relations.* Amsterdam: Amsterdam University Press, 2018. Available at doi 10.5117/9789462984363 (accessed September 2, 2021).

Holloway, Sarah L., Mark Jayne, and Gill Valentine. "'Sainsbury's Is My Local': English Alcohol Policy, Domestic Drinking Practices and the Meaning of Home." *Transactions of the Institute of British Geographers* 33, no. 4 (October 2008): 532–47.

Hopkins, A. G., ed. *Globalization in World History.* London: Pimlico, 2002.

Hori, Motoko. "The Price and Quality of Wine and Conspicuous Consumption in England, 1646–1759." *English Historical Review* 123, no. 505 (December 2008): 1457–69.

Hyslop, Jonathan. "'Undesirable inhabitant of the union... supplying liquor to natives': D. F. Malan and the Deportation of South Africa's British and Irish Lumpen Proletarians, 1924–1933." *Kronos* 40, no. 1 (2014): 178–97.

In Vino Veritas: Extracts from an Oral History of the U.K. Wine Trade. London: British Library National Life Story Collection, 2005.

Inglis, David, and Anna–Mari Almila, eds. *The Globalization of Wine.* London: Bloomsbury Academic, 2019.

Jacobs, Julius. "California's Pioneer Wine Families." *California Historical Quarterly* 54, no. 2 (Summer 1975): 139–74.

Jeffreys, Henry. *Empire of Booze: British History through the Bottom of a Glass.* London: Unbound, 2016.

Jennings, Paul. *A History of Drink and the English, 1500-2000.* New York: Routledge, 2016.

Johnson, Hugh. *Vintage: The Story of Wine.* London: Mitchell Beardsley, 1989.

Jones, Martin J. "Dalmatian Settlement and Identity in New Zealand: The Devcich Farm, Kauaeranga Valley, near Thames." *Australasian Historical Archaeology* 30 (2012): 24–33.

Keegan, Timothy. *South Africa and the Origins of the Racial Order.* Cape Town: David Philip, 1996.

Kelly's London Post Office Directory, Part Two: Street Index. London: Kelly, 1895.

Kennelly, James J. "The 'Dawn of the Practical' : Horace Plunkett and the Cooperative Movement." *New Hibernia Review / Iris Éireannach Nua* 12, no. 1 (2008): 62–81.

Kirkby, Diane Erica. "Drinking 'The Good Life' : Australia, c.1880–1980." In *Alcohol: A Social and Cultural History,* ed. Mack P. Holt, 203–24. Oxford: Berg, 2007.

Knox, Graham. *Estate Wines of South Africa.* 2nd ed. Cape Town and Johannesburg: David Phillip, 1982. Lambert, W. R. *Drink and Sobriety in Victorian Wales, c. 1820-1895.* Cardiff: University of Wales Press, 1983.

Laracy, Hugh. "Saint–Making: The Case of Pierre Chanel of Futuna." *New Zealand Journal of History* 34, no. 1 (2000): 145–61.

Laudan, Rachel. *Cuisine and Empire: Cooking in World History.* Berkeley: University of California Press, 2013.

Leacy, F. H., ed. *Historical Statistics of Canada.* 2nd ed. Ottawa: Statistics Canada, 1983.

Lee, J. M. "The Dissolution of the Empire Marketing Board, 1933: Reflections on a Diary." *Journal of Imperial and Commonwealth History* 1, no. 1 (1972): 49–57.

Lenta, Margaret. "Degrees of Freedom: Lady Anne Barnard's Cape Diaries." *English in Africa* 19, no. 2 (October 1992): 55–68.

Lester, Alan. *Imperial Networks: Creating Identities in Nineteenth-Century South Africa and Britain.* London: Routledge, 2001.

Light, Roy, and Susan Heenan. "Controlling Supply: The Concept of 'Need' in Liquor Licensing." Final report for Alcohol Research Development Grant, Bristol, 1999. Available at www. researchgate.net/publication/265990013_Controlling_Supply_The_Concept_of_ 'Need' _in_Liquor_ Licensing (accessed September 2,2021).

Lobell, Steven E. "Second Image Reversed Politics: Britain's Choice of Freer Trade or Imperial Preferences, 1903–1906, 1917–1923, 1930–1932." *International Studies Quarterly* 43, no. 4 (1999): 671–93.

Ludington, Charles. *The Politics of Wine in Britain: A New Cultural History.* Basingstoke: Palgrave, 2013.

Lukacs, Paul. *Inventing Wine: A New History of One of the World's Most Ancient Pleasures.* New York: Norton, 2012.

Mabbett, Jason. "The Dalmatian Influence on the New Zealand Wine Industry." *Journal of Wine Research* 9, no. 1 (April 1998): 15–25.

Macgregor, Paul. "Lowe Kong Meng and Chinese Engagement in the International Trade of Colonial Victoria." *Provenance: The Journal of Public Record Office Victoria* 11 (2012): 26–43.

MacNalty, Arthur. "Sir Victor Horsley: His Life and Work." *British Medical Journal* 5024, no. 1 (April 20, 1957): 910–16.

Mager, Anne Kelk. "The First Decade of 'European Beer' in Apartheid South Africa: The State, the Brewers and the Drinking Public, 1962–72." *Journal of African History* 40, no. 3 (January 1, 1999): 367–88.

——. "'One Beer, One Goal, One Nation, One Soul': South African Breweries, Heritage, Masculinity and Nationalism, 1960–1999." *Past and Present* 188, no. 1(2005): 163–94.

Martin, Laura C. *Tea: The Drink That Changed the World.* Rutland, VT: Tuttle, 2007.

Martínez–Carrión, José Miguel, and Francisco Medina–Albaladejo. "Change and Development in the Spanish Wine Sector." *Journal of Wine Research* 21, no. 1 (March 2010): 77–95.

Maynard, Kristen, Sarah Wright, and Shirleyanne Brown. "Ruru Parirao: Māori and Alcohol; The Importance of Destabilising Negative Stereotypes and the Implications for Policy and Practice." *MAI Journal* 2, no. 2 (2012): 78–90.

McDonald, John, and Eric Richards. "The Great Emigration of 1841: Recruitment for New South Wales in British Emigration Fields." *Population Studies* 51, no. 3 (1997): 337–55.

McIntyre, Julie. "Camden to London and Paris: The Role of the Macarthur Family in the Early New South Wales Wine Industry." *History Compass* 5, no. 2 (2007): 427–38.

——. *First Vintage: Wine in Colonial New South* Wales. Sydney: University of New South Wales Press, 2012.

——. "Resisting Ages–Old Fixity as a Factor in Wine Quality: Colonial Wine Tours and Australia's Early Wine Industry." *Locale* 1 (2011): 42–64.

——McIntyre, Julie, and John Germov. *Hunter Wine: A History.* Sydney: NewSouth: 2018.

—— "'Who Wants to Be a Millionaire?' I Do: Postwar Australian Wine, Gendered Culture, and Class." *Journal of Australian Studies* 42, no. 1 (2018): 65–82.

Mercer, Helen. "Retailer–Supplier Relationships before and after the Resale Prices Act, 1964: A Turning Point in British Economic History?" *Enterprise and Society* 15, no. 1 (March 2014): 132–65.

Merrington, Peter. "Cape Dutch Tongaat: A Case Study in 'Heritage.'" *Journal of Southern African Studies* 32, no. 4 (December 1, 2006): 683–99.

Millon, Marc. *Wine: A Global History.* London: Reaktion, 2013.

Ministry of Information, U.K. *Food from the Empire.* 1940. Short film, available on Colonial Film website, www.colonialfilm.org.uk (accessed July 21, 2021).

Mintz, Sidney. *Sweetness and Power: The Place of Sugar in Modern History.* 2nd ed. New York: Penguin, 1986.

Monty Python, "Australian Table Wines." In *The Monty Python Instant Record Collection.* London: Charisma, 1977. Available at www.youtube.com/watch?v=Cozw088w44Q (accessed September 2, 2021).

Morgan, Ruth. *Running Out? Water in Western Australia.* Crawley: University of Western Australia Publishing, 2015.

Morrison, Andrea, and Roberta Rabellotti. "Gradual Catch Up and Enduring Leadership in the Global Wine Industry." *American Association of Wine Economists Working Paper* 148 (February 2014): 1–34.

Mougel, Nadège. "World War I Casualties." *Repères.* Part of a series created by a multidisciplinary grant project. Scy–Chazelles: Centre européen Robert Schuman, 2011.

Narayanan, Divya. "Cultures of Food and Gastronomy in Mughal and Post–Mughal India." PhD diss., University of Heidelberg, 2015.

Nasson, Bill. "Bitter Harvest: Farm Schooling for Black South Africans." *Second Carnegie Inquiry into Poverty and Development in Southern Africa, Conference Papers* 97 (April 1984): 1–46.

National Nutrient Database for Standard Reference. April 2018. United States Department of Agriculture Agricultural Research Service, ndb.nal.usda.gov.

Nell, Dawn, ed al. "Investigating Shopper Narratives of the Supermarket in Early Post–War England, 1945–1975." *Oral History* 37, no. 1 (Spring 2009): 61–73.

Nelson, Valerie, Adrienne Martin, and Joachim Ewert. "The Impacts of Codes of Practice on Worker Livelihoods: Empirical Evidence from the South African Wine and Kenyan Cut Flower Industries." *Journal of Corporate Citizenship,* no. 28 (2007): 61–72.

Neswald, Elizabeth, David F. Smith, and Ulrike Thoms, eds. *Setting Nutritional Standards: Theory, Policies, Practices.* Woodbridge, Suffolk: Boydell & Brewer, 2017.

Neumark, S. Daniel. *Economic Influences on the South African Frontier, 1652-1836.* Stanford, CA: Stanford University Press, 1957.

Nossiter, Jonathan, dir. *Mondovino.* Screenplay by Jonathan Nossiter. New York: Velocity/THINKFilm, 2004.

Nugent, Paul. "Do Nations Have Stomachs? Food, Drink, and Imagined Community in Africa." *Africa Spectrum* 45, no. 3 (January 1, 2010): 87–113.

——. "The Temperance Movement and Wine Farmers at the Cape: Collective Action, Racial Discourse, and Legislative Reform, c. 1890–1965." *Journal of African History* 52, no. 3 (January 1, 2011): 341–63.

Nützenadel, Alexander, and Frank Trentmann, eds. *Food and Globalization: Consumption, Markets, and Politics in the Modern World.* New York: Berg, 2008.

Nye, John. *War, Wine, and Taxes: The Political Economy of Anglo-French Trade, 1689-1900.* Princeton, NJ: Princeton University Press, 2007.

Olsen, Janeen E., Liz Thach And, and Linda Nowak. "Wine for My Generation: Exploring How US Wine Consumers Are Socialized to Wine." *Journal of Wine Research* 18, no. 1 (2007): 1–18.

Osso, Giulio. "Rare Portrait of Simon Van Der Stel Highlight of the National Antiques Faire," n.d. [2012], Wine.co.za, https://services.wine.co.za/pdf–view.aspx?PDFID=2505 (accessed September 1, 2021).

Overy, Richard. *The Morbid Age: Britain between the Wars.* London: Allen Lane, 2009.

Parezo, Nancy J., and Don D. Fowler. *Anthropology Goes to the Fair: The 1904 Louisiana Purchase Exposition.* Lincoln: University of Nebraska Press, 2007.

Petersen, Christian. *Bread and the British Economy, c. 1770-1870.* Ed. Andrew Jenkins. Aldershot: Scolar Press, 1995.

Phillips, Rod. *Alcohol: A History.* Chapel Hill: University of North Carolina Press, 2014.

——. *French Wine: A History.* Berkeley: University of California Press, 2016.

——. *A Short History of Wine.* London: Allen Lane, 2000.

Pilcher, Jeffrey. *Food in World History.* New York: Routledge, 2006.

Pinilla, Vicente. "Wine Historical Statistics: A Quantitative Approach to its Consumption, Production and Trade, 1840–1938." *American Association of Wine Economists Working Paper* 167 (August 2014): 1–57.

Pinney, Thomas. *A History of Wine in America.* Vols. 1 and 2. Berkeley: University of California Press, 2005.

Pourgouris, Marinos. *The Cyprus Frenzy of 1878 and the British Press.* London: Lexington, 2019.

Porter, Bernard. *The Absentminded Imperialists.* Oxford: Oxford University Press, 2004.

Pratten, J. D., and J.–B. Carlier. "Women and Wine in the U.K.: A Business Opportunity for Bars." *Journal of Food Products Marketing* 18, no. 2 (2012): 126–38.

Prendergast, Mark. *Uncommon Grounds: The History of Coffee and How It Transformed Our World.* New York: Basic Books, 2010.

"Preserved in Time: 13,000 Crosse & Blackwell .Containers Discovered at Crossrail Site." January 9, 2017. Museum of London Archaeology, mola.org.uk.

Quigley, Killian. "Indolence and Illness: Scurvy, the Irish, and Early Australia." *Eighteenth-Century Life* 41, no. 2 (2017): 139–53.

Rappaport, Ericka. *A Thirst for Empire: How Tea Shaped the Modern World.* Princeton, NJ: Princeton University Press, 2017.

Rayner, Mary. "Wine and Slaves: The Failure of an Export Economy and the Ending of Slavery in the Cape Colony, South Africa, 1806–1834." PhD diss., Duke University, 1986.

Razdan, Vinayak. "Wine of Kashmir." www.searchkashmir.org (accessed September 1, 2021).

Regan–Lefebvre, Jennifer. "From Colonial Wine to New World: British Wine Drinking, c. 1900–1990." *Global Food History* 5, nos. 1–2 (2019): 67–83.

———. "John Bull's Other Vineyard: Selling Australian Wine in Nineteenth Century Britain." *Journal of Imperial and Commonwealth History* 45, no. 2 (April 2017): 259–83.

———, ed. *For the Liberty of Ireland at Home and Abroad: The Autobiography of J. F. X. O'Brien.* Classics in Irish History Series. Dublin: University College Dublin Press, 2010.

——— [as Jennifer M. Regan]. "'We could be of service to other suffering people': Representations of India in the Irish Nationalist Press, 1857–1887." *Victorian Periodicals Review* 41, no. 1 (Spring 2008): 61–77.

Reilly, Alexander, et al. "Working Holiday Makers in Australian Horticulture: Labour Market Effect, Exploitation, and Avenues for Reform." *Griffith Law Review* 27, no. 1 (2018): 99–130.

Rickard, Bradley. "The Economics of Introducing Wine into Grocery Stores." *Contemporary Economic Policy* 30, no. 3 (July 2012): 382–98.

Robbins, Bruce. "Commodity Histories." *PMLA* 120, no. 2 (March 2005): 455–63.

Roberts, Daniel Sanjiv. "'Merely Birds of Passage': Lady Hariot Dufferin's Travel Writings and Medical Work in India, 1884–1888." *Women's History Review* 15, no. 3 (2006): 443–57.

Robertson, Shanthi. "Intertwined Mobilities of Education, Tourism, and Labour: The Consequences of 417 and 485 Visas in Australia." In *Unintended Consequences: The Impact of*

Migration Law and Policy, ed. Dickie Marianne, Gozdecka Dorota, and Reich Sudrishti, 53–80. Canberra: Australian National University Press, 2016.

Robinson, Jancis. *The Oxford Companion to Wine.* 2nd ed. Oxford: Oxford University Press, 2006.

Robinson, Jancis, Julia Harding, and José Vouillamoz. *Wine Grapes.* London: Allen Lane, 2012.

Romero, Patricia W. "Encounter at the Cape: French Huguenots, the Khoi, and Other People of Color." *Journal of Colonialism and Colonial History* 5, no. 1 (2004).

Ross, Robert. "The Rise of the Cape Gentry." *Journal of Southern African Studies* 9, no. 2 (April 1, 1983): 193–217.

Ryan, Chris. "Trends Past and Present in the Package Holiday Industry." *Service Industries Journal* 9, no. 1 (1989): 61–78.

Said, Edward. *Culture and Imperialism.* New York: Vintage, 1994.

Schneer, Jonathan. *London 1900: The Imperial Metropolis.* New Haven, CT: Yale University Press, 1999.

Scholliers, Peter, ed. *Food, Drink, and Identity: Cooking, Eating, and Drinking in Europe since the Middle Ages.* Oxford: Berg, 2001.

Scully, Pamela. *Liberating the Family? Gender and British Slave Emancipation in the Rural Western Cape, South Africa, 1823-1853.* Cape Town: David Philip, 1997.

Shiman, Lilian Lewis. *Crusade against Drink in Victorian England.* New York: St. Martin's Press, 1988.

Simmons, Alexy. "Postcard from Te Awamutu: Eating and Drinking with the Troops on the New Zealand War Front." In *Table Settings: The Material Culture and Social Context of Dining, a.d. 1700-1900,* ed. Symonds James, 163–82. Oxford; Oakville: Oxbow Books, 2010.

Simpson, James. *Creating Wine: The Emergence of a World Industry, 1840-1914.* Princeton, NJ: Princeton University Press, 2011.

Stewart, Keith. *Chancers and Visionaries: A History of Wine in New Zealand.* Auckland: Godwit, 2010.

Stone, Marjorie. "Lyric Tipplers: Elizabeth Barrett Browning's 'Wine of Cyprus,' Emily Dickinson's 'I Taste a Liquor,' and the Transatlantic Anacreontic Tradition." *Victorian Poetry* 54, no. 2 (Summer 2016): 123–54.

Stuer, Anny P. L. "The French in Australia, with Special Emphasis on the Period 1788–1947." PhD diss., Australian National University, 1979.

Talbot, John M. "On the Abandonment of Coffee Plantations in Jamaica after Emancipation." *Journal of Imperial and Commonwealth History* 43, no. 1 (2015): 33–57.

Te Ara: The Encyclopedia of New Zealand. Auckland, New Zealand: Minister for Culture and Heritage. Available at https://teara.govt.nz.

Thompson, Andrew, and Gary Magee. *Empire and Globalisation: Networks of People, Goods, and Capital in the British World, c. 1850-1914.* Cambridge: Cambridge University Press, 2010.

——. "A Soft Touch? British Industry, Empire Markets, and the Self-Governing Dominions, c.

1870–1914." *Economic History Review*, n.s., 56, no. 4 (November 1, 2003): 689–717.

Todd, Selina. "Class Conflict and the Myth of Cultural 'Inclusion' in Modern Manchester." In *Culture in Manchester: Institutions and Urban Change since 1850*, ed. Mike Savage and Janet Wolff, 194–216. Manchester: Manchester University Press, 2013

Trentmann, Frank. *Empire of Things: How We Became a World of Consumers, from the Fifteenth Century to the Twenty-First.* New York: HarperCollins, 2016.

——. *Free Trade Nation.* Oxford: Oxford University Press, 2009.

Tuckwell, Charles. "Combatting Australia's founding myth: the motives behind the British Settlement of Australia." Senior thesis, Trinity College, Hartford, CT, 2018.

Turner, John. "State Purchase of the Liquor Trade in the First World War." *Historical Journal* 23, no. 3 (September 1980): 589–615.

United Nations Food and Agriculture Organization Database. FAOStat.org.

Valenze, Deborah. *Milk: A Local and Global History.* New Haven, CT: Yale University Press, 2011.

Varriano, John. *Wine: A Cultural History.* London: Reaktion, 2011.

Victoria Bureau of Statistics. *Victorian Year-Book.* Melbourne: Government Printer, 1883, 1888, 1889.

Vidal, Michel. *Histoire de la vigne et des vins dans le monde, XIX-XXe siècle.* Bordeaux: Editions Féret, 2001.

Viljoen, Russel. "Aboriginal Khoikhoi Servants and Their Masters in Colonial Swellendam, South Africa, 1745–1795." *Agricultural History* 75, no. 1 (2001): 28–51.

Waihirere District Council. "Te Kauwhata & District." *Built Heritage Assessment Historic Overview*, November 2017.

Walker, Julian. "Slang Terms at the Front." BL.uk, January 29, 2014.

Wallace, Frederick William, ed. *Canadian Ports and Shipping Directory.* Gardendale, Quebec: National Business Publications, 1936.

Walton, John K. "Another Face of 'Mass Tourism' : San Sebastián and Spanish Beach Resorts under Franco, 1936–1975." *Urban History* 40, no. 3 (2013): 483–506.

Warde, Aland, and Lydia Martens. *Eating Out: Social Differentiation, Consumption, and Pleasure.* Cambridge: Cambridge University Press, 2000.

Weaver, Robert J. "Some Observations on Grape Growing in the Republic of South Africa." *Economic Botany* 30, no. 1 (January 1, 1976): 81–93.

Wilson, George B. *Alcohol and the Nation.* London: Nicholson and Watson, 1940. The Wine Institute. *Per Capita Wine Consumption Data*, www.wineinstitute.org.

Wohl, Anthony S. *Endangered Lives: Public Health in Victorian Britain.* Cambridge, MA: Harvard University Press, 1983.

Woolacott, Angela. "A Radical's Career: Responsible Government, Settler Colonialism and Indigenous Dispossession." *Journal of Colonialism and Colonial History* 16, no. 2 (Summer) 2015: [n.p., online only].

Worden, Nigel. "The Changing Politics of Slave Heritage in the Western Cape, South Africa." *Journal of African History* 50, no. 1 (January 1, 2009): 23–40.

———. *Slavery in Dutch South Africa*. Cambridge: Cambridge University Press, 1985.

———. "Strangers Ashore: Sailor Identity and Social Conflict in Mid-18th Century Cape Town." *Kronos* 33 (November 2007): 72–83.

Worger, William H. "Gods, Warriors, or Kings? Images of the Land in South Africa and New Zealand." *New Zealand Journal of History* 31, no. 1 (1997): 169–88.

Yeomans, Henry. *Alcohol and Moral Regulation: Public Attitudes, Spirited Measures, and Victorian Hangovers*. Bristol: Bristol University Press, 2014.

Young, Gordon. "Early German Settlements in South Australia." *Australian Journal of Historical Archaeology* 3 (1985): 43–55.

Young, Paul. *Globalization and the Great Exhibition: The Victorian New World Order*. Palgrave Studies in Nineteenth-Century Writing and Culture. Basingstoke; New York: Palgrave Macmillan, 2009.